每时每课 给你新机会

课工场 kgc.cn

互联网 UI 设计师

北京课工场教育科技有限公司 编著

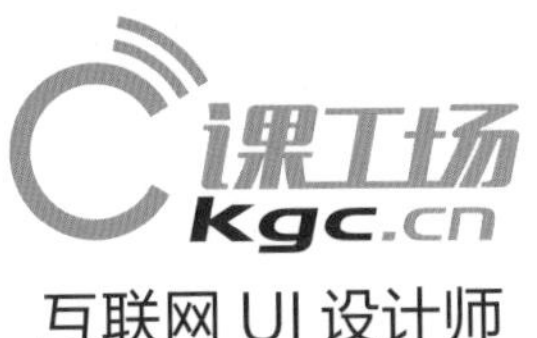

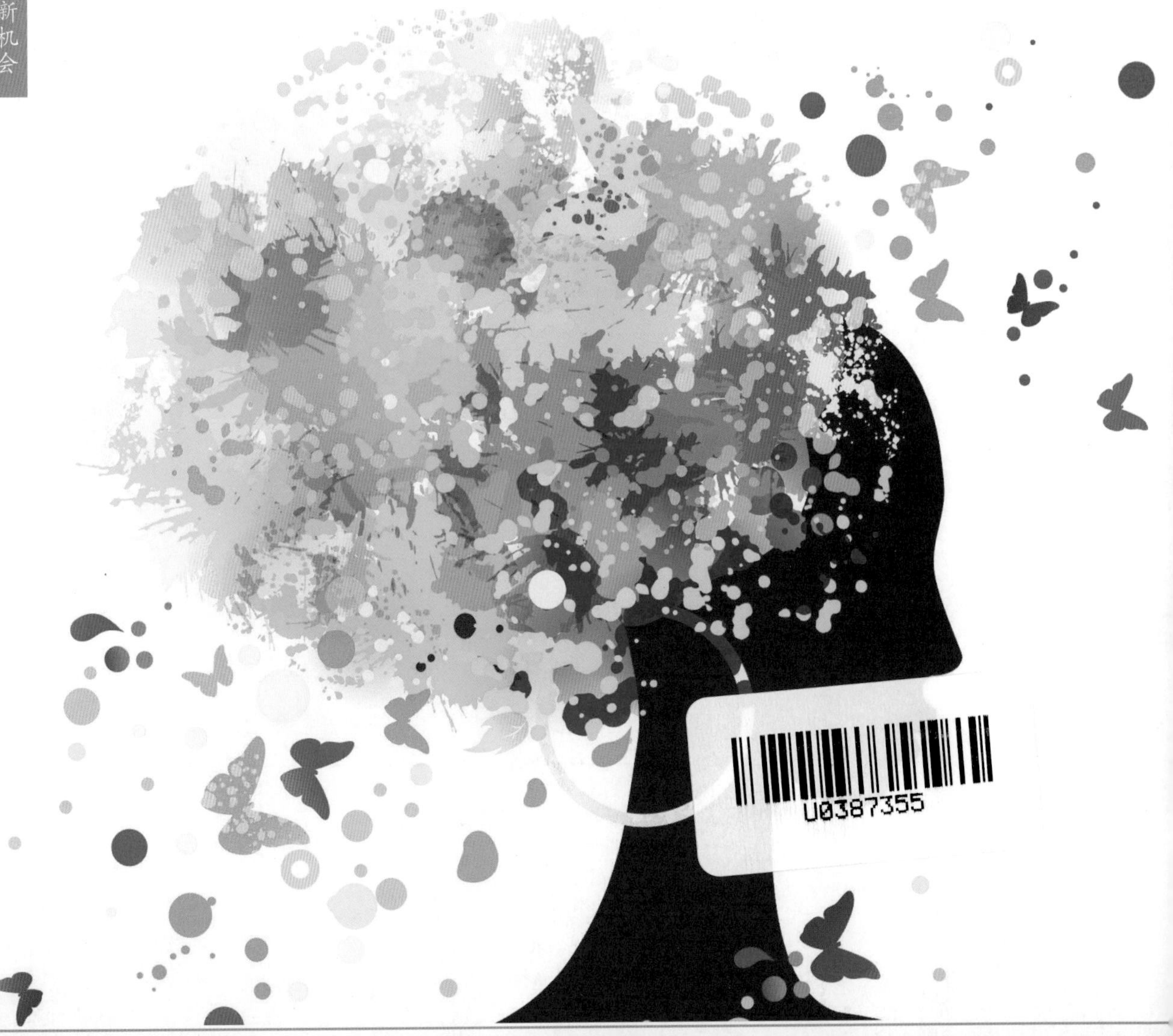

U0387355

网站配色与布局

——好网站，要出“彩”！

中国水利水电出版社
www.waterpub.com.cn

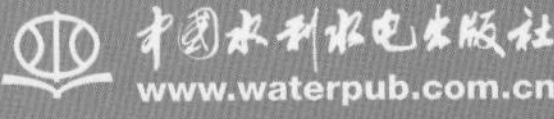

内 容 提 要

本书针对具有Photoshop基础的人群，采用案例或任务驱动的方式，详细介绍了从事Web端网站UI设计需要掌握的网页配色基础、色彩搭配技巧、常用的网页布局方法，训练临摹设计目前流行的各类主流业务的流行色调、网站布局风格，最后带领你尝试进行独立的创意设计，最终完成综合应用项目——购物网站、游戏网站，为从事Web端设计工作打下良好的设计功底。

相对市面上的同类教材，本套教材最大的特色是，提供各种配套的学习资源和支持服务，包括：视频教程、案例素材下载、学习交流社区、作业提交批改系统、QQ群讨论组等，请访问课工场UI/UE学院：kgc.cn/uiue。

图书在版编目（CIP）数据

网站配色与布局 ：好网站，要出“彩”！ / 北京课工场教育科技有限公司编著. -- 北京 ：中国水利水电出版社，2016.3（2022.8重印）
（互联网UI设计师）
ISBN 978-7-5170-4196-2

Ⅰ. ①网… Ⅱ. ①北… Ⅲ. ①网站－设计 Ⅳ. ①TP393.09

中国版本图书馆CIP数据核字(2016)第052403号

策划编辑：祝智敏　　责任编辑：杨元泓　　封面设计：李 佳

书　　名	互联网UI设计师 网站配色与布局——好网站，要出“彩”！
作　　者	北京课工场教育科技有限公司　编著
出版发行	中国水利水电出版社 （北京市海淀区玉渊潭南路1号D座 100038） 网　址：www.waterpub.com.cn E-mail：mchannel@263.net（万水） sales@mwr.gov.cn 电　话：（010）68545888（营销中心）、82562819（万水）
经　　售	北京科水图书销售有限公司 电　话：（010）68545874、63202643 全国各地新华书店和相关出版物销售网点
排　　版	北京万水电子信息有限公司
印　　刷	雅迪云印（天津）科技有限公司
规　　格	184mm×260mm　16开本　21.75印张　477千字
版　　次	2016年3月第1版　2022年8月第5次印刷
印　　数	12001—14000册
定　　价	79.00元

案例欣赏

韩国真露烧酒网站

儿童网站

康师傅劲凉风暴F.I.R歌友会网站

咖啡网站

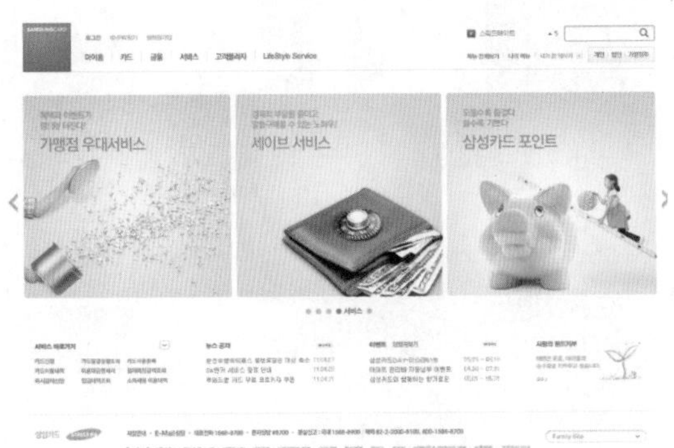

文字与图片的搭配

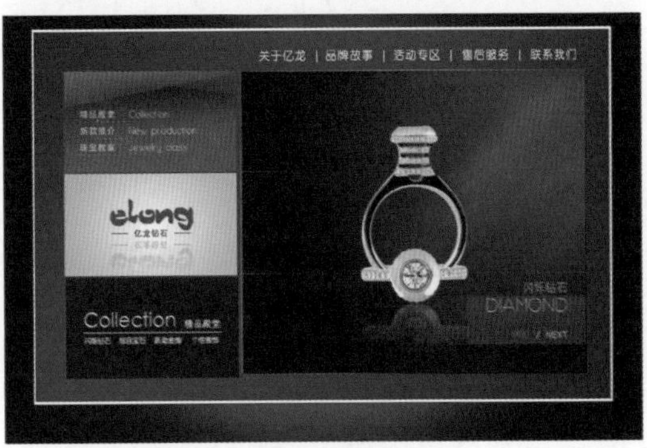

珠宝网站

案例欣赏

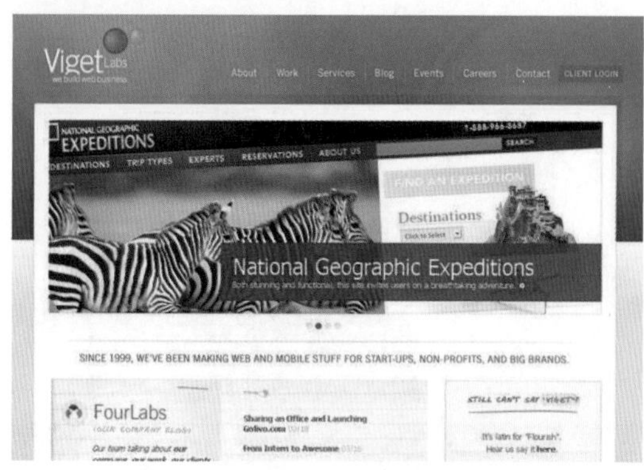

蓝色和淡黄、深蓝色搭配

腾讯朋友网

紫色和褐色搭配

女性化配色

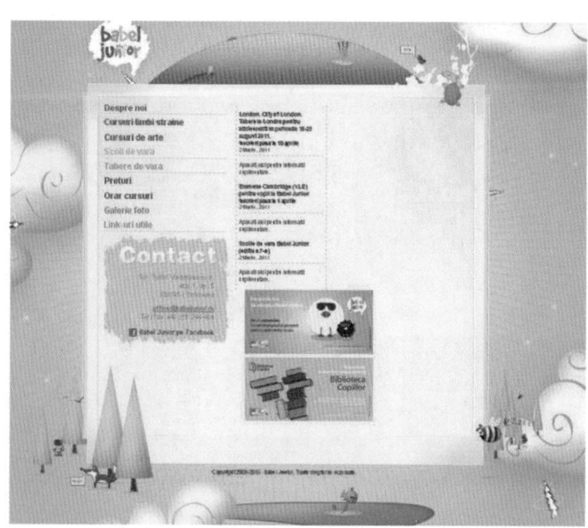

蓝色和橙、黄色搭配

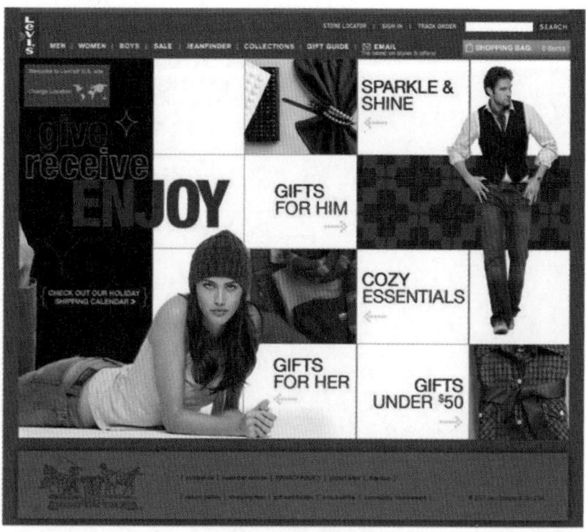

休闲类网站

橙色和黑色搭配

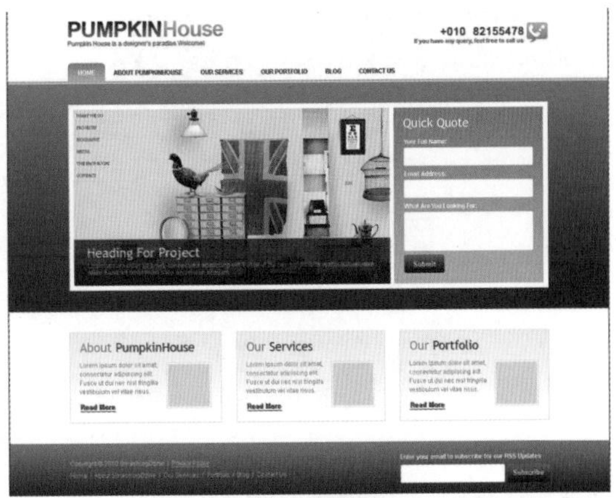

个人网站

咖啡厅网站

咖啡网站

竖状中轴型网页

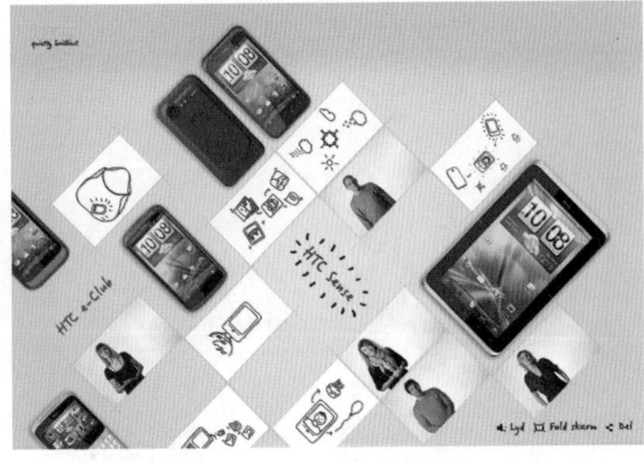

倾斜型网页

案例欣赏

典型的购物网站

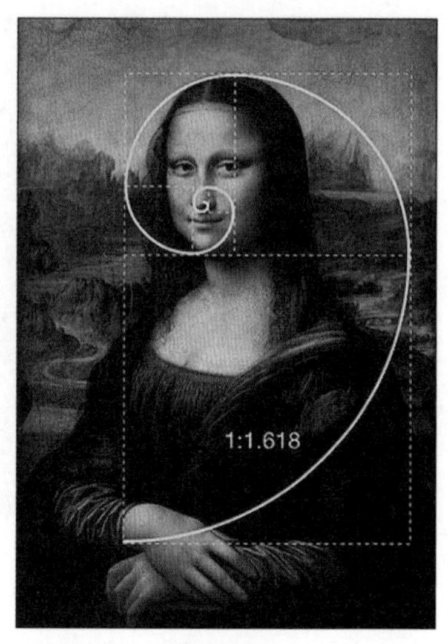

蒙娜丽莎

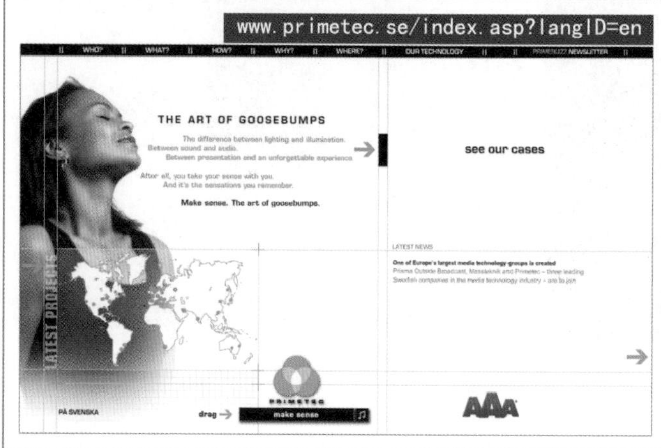

点、线、面综合应用

由于面、线使用的是无彩色，因此点是该页面的亮点。

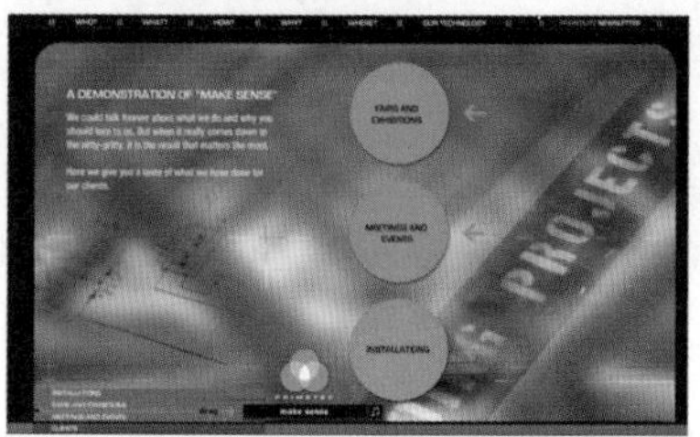

点、线、面的综合应用

You're your Habitat

案例欣赏

对比度

手机网站

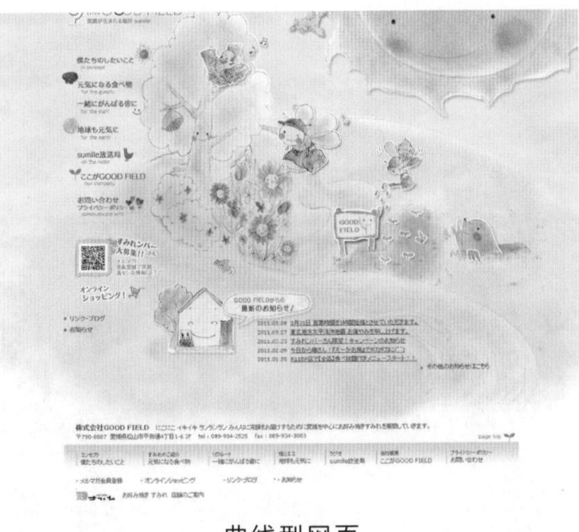

曲线型网页

骨骼型网页

案例欣赏

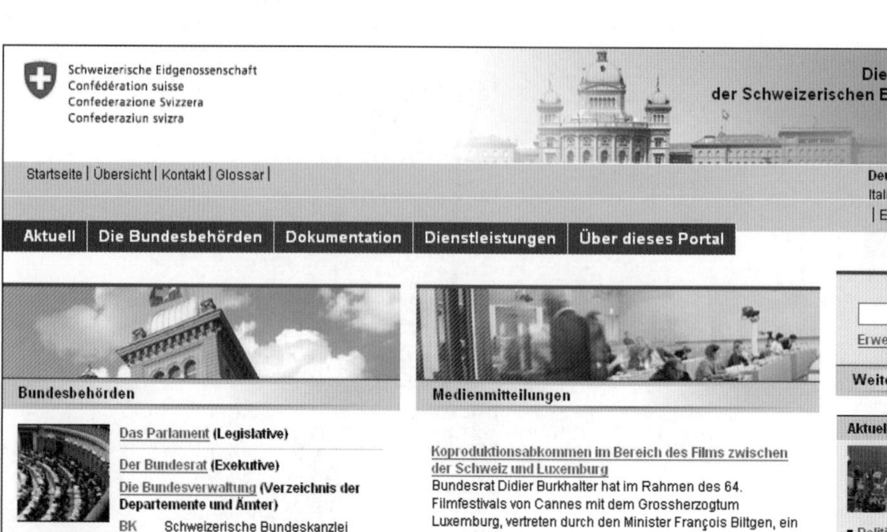

矩形为整体造型

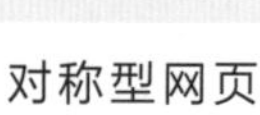

对称型网页

离心焦点型网页

互联网UI设计师系列

编　委　会

前言

随着移动互联技术的飞速发展，“互联网+”时代已经悄然到来，这自然催生了各行业、企业对UI设计人才的大量需求。与传统美工、设计人员相比，新“互联网+”时代对UI设计师提出了更高的要求，传统美工、设计人员已无法胜任。在这样的大环境下，这套“互联网UI设计师”系列教材应运而生，它旨在帮助读者朋友快速成长为符合“互联网+”时代企业需求的优秀UI设计师。

这套教材是由课工场（kgc.cn）的UI/UE教研团队研发的。课工场是北大青鸟集团下属企业北京课工场教育科技有限公司推出的互联网教育平台，专注于互联网企业各岗位人才的培养。平台汇聚了数百位来自知名培训机构、高校的顶级名师和互联网企业的行业专家，面向大学生以及需要“充电”的在职人员，针对与互联网相关的产品、设计、开发、运维、推广和运营等岗位，提供在线的直播和录播课程，并通过遍及全国的几十家线下服务中心提供现场面授以及多种形式的教学服务，且同步研发出版最新的课程教材。

课工场为培养互联网UI设计人才设立了UI/UE设计学院及线下服务中心，提供各种学习资源和支持，包括：

- 现场面授课程
- 在线直播课程
- 录播视频课程
- 案例素材下载
- 学习交流社区
- 作业提交批改系统
- QQ讨论组（技术、就业、生活）

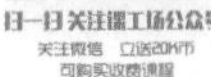

课工场APP客户端下载
产品/设计/开发/运维/运营
随时随地随心学

以上所有资源请访问课工场UI/UE学院：kgc.cn/uiue。

■ 本套教材特点

（1）课程高端、实用——拒绝培养传统美工。

- 培养符合“互联网+”时代需求的高端UI设计人才，包括移动UI设计师、网页UI设计师、平面UI设计师。
- 除UI设计师所必须具备的技能外，本课程还涵盖网络营销推广内容，包括：网络营销基本常识、符合SEO标准的网站设计、Landing Page设计优化、营销型企业网站设计等。
- 注重培养产品意识和用户体验意识，包括电商网站设计、店铺设计、用户体验、交互设计等。
- 学习W3C相关标准和设计规范，包括HTML5/CSS3、移动端Android/iOS相关设计规范等内容。

（2）真实商业项目驱动——行业知识、专业设计一个也不能少。

- 与知名4A公司合作，设计开发项目课程。
- 几十个实训项目，涵盖电商、金融、教育、旅游、游戏等行业。
- 不仅注重商业项目实训的流程和规范，还传递行业知识和业务需求。

（3）更时尚的二维码学习体验——传统纸质教材学习方式的革命。

- 每章提供二维码扫描，可以直接观看相关视频讲解和案例效果。
- 课工场UI/UE学院（kgc.cn）开辟教材配套版块，提供素材下载、学习社区等丰富的在线学习资源。

■ 读者对象

（1）初学者：本套教材将帮助你快速进入互联网UI设计行业，从零开始，逐步成长为专业UI设计师。

（2）设计师：本套教材将带你进行全面、系统的互联网UI设计学习，传递最全面、科学的设计理论，提供实用的设计技巧和项目经验，帮助你向互联网方向迅速转型，拓宽设计业务范围。

课工场出品（kgc.cn）

课程设计说明

本课程目标

学员学完本书后，能够具备一定的色彩知识和网站布局概念，能够运用色彩原理进行网页颜色的搭配，能够理解和运用基本的平面构成形式，能够运用布局技巧进行网页的布局设计，同时能从临摹网页到自由设计，可以让网页效果图设计真正从想法逐步变成现实。

训练技能

- 理解和认识色彩基础知识、色彩构成的内容。
- 掌握基本的构图原则和具体运用。
- 能够运用色彩知识分析及解决网页中的色彩问题。
- 掌握布局的一般规律，能够对比较典型的网页进行布局分析。
- 理解网站的框架结构。

本课程设计思路

本课程共7章，分为色彩基础、网页配色、网页布局三个大的部分，第7章是针对本书的总结性练习。课程内容具体安排如下。

- 第1章主要讲解色彩的基本知识及其应用，引起学生兴趣，并为网页配色奠定基础。
- 第2章和第3章是网页配色知识的讲解。其中第2章是基础，第3章是网页配色的应用。
- 第4章是网页布局的基础知识，主要从布局的概念和布局法入手讲解布局的基础理论。
- 第5章和第6章是网页布局知识的综合讲解，通过布局的方法和技巧让学生深入了解布局的内涵和实质。

- 第7章是综合项目，主要是贯穿网页配色和布局的知识，综合运用，达到对网页设计制作的整体把握的高度。

教材章节导读

- 本章目标：本章学习的目标，可以作为检验学习效果的标准。
- 本章简介：学习本章内容的原因和对本章内容的简介。
- 实战案例：展示出了最终要达到的学习效果和对步骤的分析、讲解。
- 本章总结：针对本章内容或相关技巧的概括和总结。
- 本章作业：针对本章学习内容的补充性练习，用于加强对本章知识的理解和运用。

教学资源

- 学习交流社区
- 案例素材下载
- 作业讨论区
- 相关视频教程
- 学习讨论群（搜索QQ群：课工场-UI/UE设计群）

详见课工场UI/UE学院：kgc.cn/uiue（教材版块）。

关于引用作品的版权声明

为了学校课堂教学，促进知识传播，便于学员学习优秀作品，本教材选用了一些知名网站、公司企业的相关内容，这些内容包括：企业Logo、宣传图片、网站设计等。为了尊重这些内容所有者的权利，特在此声明，凡在本教材中涉及的版权、著作权、商标权等权益，均属于原作品版权人、著作权人、商品权人。

为了维护原作品相关权益人的权益，现对本教材中选用的主要作品和出处给予说明（排名不分先后）：

序号	选用的网站、作品或Logo	版权归属
01	松下电器网站	松下电器
02	魔兽世界大陆官网	暴雪公司
03	诺基亚官网	诺基亚公司
04	SGS官网	SGS公司
05	谷歌搜索引擎	谷歌
06	苹果公司官网	苹果公司
07	雅虎官网	雅虎公司
08	SONY官网	SONY公司
09	XEROX网站	XEROX公司
10	HTC官网	HTC公司
11	GE公司官网	GE公司
12	NEOMI官网	上海内奥米设计
13	NETTUTS	NETTUTS公司
14	豆瓣网	豆瓣网
15	腾讯官网	腾讯公司
16	搜狐官网	搜狐公司
17	TWITTER	TWITTER公司
18	HTR官网	HTR公司
19	GAP官网	GAP公司
20	AIRBUS官网	AIRBUS公司
21	京东商城官网	京东
22	BING	微软
23	人人网	千橡互动
24	开心网	开心网
25	新浪微博	新浪
26	Google Chrome Logo	Google公司
27	华为Logo	华为集团

续表

序号	选用的网站、作品或Logo	版权归属
28	lx.com网站摄影作品	lx.com
29	iPod宣传图	Apple公司
30	Color Key 软件截图	Color Key软件公司
31	网页流行色选取器截图	欧易软件
32	CoffeeCup 软件截图	设计路上网站
33	腾讯朋友网站截图	腾讯集团
34	方正集团网站截图	方正集团
35	淘宝网主页截图	阿里巴巴公司
36	卓越网截图	卓越公司
37	中关村在线网站截图	中关村在线
38	甲骨文公司网站截图	甲骨文公司

由于篇幅有限，以上列表中可能并未全部列出所选用的作品。在此，衷心感谢所有原作品的相关版权权益人及所属公司对职业教育的大力支持！

2016年3月

目录

第1章 色彩基础知识

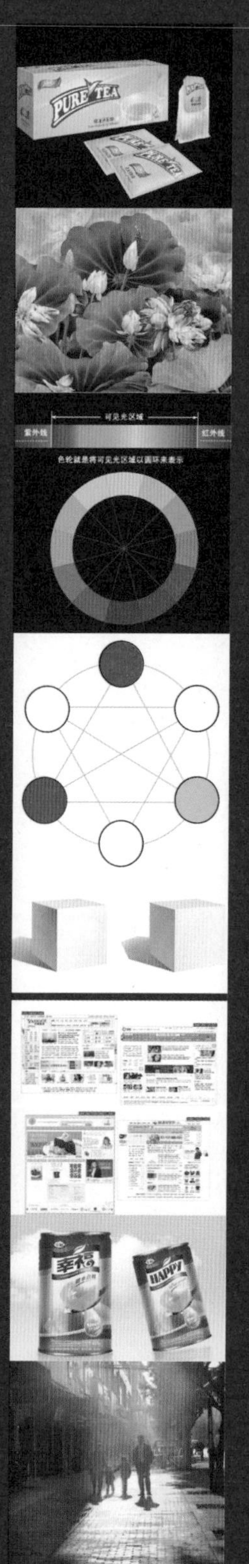

65

第 2 章 网页配色基础

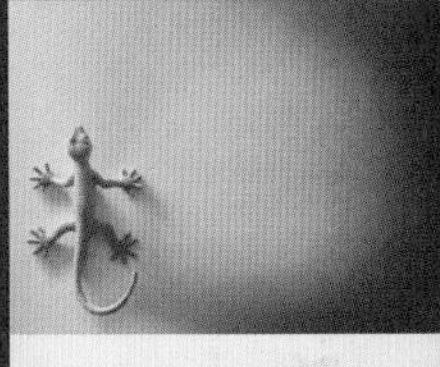

95

第 3 章 网页配色应用

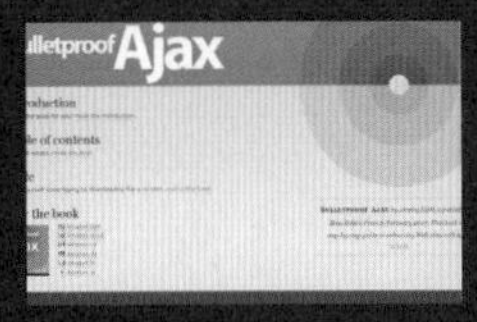

第 4 章 151

网页布局基础

第 5 章 网页布局制作 195

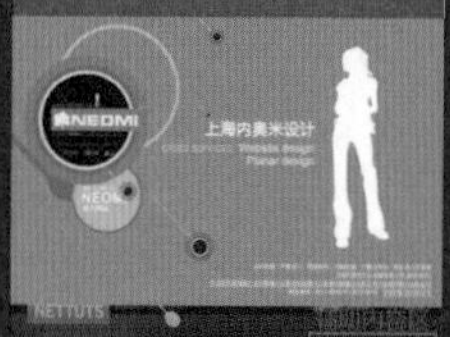

第 6 章 网页布局版式类型 239

项目综合案例

色彩基础知识

本章目标

完成本章内容以后，你将：

- 了解色彩的由来和属性。
- 掌握色环的相关知识。
- 理解色彩的情感属性。
- 理解网络安全色的由来。
- 掌握网页设计中色彩的作用。

本章素材下载

- 请访问课工场UI/UE学院：kgc.cn/uiue（教材版块）下载本章需要的案例素材。

本章简介

色彩设计是网站设计的最重要的一环。色彩是页面中最活跃、最具持久力的视觉元素。要想通过色彩搭配使作品更富有魅力，首先应该懂得色彩的基础知识。本章将带领大家学习色彩的基础理论、探讨色彩的情感属性、将学习的色彩知识运用到网页创意中。

理论讲解

1.1 色彩的由来

参考视频
色彩基础知识

 1.1.1 色彩的产生

公元前 500 年，古希腊人认为，人之所以能看见各种颜色，是因为人的眼睛能够射出不同颜色的光，如图 1.1 所示。

1629 年，德国人歇尼尔发现了人的眼中有视网膜，如图 1.2 所示，当外部光线射入人的眼睛时，在视网膜上可以形成物体的影像。

1666 年，牛顿在英国剑桥大学读书时，做了一个著名的实验——光的色散实验，如图 1.3 所示。经过进一步研究，牛顿于 1704 年出版了《光学》一书，这本书成为近代色彩学的起点。

在黑暗中，我们看不到周围的形状和色彩，这是因为没有光线。如果在光线很好的情况下，有人却看不清色彩，这也许是因为视觉器官不正常（如色盲），或是因为眼睛过度疲劳。在同一种光线条件下，我们会看到同一种景物具有各种不同的颜色，这是因为物体的表面具有不同的吸收光线与反射光线的能力，反射光线不同，眼睛就会看到不同的色彩。因此，色彩的发生，是光对人的视觉和大脑发生作用的结果，是一种视知觉。由此看来，需要经过光—眼—神经的过程才能见到色彩，如图 1.4 所示。

图 1.1　古希腊人认为的色彩的由来

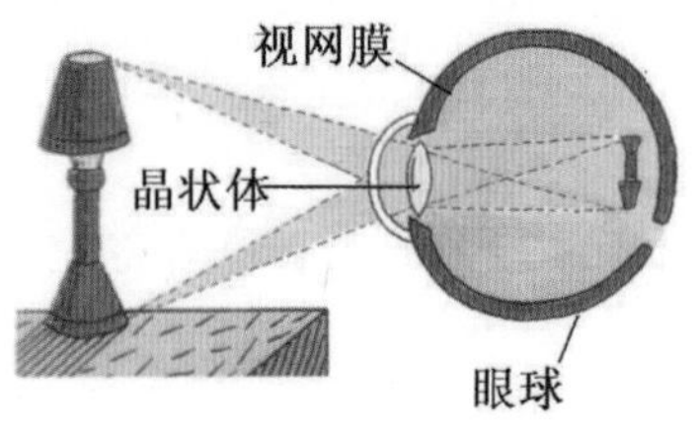

图 1.2　视网膜成像

图 1.3　牛顿的色散实验

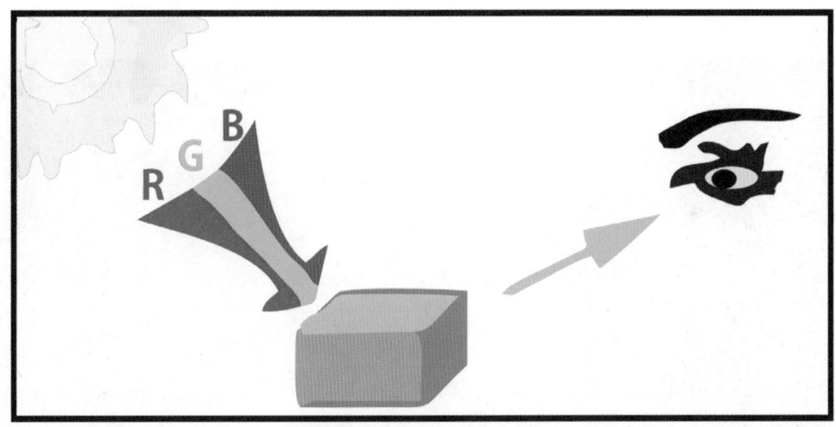

图 1.4　颜色形成的原理

光进入视觉通过以下三种形式。

- 光源光。光源发出的光直接进入视觉，像霓虹灯、饰灯、烛灯等的光线都可以直接进入视觉。
- 透射光。光源光穿过透明或半透明物体后再进入视觉的光线，称为透射光。透射光的亮度和颜色取决于入射光穿过被透射物体之后所达到的光透射率及波长特征。
- 反射光。反射光是进入眼睛的光线。在光线照射的情况下，眼睛能看到的任何物体都是该物体的反射光进入视觉所致。

1.1.2　光源色、固有色和环境色

我们已经知道色彩是如何产生的。但是色彩不是单一的，是受各种因素影响而形成的。

那么五彩缤纷的世界具体又是怎么形成的呢？这就需要我们对色彩的基本构成有一个概念。

光源色、固有色和环境色三者共同构成了物体的基本色彩，如图 1.5 所示。它们密切相关不可分割。任何情况下，都必然存在这三种色彩因素，不同的是三者存在此强彼弱的情况。接下来让我们对这三个概念一一了解一下吧。

图 1.5　基本色彩的组成

1. 光源色

光源色指本身为发光体的物体投射到物体表面的光的颜色，通常来说有自然光、灯光、火光等。不同的光源，光的色相不同。例如，日光是白色的，普通灯光是带有黄色的，磷光是绿色的等。光源色笼罩我们所要描述的一切对象。没有光源也就没有物体色，通常光源按性质划分为冷光源和暖光源。如图 1.6 所示，自然光照在街道上，周围的景物都受到了光源色的影响。

图 1.6　光源色

2. 固有色

固有色通常是指物体在正常的白色日光下所呈现的色彩特征，由于它最具有普遍性，在我们的知觉中便形成了对某一物体的色彩形象的概念。这是一种相对的色彩概念。然而，从实际方面来看，即使日光也是在不停变化的，何况任何物体的色彩不仅受到光源光的影响，还会受到周围环境中各种反射光的影响。所以物体色并不是固定不变的。但即使如此，固有色的概念仍旧不能被排除，因为我们在生活中需要有一个相对稳定的、来自以往经验中的色彩印象来表达某一物体的色彩特征。例如，绿色是青草、庄稼和树叶的色彩，因此它常常被作为和平的象征用在许多具有象征意义的设计中。在具体的实用设计中，如图 1.7 所示，在一个水蜜桃水果罐头的包装上，我们更是需要在桃子的形象上加强它的固有色特征，以引起顾客对桃子味道的联想，而产生获得它的欲望。

图 1.7　罐头包装设计

课堂训练

猜猜看：根据刚刚学过的理论知识，你能猜出图1.8所示是什么产品的包装吗？

图 1.8　包装设计效果图

3. 环境色

环境色又称条件色，在绘画中，并非指描绘对象周围环境本身的颜色，而是指由环境色彩所产生的物体固有色的变化。环境色的强弱和光的强弱成正比。对光滑的物体，物体环境色明显，而对粗糙的物体环境色比较弱。环境色主要作用在物体的暗部，如图 1.9 ~ 图 1.11 所示。

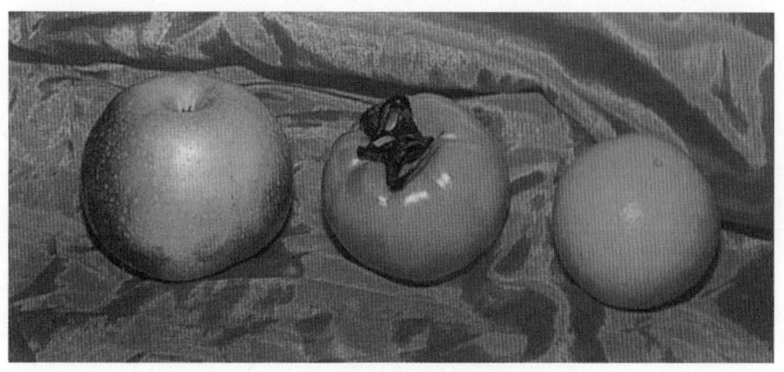

图 1.9　玫瑰红衬布背景

图 1.10　黄衬布背景

图 1.11　白衬布背景

由于背景色彩的改变，几个水果的颜色也呈现不同的变化，在以上三幅图中，图 1.9 中苹果与玫瑰红背景形成强烈的补色对比；图 1.10 中的水果受黄色衬布的影响，颜色偏暖；图 1.11 则颜色较冷。

讨论案例——变色的立方体

请分析以下两个立方体的固有色和光源色，如图 1.12 所示。

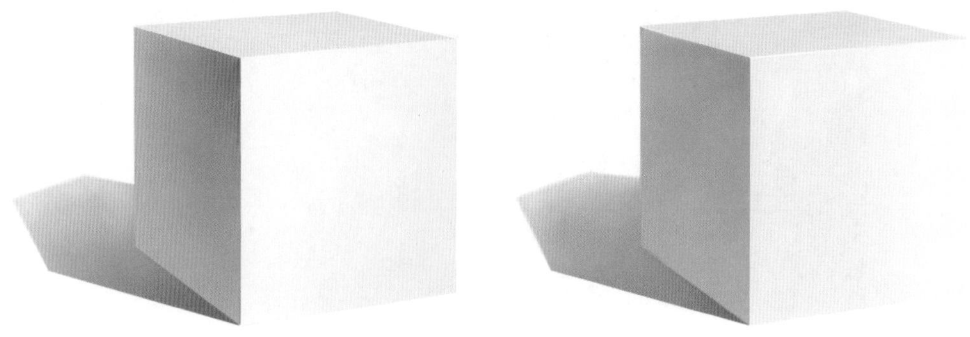

图 1.12　受光立方体

图 1.12 所示是一个白色的立方体在受到两种不同的光线照射时产生的不同效果。左图的立方体受到了黄光的照射，由于光线很强，受到黄色的影响严重，使它失去了本来的固有色，它的亮部呈现出了黄色，暗部与亮部形成了强烈的对比，呈现出紫色。黄色是暖色，紫色是冷色，更是黄色的对比色。右边的立方体受到强烈的蓝光的照射，原有的白色没有了，亮部呈淡蓝色，暗部呈橘黄色，淡蓝色是冷色，橘黄色是暖色。由此得出这个结论：在强光的照射下，物体会失去它的本来面目，受到光源色的摆布。光照越强烈，明暗的对比越强烈，在明暗交界线的地方最强烈。亮部若暖，暗部就冷；亮部若冷，暗部就暖。不管是冷还是暖，亮部的颜色纯度高，暗部的颜色纯度低。需要注意的是离明暗交界线越远颜色和冷暖的对比就越弱。对比强就实，对比弱就虚。

随着光线强度的减弱，物体渐渐呈现出它的固有色，光线越弱，亮部和暗部的颜色对比、冷暖对比就越弱。最后要说的是环境色对物体的影响也很重要，它会把它的颜色反射到物体上。反射的强弱要灵活掌握。

1.2 色彩属性

我国古代把黑、白、玄（偏红的黑）称为色，把青、黄、赤称为彩，合称色彩，图 1.13 所示就是一幅典型的中国国画。现代色彩学，也可以说是西方色彩学，也把色彩分为两大类：无彩色系和有彩色系。无彩色系指黑色、白色和黑白中间过渡的灰色，对于无彩色系，我们在此不做过多的讨论。而对于视觉所感知的一切色彩形象，都具有明度、色相和纯度三种性质，这三种性质是色彩最基本的构成元素，在这里分别进行讲解。

图 1.13 国画欣赏

1.2.1 色相

1. 色相的基本知识

色相是指色彩的相貌，指各种色彩之间的区别，是色彩最明显的特点，是不同波长的光被感觉的结果。通常人的眼睛可以分辨出约 180 种不同色相的色彩。图示 1.14 所示是 Photoshop 里面的调色窗口，显示出不同的色相。

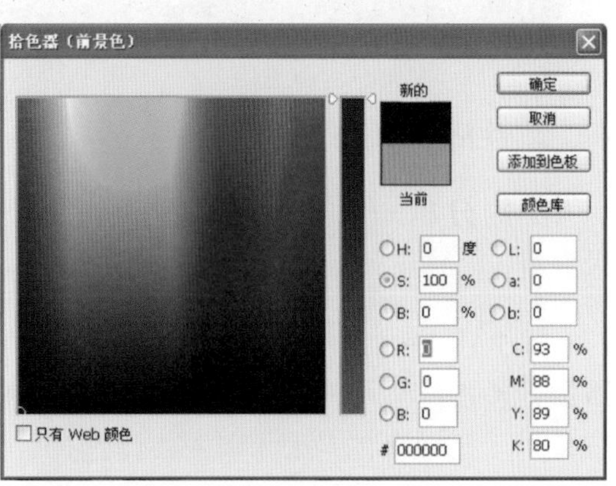

图 1.14 Photoshop 拾色器

讨论案例——网页辨色

图 1.15 所示是一些常见的门户网站主页。网页缩小之后，看到的是它的主要色彩。请分别说出各个网站主页的设计主要运用了什么色相。

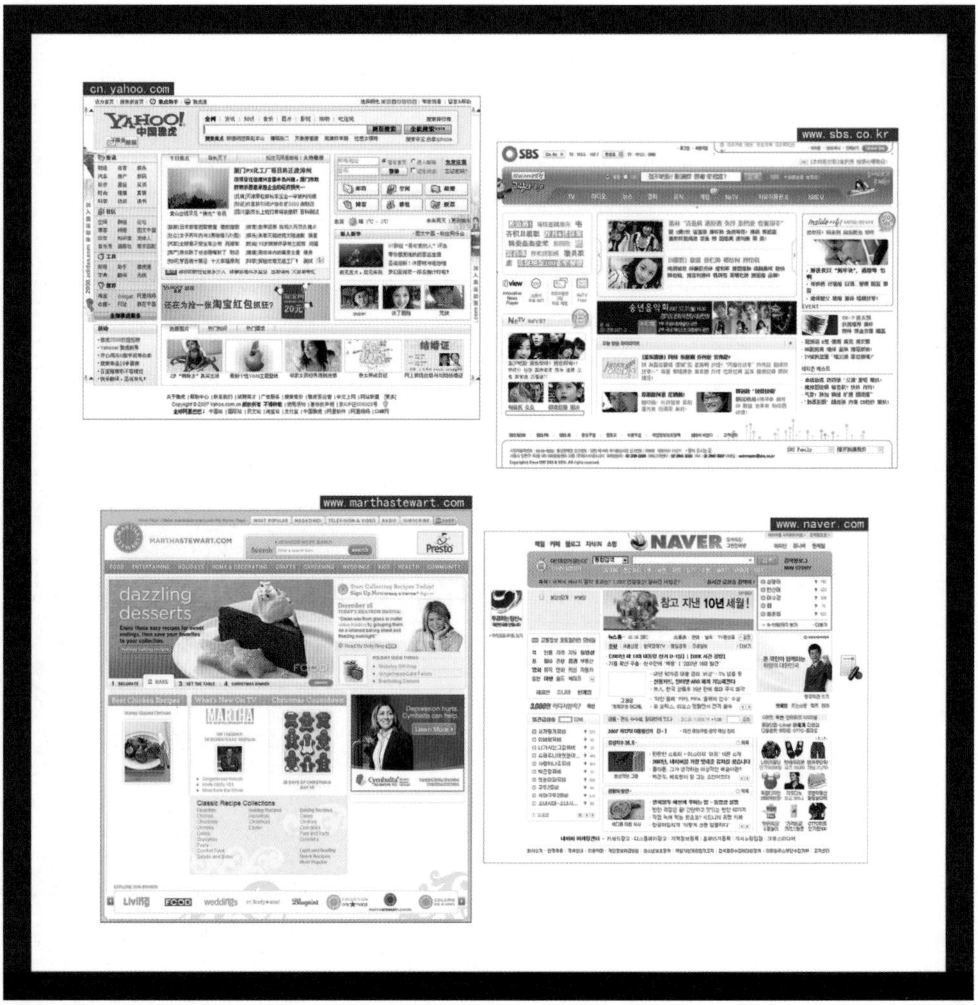

图 1.15　常见门户网站

2. 生活中的色相应用

案例分析——Google Chrome 图标大变身

图 1.16 所示是 Google Chrome 浏览器的最新图标。和左边的草稿比较起来，它应用了比较多的色彩和比较纯的色相，所以看起来色彩感很强，充满生命力。

图 1.16　Google Chrome 图标大变身

1.2.2 明度

明度是指色彩的深浅、明暗，它决定于反射光的强度，任何色彩都存在明暗变化。其中黄色明度最高，紫色明度最低，绿、红、蓝、橙的明度相近，为中间明度。另外，在同一色相的明度中还存在深浅的变化，如绿色中由浅到深有粉绿、淡绿、翠绿等明度变化，如图 1.17 所示。

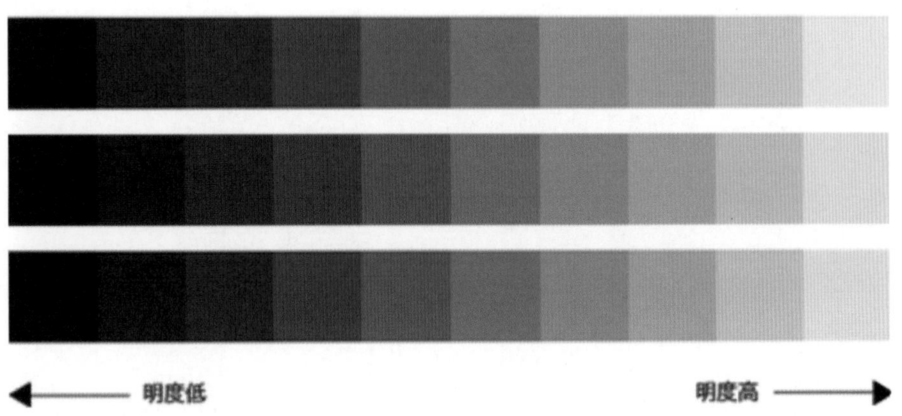

图 1.17　明度推移图

案例分析——华为技术有限公司 Logo 的演化

图 1.18 所示为华为技术有限公司 Logo 的变换，从图中可以明显看出，新 Logo 增加了一个渐变效果，增加了其明度的对比。

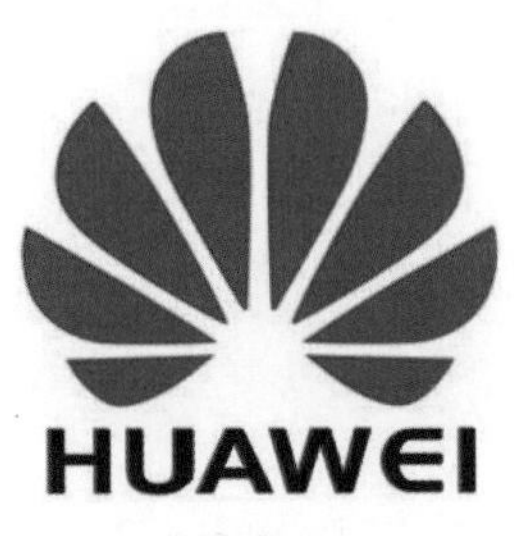

原来

HUAWEI

现在

图 1.18　华为技术有限公司图标的演变

1.2.3 纯度

纯度是指色彩的鲜艳水平，也称色彩的饱和度。纯度取决于该色中含色成分和消色成分 (灰色) 的比例。含色成分越大，纯度越大；消色成分越大，纯度越小，如图 1.19 所示。

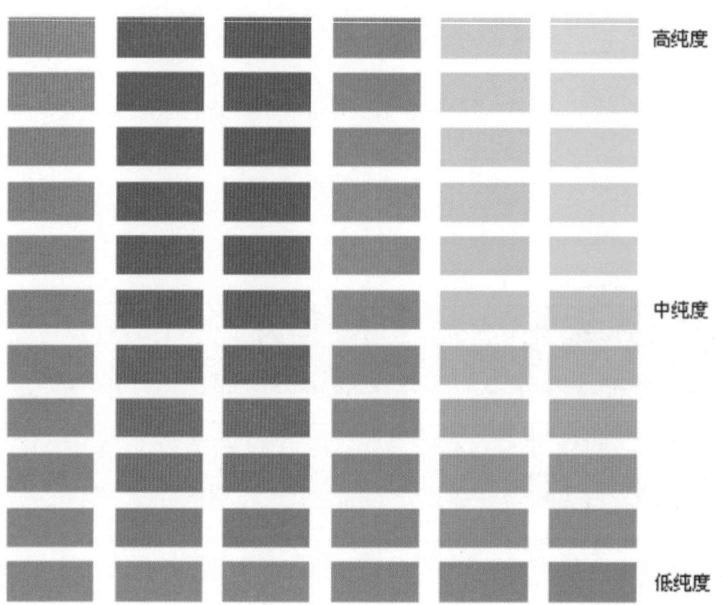

图 1.19　纯度变化图表

1.3　色环知识

1.3.1　色环的概念

颜色都不是孤立存在的，自然界的颜色都是相辅相成、相互搭配组成的。人们为了更好地掌握色彩的知识，就提出了色环等概念，把颜色组合在一起去考虑和研究。

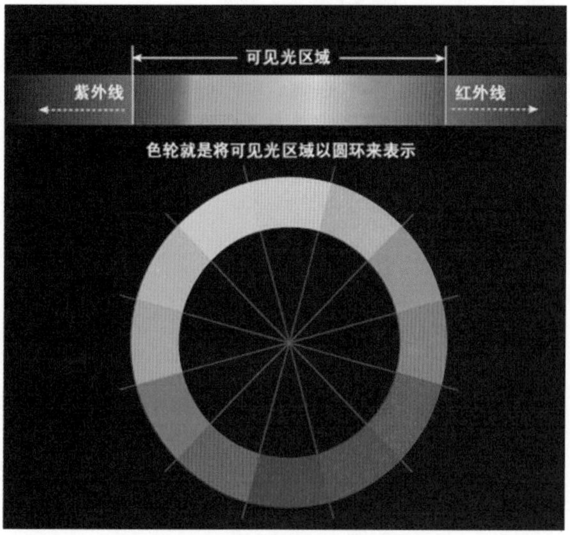

白色光包含了所有的可见颜色，我们看到的是由紫到红之间的无穷光谱组成的可见光区域，就像彩虹的颜色。为了在使用颜色时更加实用，人们对它进行了简化，将其分为 12 种基本的色相，如图 1.20 所示。

色环实质上就是彩色光谱中所见的长条形的彩色序列，只是将其首尾连在一起。它是在光谱基础上推移出来的，通常讲的色环一般为 12 色。通过色环能更系统地了解色彩的相对关系。

图 1.20　色环（色轮）

1.3.2 色环的组成

1. 原色

色彩中不能再分解的基本色称为原色，原色能合成出其他的任何颜色。而其他颜色不能还原出原色。对于三原色有两种常见的说法：光的三原色和颜料三原色。因为计算机显示器都是基于 RGB 颜色模式来显示颜色的，所以在这里采用第一种说法，即光的三原色。对于这两种原色，感兴趣的学员可以找更多的资料去了解一下。

原色 (Primary Colors)，指红色、绿色、蓝色，如图 1.21 所示。根据三原色的特征做出相应的色彩搭配，能达到最迅速、最有力、最强烈的视觉传达效果，如图 1.22 和图 1.23 所示。

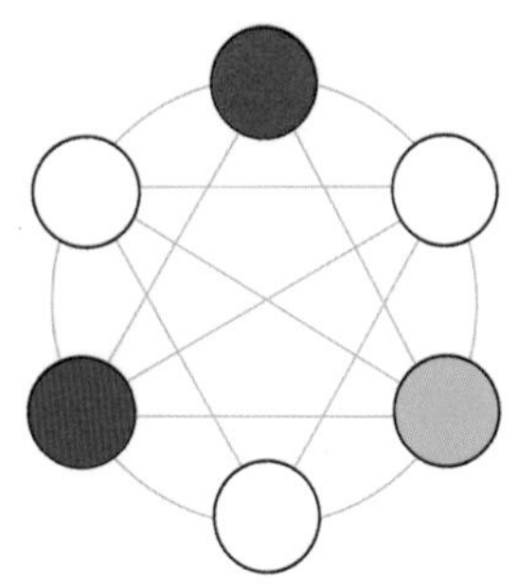

图 1.21　原色

原色

红色是最温暖、最有视觉冲击力的颜色，切合“红动中国”网站名称，快速传递了主题。

图 1.22　网页效果图（1）

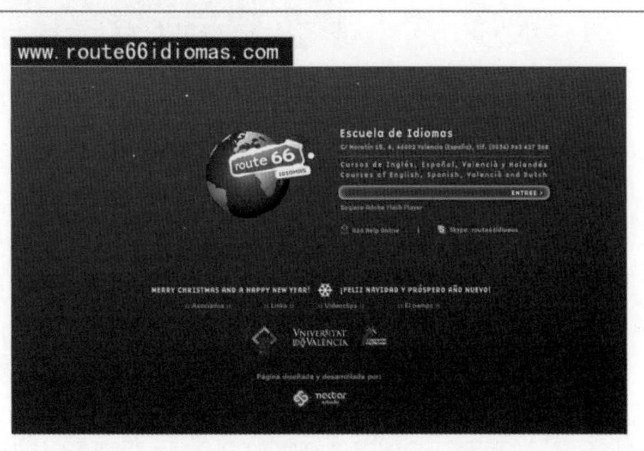

原色

蓝色在三原色里是视觉传递速度最慢的颜色，适合用于表达成熟、稳重、安静的网页主题。

图 1.23　网页效果图（2）

2. 二次色（间色）

为了建立色环，下面我们希望了解通过混合任何两种邻近的基色获得的三种颜色，这些颜色即为二次色 (Secondary Colors)。二次色包括青、品红和黄，如图 1.24 和图 1.25 所示。

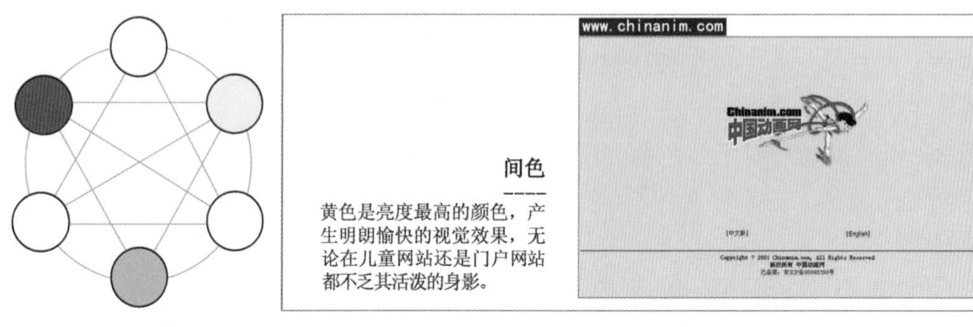

图 1.24　二次色　　　　图 1.25　网页效果图

3. 三次色（复色）

建立色环的最后一步是再次找到现已填入色环的颜色之间的中间色，即三次色 (Tertiary Colors)，如图 1.26 和图 1.27 所示。既然已经定义了在 12 点色环中使用的颜色，那么就可以讨论这些颜色之间的相互关系。

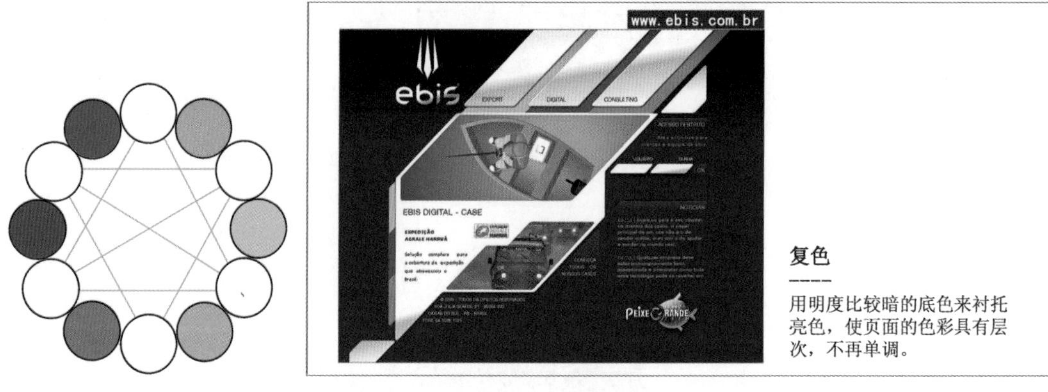

图 1.26　三次色　　　　图 1.27　网页效果图

4. 同类色

同类色 (Analogous Colors) 是指同一色相的一系列颜色，如黄色系列、蓝色系列等。使用同类色的配色方案可以提供颜色的协调和交融，类似于在自然界中所见到的那样，如图 1.28 和图 1.29 所示。

5. 互补色

互补色 (Complementary Colors) 也称为对比色 (Contrasting Colors)，互补色在色环上相对排列，如图 1.30 所示。如果希望更鲜明地突出某些颜色，则选择对比色是很有用的。在制作一幅柠檬的图片时，使用蓝色的背景将会使柠檬更突出。

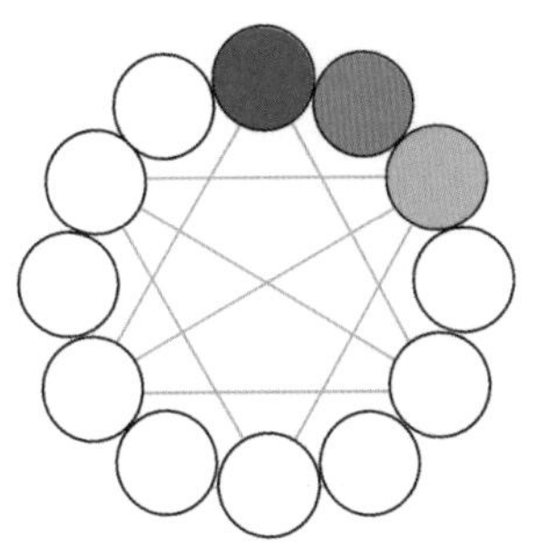

图 1.28　同类色

同类色

同类色非常容易和谐统一，不同纯度的蓝色搭配使网页色彩具有层次感。

图 1.29　网页效果图

6. 邻近色

在色环上任一种颜色和其相邻的颜色互称为邻近色 (Neighboring Colors)。例如，红色和黄色，绿色和蓝色，就互为邻近色，如图 1.31 所示。

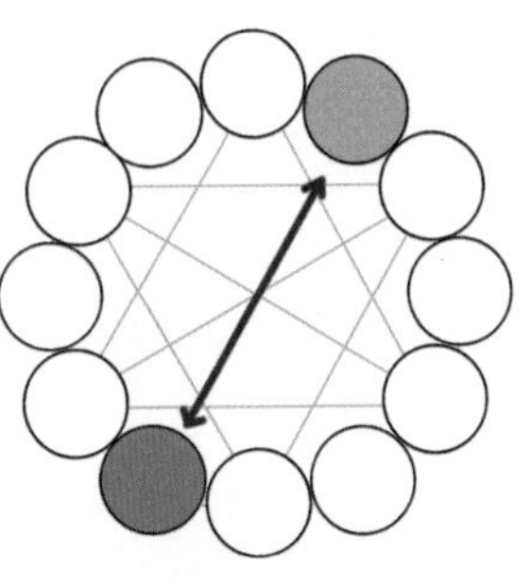

图 1.30　互补色

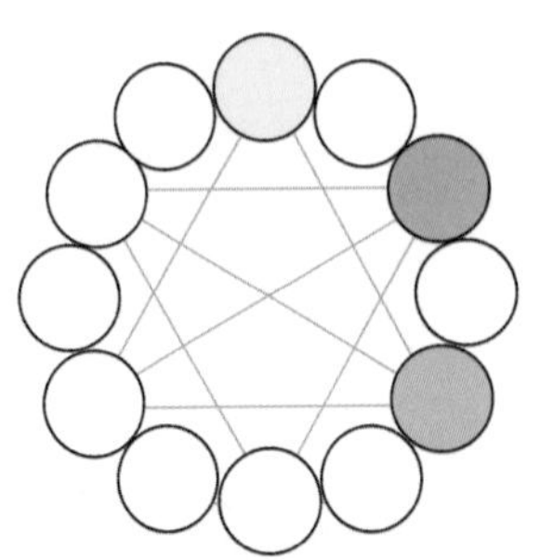

图 1.31　邻近色

7. 暖色

暖色 (Warm Colors) 由红色调构成，如红色、橙色和黄色。这种颜色给人以温暖、舒适、有活力的感觉。这些颜色产生的视觉效果使其更贴近读者，并在页面上更突出，如图 1.32 和图 1.33 所示。

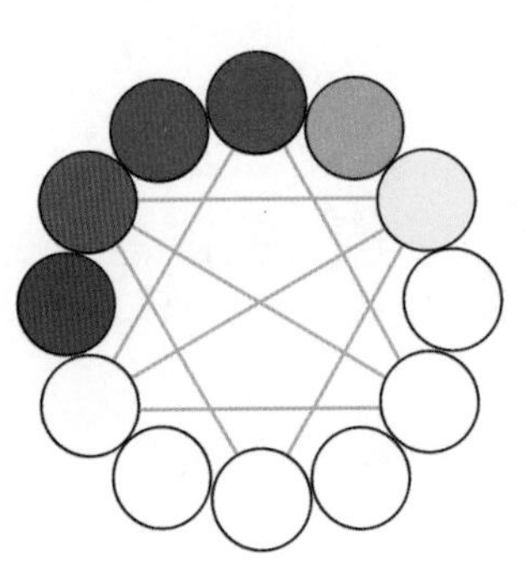

图 1.32　暖色

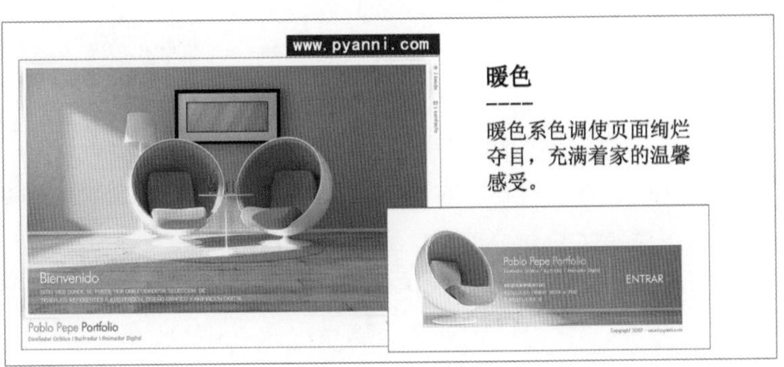

图 1.33　网页效果图

8. 冷色

冷色 (Cool Colors) 来自于蓝色调，如蓝色、青色和绿色。这些颜色使配色方案显得稳定和清爽，而且看起来还有远离观众的效果，所以适于做页面背景，如图 1.34 和图 1.35 所示。

请注意，有时候你可能发现这些颜色组在不同的书籍中所指的内容并不相同，但只要理解了基本原理，知道了色彩的相互关系和分别对应的特点，就可以很好地掌握与驾驭色彩。怎么样，一起来加入色彩大家族，开始设计之旅吧！

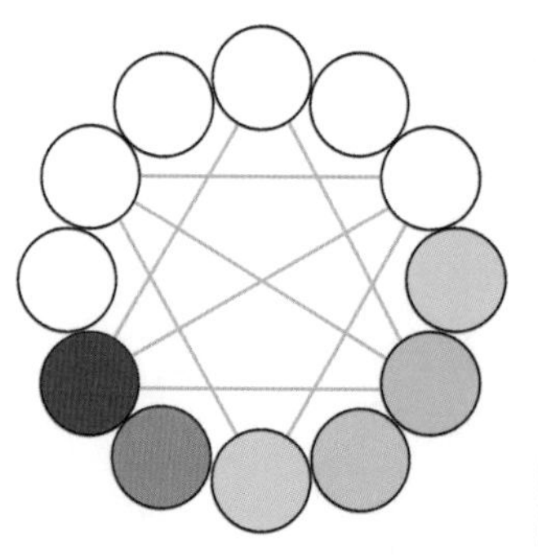

图 1.34　冷色

图 1.35　网页效果图

1.4　色彩的感觉

人们生活在色彩的世界里，色彩能影响到人们的心理和情感。色彩本质并无感情，而是经过人们在生活中积累的普遍经验，形成对色彩的心理感受。色彩的明度及彩度不同，会让人产生冷暖、轻重、远近、胀缩、动静等不同的感受与联想。

1.4.1　冷暖感觉

色彩的各种感觉中，首先感觉到的是冷暖感。人们在日常生活中对色彩形成了各种条件反射。例如，当看到一轮红日升起，大地染上一层橙色时，人们就感到温暖、舒畅；当走近江河、湖泊，见到蓝色的流水时，人们又会产生凉爽、恬静之感。基于人们的感性经验，认为红色、黄色、橙色等颜色给人以温暖的感觉，蓝色、青色、绿色等颜色给人以寒冷的感觉，如图 1.36 所示。

图 1.36　冷暖感觉

1.4.2　轻重感觉

当形状与大小相同的深色方块和浅色方块放在一起时，人们马上会感觉到深色方块重，如图 1.37 所示。这说明不同的色彩在人们的心理上有不同的重量感。决定色彩的轻重感的主要因素是色彩的明度，明度高的色彩感觉轻，明度低的色彩感觉重。

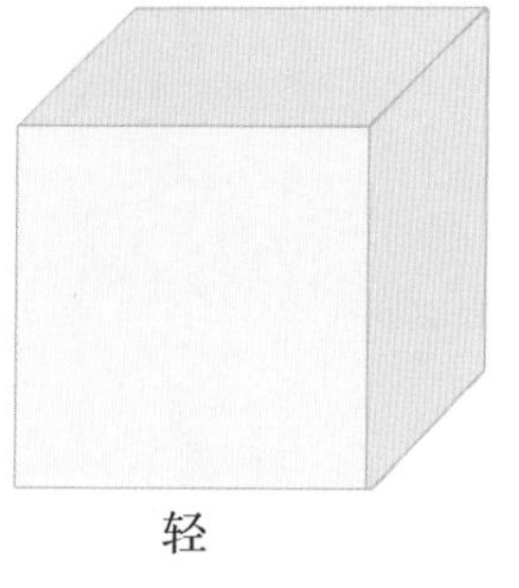

轻　　重

图 1.37　轻重感觉

在色彩的均衡和稳定感的配置中，利用色彩轻重感觉特征可起到一定的协调作用。

1.4.3 进退感觉

两个以上的同形同面积的不同色彩在相同背景的衬托下，给人的远近感觉是不一样的，如图 1.38 所示，在黑色背景下的蓝色和黄色，黄色显得很近，蓝色显得远。

通常暖色具有前进感，冷色具有后退感；明度高的色具有前进感，明度低的色具有后退感，如图 1.39 所示。利用色彩的进退感，可以突出重点、衬托主题、丰富主次、加深人们的印象。

图 1.38　进退感觉（1）

退缩

前进

图 1.39　进退感觉（2）

1.4.4 兴奋、沉静感觉

不同的色彩刺激使人产生不同的情绪反射，兴奋的色彩能给人以鼓舞的感觉，而沉静的色彩给人以消沉或感伤的感觉。影响色彩沉静兴奋感觉的首先是色相，其次是纯度，最后是明度。

1. 色相方面

红、橙、黄等暖色，是令人兴奋的色彩，而蓝、蓝紫、蓝绿给人沉静的感觉。

2. 纯度方面

高纯度色使人兴奋，低纯度色有沉静感。纯度是影响色彩兴奋和沉静感的主要因素，如图 1.40 所示。

3. 明度方面

明度高的色使人兴奋，明度低的色使人沉静。无彩色系中的白和黑有兴奋感，灰色有沉静感。

图 1.40　兴奋、沉静感觉

1.4.5 味觉感受

由于色彩来源于自然界，视觉感受也会影响到味觉。菜肴食品的色彩、造型、体积在某种程度上会提高味觉的感受力，我们的大脑经过长期生活经验的积累，形成一种联想能力，看到红色就会与红色的水果、肉类联系起来，间接地引起食欲。

色彩与滋味的大致对应关系如下。

- 黄色——甜
- 绿色——酸
- 深红色——咸
- 黑色——苦
- 白色——清淡

1.5 色彩的象征意义

所有的设计和色彩都有密切的关系，当我们看到色彩时常常会联想起与该色相相关联的感受或事物，这种联想我们称之为色彩的联想。色彩的联想是通过过去的经验、记忆或知识而取得的。色彩的联想可分为具体的联想与抽象的联想。

色彩对人的头脑和精神的影响是客观存在的。不同的颜色给人的心理感受是不同的，如京剧中的脸谱，把坏人设计为绿脸，把好人设计为红脸或黑脸，虽然这样比喻有些夸张，但在一定程度上说明了色彩是具有象征意义的。色彩除了本身具有的知觉刺激因素外，还同观赏者的生活经验、社会意识、风俗习惯、民族传统等因素有关。表 1-1 所示为不同色彩的具体象征意义。

表 1-1 色彩的象征意义

色彩名称	象征意义	
	积极的含义	消极的含义
红色	活力、光辉、火热、积极、欢快、胜利、喜庆、刚强	危险、爆炸、愤怒、战争
橙色	热情、光明、成熟、辉煌	暴躁、不安、欺诈、嫉妒
黄色	光明、富有、兴奋、高贵	枯败、没落、颓废
绿色	自然、生命、健康、青春、成长、和平、活泼、希望	生酸、失控
蓝色	宁静、深远、沉着、纯洁	悲凉、贫寒、冷酷、孤漠
紫色	高贵、神秘、温柔、奢华	阴暗、悲哀、忧郁、荒淫
黑色	深沉、肃穆、幽静、稳定	悲哀、死亡、肮脏、恐怖
白色	纯洁、朴素、高雅、光明	寒冷、苍老、恐怖、孤独
灰色	高雅、温和、沉着、平淡	空虚、悲哀、乏味、沉闷

色相环中的主要色系有七种，即红色系、橙色系、黄色系、绿色系、青色系、蓝色系和紫色系。下面对具体色系进行分析。

人们用自己的眼睛和头脑来感受色彩。这不仅仅是物理层面上的，而且包含着精神和情感层面。这种感受的结果，让不同的色彩具有了其特定的意义。色彩的象征意义多数情况下也是一种文化认同。不同文化中色彩所代表的意义和给人产生的联想是大不相同的，有时甚至相反。设计师在应用某种色彩之前，要好好调查一下这种色彩的意义，以及它在特定环境下带给人们的联想。

1.5.1 红色

红色是最具有视觉冲击力的色彩，暗示速度和动态；可以刺激心跳速度、加快呼吸、刺激食欲，红色的衣服使人身形显大，红色的车比较受消费者喜爱，如图 1.41 所示。

图 1.41 红色

1. 红色的具象联想

红色的具象联想有火焰、鲜血、性、西红柿、西瓜瓤、太阳、红旗、口红、中国国旗等。

2. 红色的正面联想

红色的正面联想有激情、爱情、鲜血、能量、热心、激动、热量、力量、热情、活力等。

3. 红色的负面联想

红色的负面联想有侵略性、愤怒、战争、革命、残忍、不道德、危险、幼稚、卑俗等。

4. 红色的文化地域性

在非洲，红色代表死亡；在法国，红色代表雄性；在亚洲，红色代表婚姻、繁荣、快乐；在印度，红色是士兵的颜色；在南非，红色是丧服的颜色。

图 1.42 所示是中企动力 8 周年主题网站网页截图，整个页面使用红色作为主色调，给人以喜庆、热闹的感觉。

图 1.42 中企动力 8 周年主题网站网页截图

5. 红色系配色方案

红色系的配色方案如图 1.43 所示。

r 255	r 204	r 255	r 153	r 255	r 255	r 255	r 153	r 255
g 255	g 255	g 204	g 204	g 204	g 204	g 153	g 102	g 204
b 204	b 255	b 204	b 204	b 153	b 204	b 153	b 153	b 204
#ffffcc	#ccffff	#ffcccc	#99cccc	#ffcc99	#ffcccc	#ff9999	#996699	#ffcccc
r 204	r 255	r 204	r 255	r 255	r 204	r 0	r 204	r 255
g 153	g 255	g 204	g 204	g 255	g 204	g 153	g 204	g 102
b 153	b 204	b 153	b 204	b 153	b 255	b 204	b 204	b 102
#cc9999	#ffffcc	#cccc99	#ffcccc	#ffff99	#ccccff	#0099cc	#cccccc	#ff6666
r 255	r 255	r 255	r 204	r 102	r 204	r 255	r 255	r 153
g 153	g 102	g 204	g 153	g 102	g 153	g 102	g 255	g 204
b 102	b 102	b 204	b 102	b 102	b 153	b 102	b 102	b 102
#ff9966	#ff6666	#ffcccc	#cc9966	#666666	#cc9999	#ff6666	#ffff66	#99cc66
r 204	r 204	r 0	r 153	r 204	r 102	r 204	r 102	r 204
g 51	g 204	g 51	g 51	g 204	g 51	g 204	g 102	g 153
b 51	b 204	b 102	b 51	b 0	b 102	b 153	b 102	b 153
#cc3333	#cccccc	#003366	#993333	#cccc00	#663366	#cccc99	#666666	#cc9999
r 255	r 255	r 0	r 204	r 51	r 204	r 51	r 153	r 255
g 102	g 255	g 102	g 0	g 51	g 204	g 102	g 0	g 204
b 102	b 0	b 204	b 51	b 51	b 0	b 51	b 51	b 153
#ff6666	#ffff00	#0066cc	#cc0033	#333333	#cccc00	#336633	#990033	#ffcc99
r 153	r 204	r 0	r 255	r 51	r 204	r 204	r 0	r 0
g 51	g 153	g 51	g 0	g 51	g 204	g 0	g 0	g 51
b 51	b 102	b 0	b 51	b 153	b 0	b 51	b 0	b 153
#993333	#cc9966	#003300	#ff0033	#333399	#cccc00	#cc0033	#000000	#003399

图 1.43 红色系配色方案

- 在红色中加入少量的黄，会使其热力强盛，趋于躁动、不安。
- 在红色中加入少量的蓝，会使其热力减弱，趋于文雅、柔和。
- 在红色中加入少量的黑，会使其性格变得沉稳，趋于厚重、朴实。
- 在红色中加入少量的白，会使其性格变得温柔，趋于含蓄、羞涩、娇嫩。

1.5.2 橙色

橙色能促进食欲；橙色的房间代表了友善，给人以愉快的感受，能促使人谈话和思考；橙色能够用来强化视觉，这就是海滩救生员的救生服采用橙色的原因，如图 1.44 所示。

图 1.44 橙色

1. 橙色的具象联想

橙色的具象联想是秋天、橘子、胡萝卜、肉汁、砖头、灯光等。

2. 橙色的正面联想

橙色的正面联想是温暖、欢喜、创造力、鼓舞、独特性、能量、活跃、模拟、社交、健康、奇想、活力、华美、明朗、甘美等。

3. 橙色的负面联想

橙色的负面联想是粗鲁、欲望、喧嚣、嫉妒、焦躁、可怜、卑俗等。

4. 橙色的文化地域性

在爱尔兰，橙色代表新教运动；在美洲土著文化里，橙色代表学习和血缘关系；在荷兰，橙色是国家的颜色，因为荷兰的君主来自于 Orange Nassau 家族；在印度，橙色代表印度教。

图 1.45 所示为韩国芬达网站网页截图，整个页面使用橙色作为主色调，和其主打产品——橙味汽水紧密结合。

图 1.45　韩国芬达网站网页截图

5. 橙色系配色方案

橙色系的配色方案如图 1.46 所示。

<table>
<tr><td>r 255
g 204
b 153
#ffcc99</td><td>r 255
g 255
b 153
#ffff99</td><td>r 153
g 204
b 153
#99cc99</td><td>r 255
g 204
b 153
#ffcc99</td><td>r 204
g 255
b 153
#ccff99</td><td>r 204
g 204
b 204
#cccccc</td><td>r 255
g 204
b 153
#ffcc99</td><td>r 255
g 255
b 204
#ffffcc</td><td>r 153
g 204
b 255
#99ccff</td></tr>
<tr><td>r 255
g 153
b 102
#ff9966</td><td>r 255
g 255
b 204
#ffffcc</td><td>r 153
g 204
b 153
#99cc99</td><td>r 255
g 153
b 0
#ff9900</td><td>r 255
g 255
b 204
#ffffcc</td><td>r 51
g 102
b 153
#336699</td><td>r 204
g 204
b 51
#cccc33</td><td>r 255
g 255
b 153
#ffff99</td><td>r 204
g 153
b 51
#cc9933</td></tr>
<tr><td>r 153
g 102
b 0
#996600</td><td>r 255
g 204
b 51
#ffcc33</td><td>r 255
g 255
b 204
#ffffcc</td><td>r 255
g 255
b 204
#ffffcc</td><td>r 204
g 153
b 51
#cc9933</td><td>r 51
g 102
b 102
#336666</td><td>r 255
g 153
b 0
#ff9900</td><td>r 255
g 255
b 0
#ffff00</td><td>r 0
g 153
b 204
#0099cc</td></tr>
<tr><td>r 153
g 204
b 51
#99cc33</td><td>r 255
g 153
b 0
#ff9900</td><td>r 255
g 204
b 0
#ffcc00</td><td>r 255
g 153
b 51
#ff9933</td><td>r 153
g 204
b 51
#99cc33</td><td>r 204
g 102
b 153
#cc6699</td><td>r 255
g 153
b 51
#ff9933</td><td>r 255
g 255
b 0
#ffff00</td><td>r 51
g 102
b 204
#3366cc</td></tr>
<tr><td>r 255
g 153
b 51
#ff9933</td><td>r 255
g 255
b 204
#ffffcc</td><td>r 0
g 153
b 102
#009966</td><td>r 255
g 102
b 0
#ff6600</td><td>r 255
g 255
b 102
#ffff66</td><td>r 0
g 153
b 102
#009966</td><td>r 153
g 0
b 51
#990033</td><td>r 204
g 255
b 102
#ccff66</td><td>r 255
g 153
b 0
#ff9900</td></tr>
<tr><td>r 255
g 153
b 102
#ff9966</td><td>r 153
g 102
b 0
#996600</td><td>r 204
g 204
b 0
#cccc00</td><td>r 204
g 102
b 0
#cc6600</td><td>r 153
g 153
b 153
#999999</td><td>r 204
g 204
b 51
#cccc33</td><td>r 204
g 102
b 0
#cc6600</td><td>r 204
g 204
b 51
#cccc33</td><td>r 51
g 102
b 153
#336699</td></tr>
</table>

图 1.46　橙色系配色方案

- 在橙色中混入大量的白，给人以干燥的感觉。
- 在橙色中混入少量的蓝，能够形成强烈的对比，给人以紧张的感觉。
- 在橙色中混入少量的红，给人以明亮、温暖的感觉。

1.5.3 黄色

黄色是人眼睛最容易注意到的色彩，比纯白色的亮度还要高，可以促进新陈代谢。明亮的黄色是所有色彩中最容易让人产生疲劳感的颜色，它很刺激人的眼睛；暗淡的黄色可以加强人们的注意力，所以多应用于提示牌，如图 1.47 所示。

图 1.47　黄色

1. 黄色的具象联想

黄色的具象联想是阳光、沙滩、蛋黄、香蕉、向日葵、小鸡、面包、菜花等。

2. 黄色的正面联想

黄色的正面联想是聪明、才智、乐观、光辉、喜悦、平凡、泼辣、明快、希望、光明、明媚、理想主义等。

3. 黄色的负面联想

黄色的负面联想是嫉妒、怯懦、欺骗、警告等。

4. 黄色的文化地域性

在佛教里，法师穿着金黄色的袈裟；在埃及和缅甸，黄色意味着丧服；在日本，黄色联系到人的勇气；在印度，黄色是商人和农民的标志；在印度教文化中，人们衣着黄色用来庆祝春节；在古代中国，黄色是帝王专属的颜色。

图 1.48 所示为韩国立顿红茶网站网页截图，整个页面使用黄色作为主色调，给人以明快、温暖的感觉。

图 1.48　韩国立顿红茶网站网页截图

5. 黄色系配色方案

黄色系的配色方案如图 1.49 所示。

r 255	r 204	r 255	r 255	r 255	r 204	r 153	r 255	r 255
g 255	g 255	g 204	g 255	g 255	g 204	g 204	g 204	g 255
b 204	b 255	b 204	b 0	b 255	b 0	b 255	b 51	b 204
#ffffcc	#ccffff	#ffcccc	#ffff00	#ffffff	#cccc00	#99ccff	#ffcc33	#ffffcc
r 255	r 153	r 204	r 255	r 255	r 153	r 153	r 255	r 255
g 255	g 204	g 204	g 255	g 255	g 51	g 204	g 204	g 255
b 51	b 255	b 204	b 0	b 255	b 255	b 255	b 51	b 51
#ffff33	#99ccff	#cccccc	#ffff00	#ffffff	#9933ff	#99ccff	#ffcc33	#ffff33
r 255	r 102	r 255	r 255	r 255	r 0	r 255	r 0	r 255
g 204	g 204	g 255	g 153	g 255	g 153	g 204	g 0	g 255
b 0	b 0	b 153	b 0	b 0	b 204	b 0	b 204	b 153
#ffcc00	#66cc00	#ffff99	#ff9900	#ffff00	#0099cc	#ffcc00	#0000cc	#ffff99
r 204	r 255	r 102	r 153	r 255	r 204	r 204	r 102	r 204
g 153	g 255	g 102	g 153	g 255	g 153	g 204	g 102	g 204
b 153	b 204	b 204	b 51	b 204	b 204	b 0	b 0	b 255
#cc9999	#ffffcc	#6666cc	#999933	#ffffcc	#cc99cc	#cccc00	#666600	#ccccff
r 255	r 255	r 153	r 255	r 255	r 153	r 255	r 255	r 255
g 153	g 255	g 204	g 204	g 255	g 153	g 204	g 102	g 255
b 102	b 204	b 153	b 51	b 204	b 102	b 153	b 102	b 102
#ff9966	#ffffcc	#99cc99	#ffcc33	#ffffcc	#999966	#ffcc99	#ff6666	#ffff66
r 255	r 153	r 255	r 255	r 153	r 102	r 153	r 255	r 51
g 204	g 153	g 255	g 255	g 204	g 102	g 153	g 255	g 51
b 153	b 102	b 0	b 153	b 153	b 0	b 102	b 153	b 51
#ffcc99	#999966	#ffff00	#ffff99	#99cc99	#666600	#999966	#ffff99	#333333

图 1.49　黄色系配色方案

- 在黄色中加入少量的蓝，会使其转化为一种鲜嫩的绿色。其高傲的性格也随之消失，趋于一种平和、潮润的感觉。
- 在黄色中加入少量的红，则具有明显的橙色感觉，其性格也会从冷漠、高傲转化为一种有分寸感的热情、温暖。
- 在黄色中加入少量的黑，其色感和色性变化最大，成为一种具有明显橄榄绿的复色印象。其色性也变得成熟、随和。
- 在黄色中加入少量的白，其色感变得柔和，其性格中的冷漠、高傲被淡化，趋于含蓄，易于接近。

1.5.4 绿色

绿色是所有色彩中最能让人眼睛放松的色彩；绿色对人的精神有镇静和恢复的功效，通常会在医院中应用以让病人放松；通常绿色的意义是“通行”，含有秩序的意义；绿色可以促进消化，还可以减轻胃痛，如图 1.50 所示。

图 1.50 绿色

1. 绿色的具象联想

绿色的具象联想是植物、大自然、环境、西瓜、树叶、山、草等。

2. 绿色的正面联想

绿色的正面联想是和平、安全、生长、新鲜、丰产、金钱、种植、康复、成功、自然、和谐、诚实、青春等。

3. 绿色的负面联想

绿色的负面联想是贪婪、嫉妒、恶心、毒药、侵蚀、缺乏经验等。

4. 绿色的文化地域性

在伊斯兰国家，绿色是天堂的颜色，同时也是伊斯兰教的代表色；在爱尔兰，绿色就是其国家的象征；在凯尔特文化中，绿色的巨人是丰收之神；在美洲土著文化中，绿色联系到人们的愿望和意志。

图 1.51 所示为韩国真露烧酒网站网页截图，整个页面使用绿色作为主色调，符合真露烧酒以植物为原材料提取的产品理念。

图 1.51　韩国真露烧酒网站网页截图

5. 绿色系配色方案

绿色系的配色方案如图 1.52 所示。

- 在绿色中加入黄的成分较多时，其感觉就趋于活泼、友善，具有幼稚性。
- 在绿色中加入少量的黑，其感觉就趋于庄重、老练、成熟。
- 在绿色中加入少量的白，其感觉就趋于洁净、清爽、鲜嫩。

1.5.5 蓝色

在自然界中很难找到蓝色的事物，蓝色会抑制食欲，让人没有胃口；能让人的身体分泌安定素，放松身体；在蓝色的环境中工作效率比较高；蓝色的服装通常会体现出一种忠诚和信赖的意味，如图 1.53 所示。

r 0	r 255	r 255	r 51	r 255	r 153	r 51	r 255	r 0
g 153	g 255	g 255	g 153	g 255	g 51	g 153	g 255	g 0
b 102	b 255	b 0	b 51	b 255	b 204	b 51	b 255	b 0
#009966	#ffffff	#ffff00	#339933	#ffffff	#9933cc	#339933	#ffffff	#000000
r 51	r 153	r 255	r 255	r 204	r 51	r 153	r 255	r 51
g 153	g 204	g 255	g 255	g 204	g 102	g 204	g 255	g 102
b 51	b 0	b 204	b 204	b 102	b 102	b 51	b 102	b 0
#339933	#99cc00	#ffffcc	#ffffcc	#cccc66	#336666	#99cc33	#ffff66	#336600
r 51	r 204	r 102	r 51	r 204	r 0	r 102	r 204	r 0
g 153	g 153	g 102	g 153	g 204	g 51	g 153	g 204	g 0
b 51	b 0	b 102	b 102	b 204	b 102	b 51	b 204	b 0
#339933	#cc9900	#666666	#339966	#cccccc	#003366	#669933	#cccccc	#000000
r 51	r 204	r 102	r 0	r 204	r 204	r 51	r 102	r 204
g 153	g 204	g 153	g 102	g 204	g 153	g 153	g 102	g 204
b 51	b 204	b 204	b 51	b 51	b 51	b 51	b 51	b 102
#339933	#cccccc	#6699cc	#006633	#cccc33	#cc9933	#339933	#666633	#cccc66
r 51	r 255	r 51	r 0	r 102	r 153	r 51	r 153	r 204
g 153	g 204	g 102	g 102	g 153	g 204	g 102	g 102	g 204
b 51	b 51	b 153	b 51	b 51	b 153	b 102	b 51	b 51
#339933	#ffcc33	#336699	#006633	#669933	#99cc99	#336666	#996633	#cccc33
r 0	r 102	r 204	r 0	r 153	r 255	r 0	r 51	r 204
g 51	g 153	g 204	g 102	g 0	g 153	g 102	g 51	g 204
b 0	b 51	b 153	b 51	b 51	b 0	b 51	b 0	b 153
#003300	#669933	#cccc99	#006633	#990033	#ff9900	#006633	#333300	#cccc99

图 1.52　绿色系配色方案

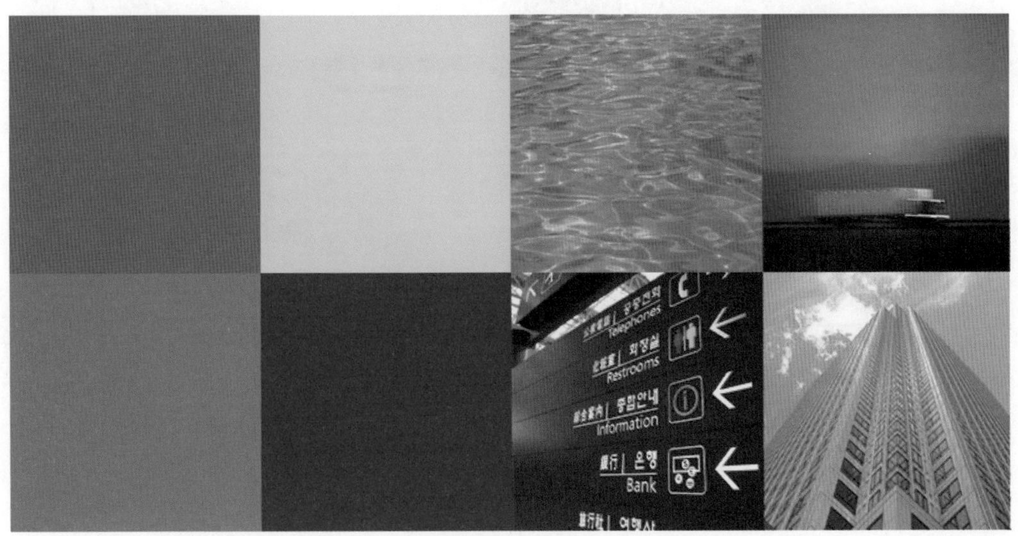

图 1.53　蓝色

1. 蓝色的具象联想

蓝色的具象联想是海洋、天空、湖水等。

2. 蓝色的正面联想

蓝色的正面联想是学识、凉爽、和平、雄性、沉思、忠诚、正义、智慧、平静、悠久、理智、深远、无限、理想、永恒等。

3. 蓝色的负面联想

蓝色的负面联想是消沉、寒冷、分裂、冷漠、薄情等。

4. 蓝色的文化地域性

在世界大多数地区，蓝色代表男性；在西方的婚俗中，蓝色代表爱情；在伊朗，蓝色是丧服的颜色；在世界范围内，蓝色是最容易被大众接受的色彩。

图 1.54 所示为康师傅劲凉风暴 FIR 歌友会网站网页截图，整个页面使用蓝色作为主色调，给人以清爽、时尚的感觉。

图 1.54　康师傅劲凉风暴 F.I.R 歌友会网站网页截图

5. 蓝色系配色方案

蓝色系的配色方案如图 1.55 所示。

- 如果在蓝色中分别加入少量的红、黄、黑、橙、白等色，均不会对蓝色的性格构成较明显的影响。
- 如果在蓝色中加入黄的成分较多，其性格趋于甜美、亮丽、芳香。
- 在蓝色中混入少量的白，可使蓝色的感觉趋于焦躁、无力。

r 255	r 204	r 255	r 153	r 255	r 51	r 204	r 153	r 255
g 255	g 255	g 204	g 204	g 255	g 153	g 255	g 204	g 255
b 204	b 255	b 204	b 204	b 255	b 204	b 204	b 204	b 204
#ffffcc	#ccffff	#ffcccc	#99cccc	#ffffff	#3399cc	#ccffcc	#99cccc	#ffffcc
r 204	r 255	r 153	r 255	r 255	r 153	r 51	r 255	r 153
g 204	g 255	g 204	g 204	g 255	g 204	g 102	g 255	g 204
b 255	b 255	b 255	b 153	b 204	b 255	b 153	b 255	b 204
#ccccff	#ffffff	#99ccff	#ffcc99	#ffffcc	#99ccff	#336699	#ffffff	#99cccc
r 153	r 255	r 204	r 204	r 255	r 204	r 153	r 255	r 51
g 204	g 255	g 255	g 204	g 255	g 255	g 204	g 255	g 102
b 204	b 255	b 153	b 255	b 204	b 255	b 204	b 255	b 153
#99cccc	#ffffff	#ccff99	#ccccff	#ffffcc	#ccffff	#99cccc	#ffffff	#336699
r 153	r 204	r 102	r 153	r 255	r 51	r 0	r 255	r 102
g 204	g 255	g 153	g 204	g 255	g 153	g 153	g 255	g 102
b 255	b 255	b 204	b 51	b 255	b 204	b 204	b 204	b 153
#99ccff	#ccffff	#6699cc	#99cc33	#ffffff	#3399cc	#0099cc	#ffffcc	#666699
r 204	r 0	r 153	r 0	r 255	r 102	r 204	r 102	r 102
g 204	g 51	g 204	g 153	g 255	g 102	g 204	g 153	g 102
b 204	b 102	b 255	b 204	b 255	b 102	b 204	b 204	b 102
#cccccc	#003366	#99ccff	#0099cc	#ffffff	#666666	#cccccc	#6699cc	#666666
r 51	r 204	r 0	r 51	r 0	r 204	r 102	r 0	r 0
g 102	g 204	g 51	g 153	g 51	g 204	g 153	g 102	g 0
b 153	b 153	b 102	b 204	b 102	b 204	b 204	b 153	b 0
#336699	#cccc99	#003366	#3399cc	#003366	#cccccc	#6699cc	#006699	#000000

图 1.55　蓝色系配色方案

1.5.6　紫色

紫色有一种娇柔的、浪漫的品性，通常与中性化产生联系；自然界中很难找到紫色，所以紫色有一种“人造”的意义；古代用紫色染料洗染的衣物只有贵族和富有的人才能够穿上；紫色能够激发人们的想象力，因此通常用来装饰儿童的房间，如图 1.56 所示。

图 1.56　紫色

1. 紫色的具象联想

紫色的具象联想是皇家、精神、茄子、薰衣草、紫水晶、葡萄、紫菜、礼服。

2. 紫色的正面联想

紫色的正面联想是优雅、高贵、庄重、神秘、女性化、奢侈、智慧、想像、诡辩、等级、灵感、财富、高尚、古朴。

3. 紫色的负面联想

紫色的负面联想是夸大、过多、疯狂、残忍、消极。

4. 紫色的文化地域性

在泰国，在窗户上悬挂紫色，是为了悼念自家的丈夫过世；在日本，紫色代表了各种仪式、启发性的事物，或是自大的人；在拉丁美洲，紫色意味着死亡。

图 1.57 所示为超级名模姜培琳官方网站网页截图，整个页面使用紫色作为主色调，给人以神秘、时尚和女性化的感受。

图 1.57　超级名模姜培琳官方网站网页截图

5. 紫色系配色方案

紫色系的配色方案如图 1.58 所示。

- 在紫色中加入红的成分较多时，其感觉趋于压抑、威胁。
- 在紫色中加入少量的黑，其感觉趋于沉闷、伤感、恐怖。
- 在紫色中加入白，可使紫色沉闷的性格消失，变得优雅、娇气，并充满女性的魅力。

r 255 g 204 b 204 #ffcccc	r 255 g 255 b 153 #ffff99	r 204 g 204 b 255 #ccccff	r 153 g 153 b 204 #9999cc	r 153 g 204 b 153 #99cc99	r 255 g255 b 255 #ffffff	r 255 g 204 b 204 #ffcccc	r 204 g 204 b 255 #ccccff	r 204 g 204 b 153 #cccc99
r 153 g 153 b 204 #9999cc	r 255 g 255 b 204 #ffffcc	r 255 g 204 b 204 #ffcccc	r 255 g 204 b 204 #ffcccc	r 255 g 153 b 204 #ff99cc	r 204 g 204 b 255 #ccccff	r 102 g 0 b 102 #660066	r 255 g255 b 255 #ffffff	r 102 g 51 b 51 #663333
r 204 g 204 b 153 #cccc99	r 51 g 51 b 51 #333333	r 153 g 102 b 204 #9966cc	r 204 g 204 b 0 #cccc00	r 255 g 153 b 102 #ff9966	r 102 g 51 b 153 #663399	r 153 g 102 b 153 #996699	r 255 g 204 b 204 #ffcccc	r 204 g 153 b 204 #cc99cc
r 153 g 102 b 102 #996666	r 204 g 153 b 204 #cc99cc	r 255 g 204 b 204 #ffcccc	r 255 g 204 b 153 #ffcc99	r 255 g 153 b 51 #ff9933	r 102 g 51 b 102 #663366	r 51 g 51 b 153 #333399	r 204 g 204 b 255 #ccccff	r 204 g 153 b 204 #cc99cc
r 102 g 51 b 102 #663366	r 204 g 204 b 204 #cccccc	r 204 g 153 b 204 #cc99cc	r 153 g 102 b 153 #996699	r 153 g 153 b 204 #9999cc	r 204 g 204 b 255 #ccccff	r 204 g 153 b 102 #cc9966	r 153 g 153 b 153 #999999	r 102 g 51 b 102 #663366
r 51 g 0 b 51 #330033	r 102 g 102 b 102 #666666	r 102 g 153 b 153 #669999	r 204 g 204 b 204 #cccccc	r 153 g 153 b 153 #999999	r 102 g 51 b 102 #663366	r 255 g 51 b 204 #ff33cc	r 204 g 204 b 153 #cccc99	r 102 g 51 b 102 #663366

图 1.58 紫色系配色方案

1.5.7 黑色

黑色服装能使人看上去瘦一些；黑色能让和它相配的颜色看上去更明亮；在色彩治疗学中，认为黑色可以激发自信和力量，如图 1.59 所示。

图 1.59 黑色

1. 黑色的具象联想

黑色的具象联想是夜晚、死亡、墨汁、煤炭、毛发、礼服。

2. 黑色的正面联想

黑色的正面联想是权力、威信、诡异、高雅、仪式、严肃、高贵、孤独、神秘、时髦、严肃、刚健、坚实、生命。

3. 黑色的负面联想

黑色的负面联想是恐惧、消极、邪恶、秘密、屈服、服丧、懊悔、无知、悲哀、阴沉、冷淡。

4. 黑色的文化地域性

在美国、欧洲和日本，黑色是叛逆的颜色；在亚洲，黑色代表事业、服丧和忏悔；在世界范围，黑色代表深肤色人种。

图 1.60 所示为韩国 GENESIS 汽车网站网页截图，整个页面使用黑色作为主色调，给人以大气、贵雅的感觉。

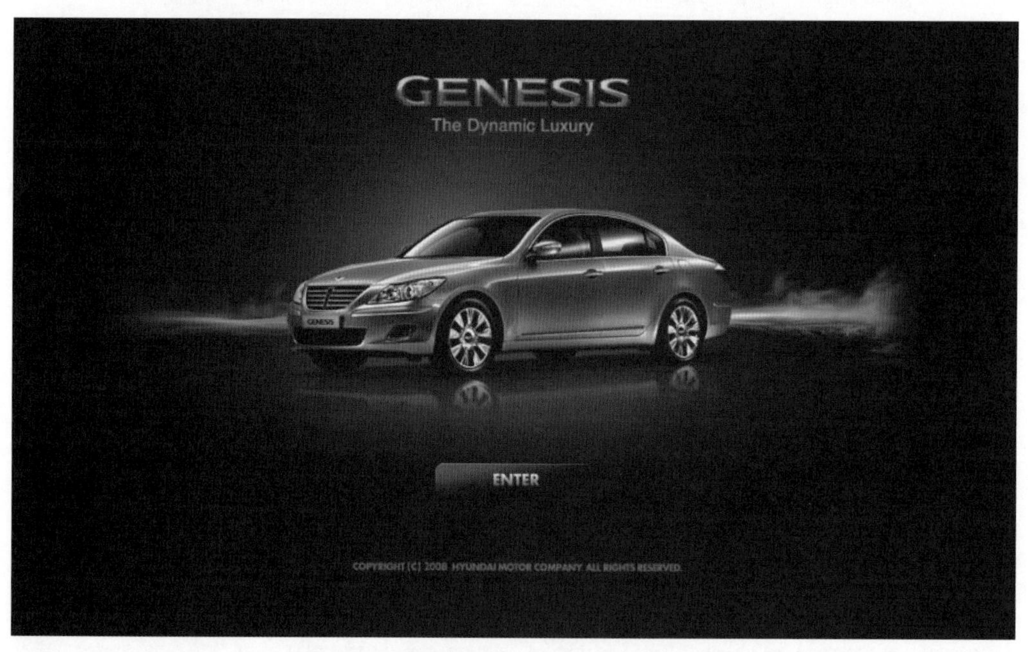

图 1.60　韩国 GENESIS 汽车网站网页截图

1.5.8 白色

一些文化认为如果身着白色服装举行结婚仪式，将会带来好运；白色是表达完美、平衡的颜色；由于白色太明亮，会引起某些人群的头疼感；白光会引起暂时的失明；白色经常会同上帝、天使联系起来，如图 1.61 所示。

图 1.61　白色

1. 白色的具象联想

白色的具象联想是雪、白纸、白兔、白云、砂糖、光芒、婚礼、面粉等。

2. 白色的正面联想

白色的正面联想是清洁、神圣、洁白、纯洁、纯真、神秘、完美、美德、柔软、庄严、简洁、真实、纯净等。

3. 白色的负面联想

白色的负面联想是虚弱、孤立等。

4. 白色的文化地域性

在日本和中国，白色是葬礼的色彩；在世界范围内，白色的旗帜代表休战；在欧洲和北美，白色代表了浅肤色的高加索人种；在印度，如果已婚妇女穿着白色衣物，会引起别人的不愉快。

图 1.62 所示为韩国影星 Daniel Henney 的官方网站网页截图，整个页面使用白色作为主色调，给人以干净、清爽的感觉，与 Daniel Henney 的气质非常贴切。

1.5.9 灰色

灰色通常不能引起别人比较强烈的情感变化，灰色是白色和黑色平衡的结果，灰色的补色也是其本身，如图 1.63 所示。

1. 灰色的具象联想

灰色的具象联想是乌云、草木灰、树皮、中性。

图 1.62　韩国影星 Daniel Henney 的官方网站网页截图

图 1.63　灰色

2. 灰色的正面联想

灰色的正面联想是平衡、安全、可信、谦虚、成熟、智能、才智、平凡、古典主义等。

3. 灰色的负面联想

灰色的负面联想是阴天、老龄、厌倦、悲伤、失意、缺少承诺、不确定、喜怒无常、优柔寡断、糟糕的天气等。

4. 灰色的文化地域性

在美国，灰色代表荣誉和友谊；在亚洲，灰色代表在路途中有帮助的人；在世界范围内，灰色让人联想到白银和金钱。

图 1.64 所示为韩国影星安在旭官方网站网页截图，整个页面使用灰色作为主色调，给人以沉稳、大气的感觉。

图 1.64 韩国影星安在旭官方网站网页截图

1.5.10 色彩属性与色彩意向

以下通过色彩的三个属性来分析人对色彩的基本感觉和反映。

1. 对色相的感觉和反映

- 暖色系具有温暖活力、喜悦、甜熟、热情、积极、活动、华美等感觉。
- 中性色系具有温和、安静、平凡、可爱等感觉。
- 冷色系具有寒冷、消极、沉着、深远、理智、休息、幽静、素净等感觉。

2. 对明度的感觉和反映

- 高明度具有轻快、明朗、清爽、单薄、软弱、优美、女性化等感觉。
- 中明度具有无个性、附属性、随和、保守等感觉。
- 低明度具有厚重、阴暗、压抑、硬、迟钝、安定、性、男性化等感觉。

3. 对纯度的感觉和反映

- 高纯度具有鲜艳、刺激、新鲜、活泼、积极性、热闹、有力量等感觉。

➢ 中纯度具有日常、中庸、稳健、文雅等感觉。

➢ 低纯度具有无刺激、陈旧、寂寞、老成、消极性、无力量、朴素等感觉。

1.6 计算机的显示色彩

1.6.1 RGB色彩模式

基于之前学到的色彩理论知识可知，再丰富的色彩都是由几种基本的色彩混合而成的，如图 1.65 所示。在 Photoshop 中有一个很重要的概念，叫做图像的通道。在 RGB 色彩模式下，就是指那些单独的红色、绿色、蓝色部分。也就是说，一幅完整的图像是由红色、绿色、蓝色三个部分组成的，如图 1.66 所示。

图 1.65 多彩相片

1.6.2 计算机色彩原理

计算机的色彩和 RGB 色彩模式相似，如图 1.67 所示，我们在用放大镜近距离观察计算机显示器或电视机的屏幕时，会看到数量极多的红、绿、蓝三种颜色的小点。计算机屏幕上的所有颜色都是由这三种颜色按照不同的比例合成的。

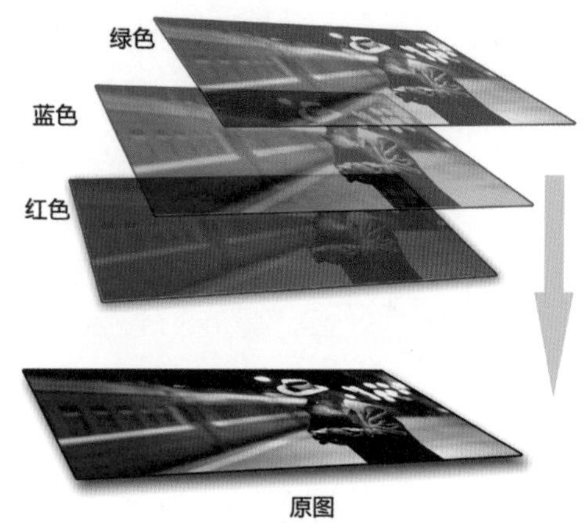

图 1.66 色彩合成

图 1.67　计算机屏幕放大图

1.7　网页安全色

1.7.1　网页安全色的由来

古语说，橘生淮南则为橘，橘生淮北则为枳。也就是说，同样的东西在不同的环境下可能会有不同的表现。颜色也是如此。网络的好处是将诸多东西让不同环境的人共享。但是，由于显示设备、操作系统、显卡和浏览器等的不同，相同的数字色彩在不同用户的显示器上显示出的可能有很大的差异，这样会导致很多问题。

- 在当今世界中，使用最为广泛的操作系统莫过于 Windows、Mac、Linux、UNIX 等，而这些操作系统内置的调色板之间存在着或多或少的差异，所以即使是使用同一台显示器显示同一个颜色，显示出的效果也会略有不同。
- 计算机所使用的显卡的优劣也会直接影响颜色的显示效果。例如，分别使用支持 8 位真彩色（256 种颜色）和 24 位真彩色（1600 万种颜色）显卡的两台计算机显示同一个图像的效果会有很明显的差距。
- 使用计算机浏览网页内容时，必须使用相应的网页浏览工具。不同的浏览器内置了不尽相同的调色板，所以浏览器的不同也会影响颜色的效果。

图 1.68　网页安全色

网页安全色是指在不同的硬件环境、不同的操作系统、不同的浏览器中都能够正常显示的颜色。网页安全色为 216 种颜色，其中彩色为 210 种，非彩色为 6 种，如图 1.68 所示。这些颜色在任何终端浏览用户显示设备上的显示效果都是相同的，所以使用 216 色网页安全颜色进行网页配色可以避免原有的颜色失真问题。

计算机在 256 色的显示环境下可以正确显示 216 色网页安全色。如果图像的色彩很复杂，出现了 256 色以外的色彩，计算机就会自动在 256 色内挑选一个最接近的颜色显示，如图 1.69 和图 1.70 所示的对比。

那么，216 种 Web 色之外的颜色又怎么不安全了呢？在 256 色的显示系统中，计算机会用这 216 种 Web 色和 40 种系统定义的颜色组成一个 256 色的调色板，其他颜色都利用调色板中的颜色配合抖动（Dither）技术来模拟，因此只有调色板中的颜色会被真正显示出来。由于不同的显示系统中，40 种系统定义的颜色也不同，所以只有这 216 种网页安全色在任何终端浏览用户显示设备上的显示效果都是相同的。

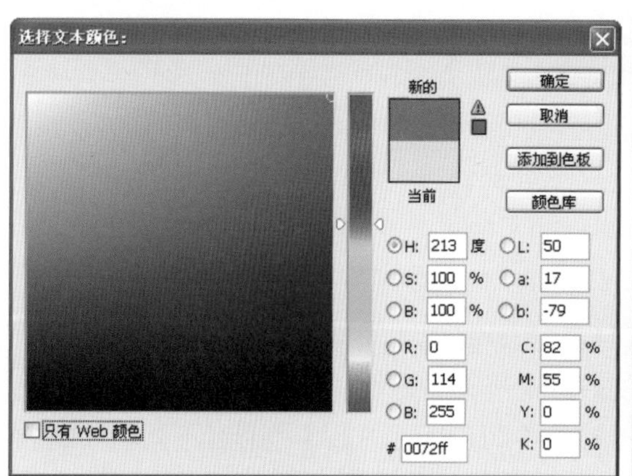

图 1.69　RGB 色彩

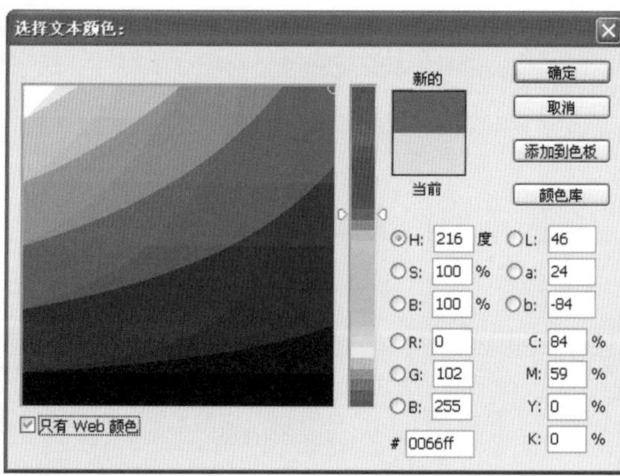

图 1.70　Web 颜色

当进入 Web 颜色模式之后，桌面壁纸的图像色彩会显得很简单，到处都是马赛克，这就是因为色彩的数量太少了，很多丰富的色彩无法正常显示。感兴趣的同学可以试一下。

经权威专家测试，实际上只有212种网络安全色而不是216色，原因在于 Windows Internet Explorer不能正常显示#0033FF（R0，G51，B255）、#3300FF（R51，G0，B255）、#00FF33（R0，G255，B51）和#33FF00（R51，G255，B0）这四种颜色。

上文中出现的代表某种色彩的数字是一种使用十六进制码显示的色彩。因为计算机只能辨认数字，不能单个辨认颜色，所以就把所有的颜色都翻译成了相应的数字。

1.7.2 网页安全色的意义

网页安全色是个历史性的产物，那是很多年以前的事了，那时候，显存还很昂贵，大多数人的计算机只能显示 256 种颜色。目前，大部分主流的计算机都能显示 32 位真彩色，也就没有所谓的颜色兼容问题了。

既然现在几乎所有能上网的计算机都支持真彩色了，网页安全色是否可以遗弃了？其实要说完全遗弃也不至于。因为网页安全色等于是把真彩色作了一个极其精练的概括，为网页配色提供了方便，很多网页配色方案就是在此基础上确立起来的。另一方面，由于它在 Internet 的发展过程中扮演了重要的角色，已经形成了一种特有的风格和习惯，不可能被轻易遗弃。

网页安全色是用数学的方式挑选出来的，而不是以美学的方式，因此使用这些颜色进行搭配，从美学的角度讲并不一定“安全”。

1.7.3 Photoshop中的网页安全色

我们不需要特别记忆 216 种网页安全色，很多常用网页设计软件中已经携带网页安全色彩调色板了，非常方便。在 Photoshop 中选择菜单“窗口”→“色板”命令调出色板，单击右上角的下拉箭头，如图 1.71 所示，再选择“Web 安全颜色”选项，如图 1.72 所示，单击“确定”按钮，调出网页安全色板，如图 1.73 所示。

在“拾色器”对话框中，选中“只有 Web 颜色”复选框，就可以显示网页安全色了，如图 1.74 所示。

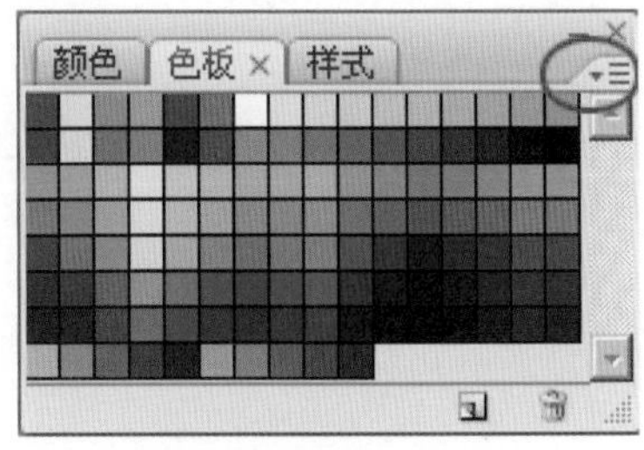

图 1.71　预置色板

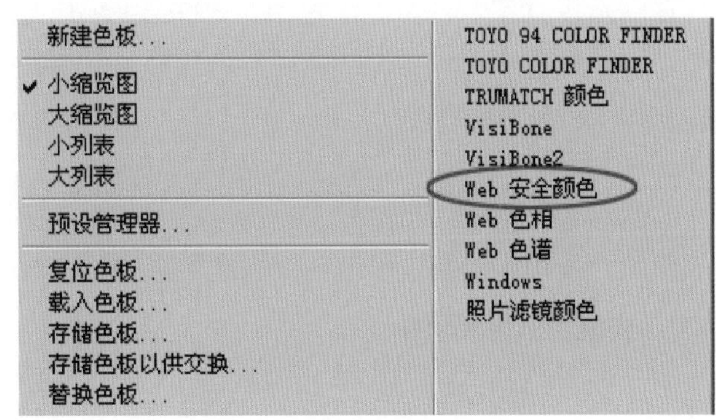

图 1.72　选择 Web 安全颜色

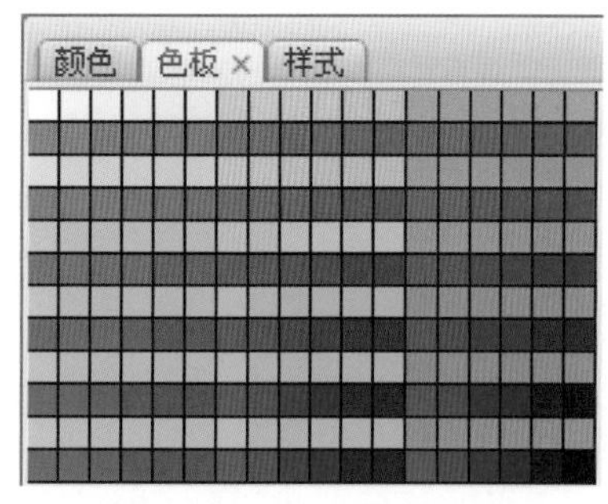

图 1.73　色板中的网页安全色

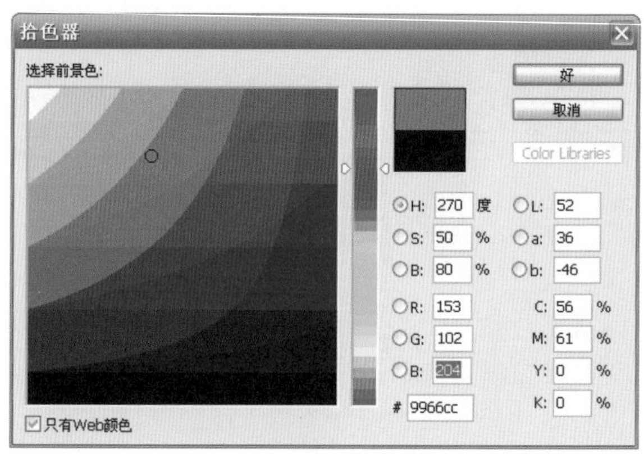

图 1.74　安全色选择（1）

在“拾色器”对话框中选择按 RGB 来显示，可以看出网页安全色是平均分布的，如图 1.75 所示。

在“颜色”面板中也可以显示网页安全色，如图 1.76 所示。

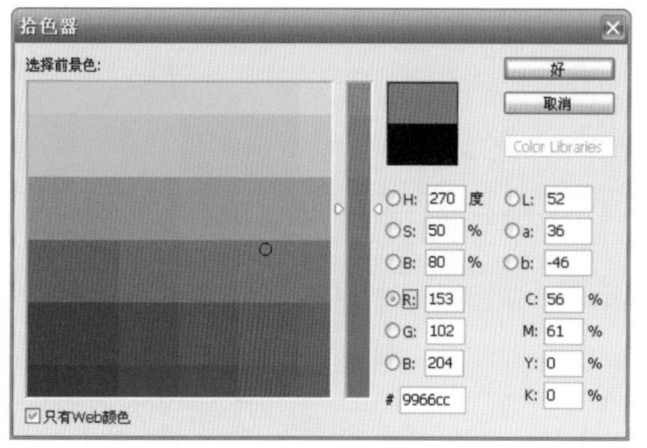

图 1.75　安全色选择（2）

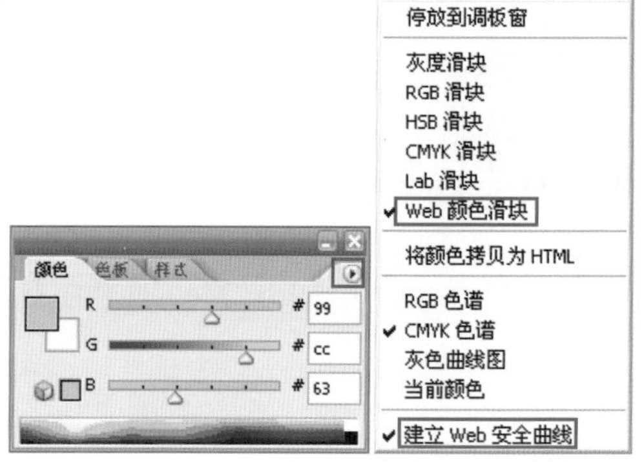

图 1.76　安全色选择（3）

1.7.4　安全色调色板

在网站设计中，网页的配色通常是由设计师的直观感受或者多次反复实验来选定的。例如，设计师会根据公司的标准色，考虑各种色彩的色调、明度、饱和度等搭配关系，最终达到比较好的配色效果。

现在网络上有一些专门用于配色设计的调色板工具，对网页配色设计很有利用价值。有一些调色板是比较好用的，它为设计师提供了很多有意义的参考和灵感。还有一些软件是收费的，我们可以视其价值和个人的需求进行选择。

1. 安全色调色板软件

图 1.77 至图 1.79 所示为常见的三款安全色调色板软件。

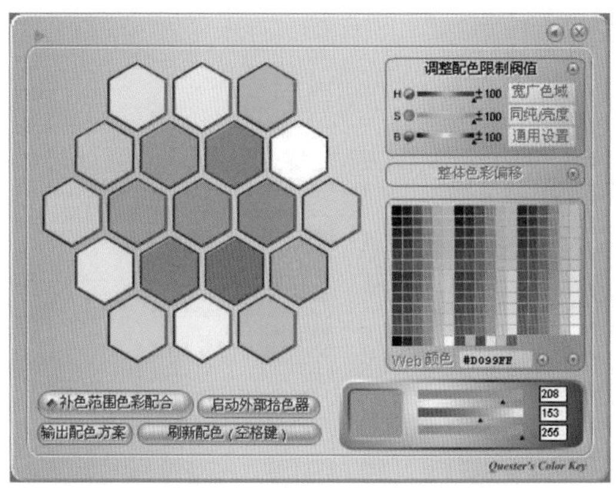

图 1.77　安全色调色板软件（1）

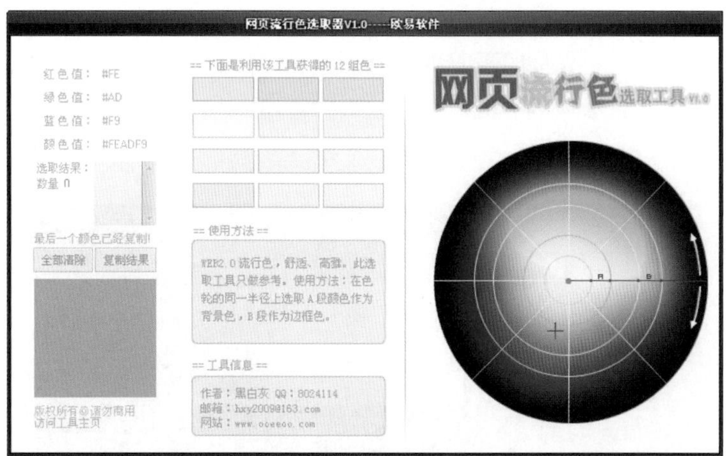

图 1.78　安全色调色板软件（2）

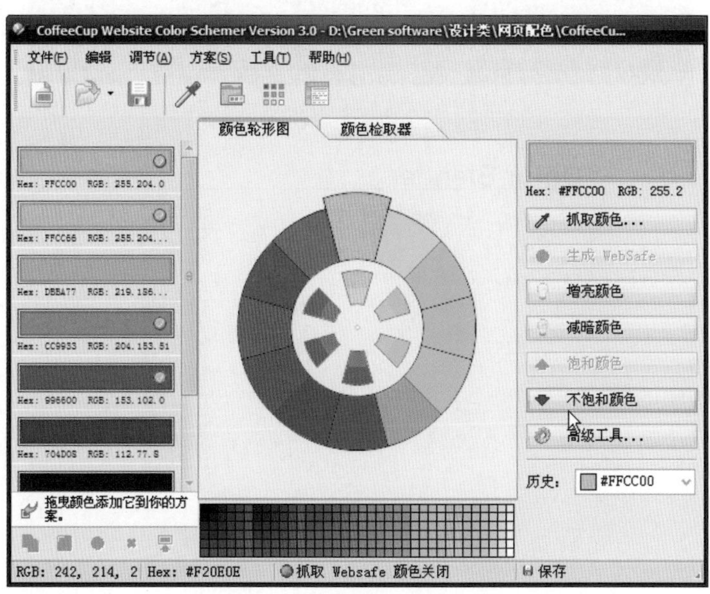

图 1.79　安全色调色板软件（3）

2. 安全色调色网页工具

图 1.80 至图 1.82 所示是三种安全色调色网页工具。

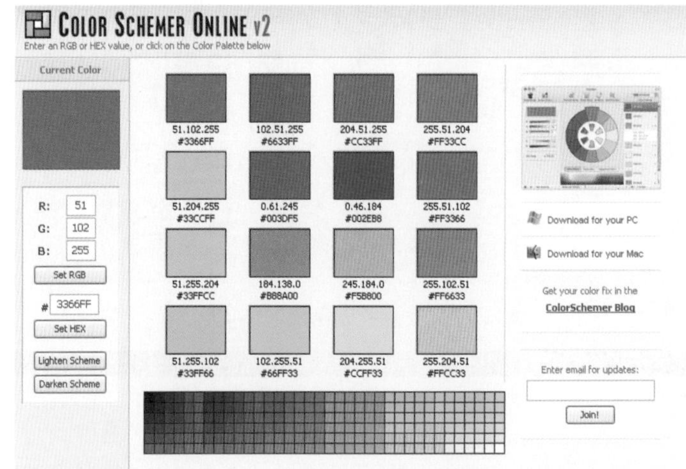

图 1.80　安全色调色网页工具（1）

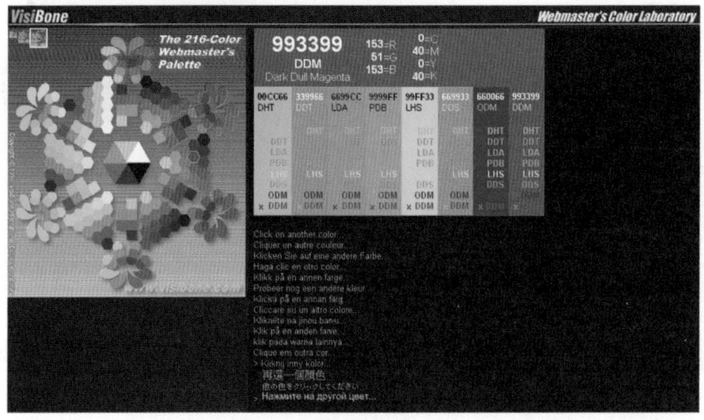

图 1.81　安全色调色网页工具（2）

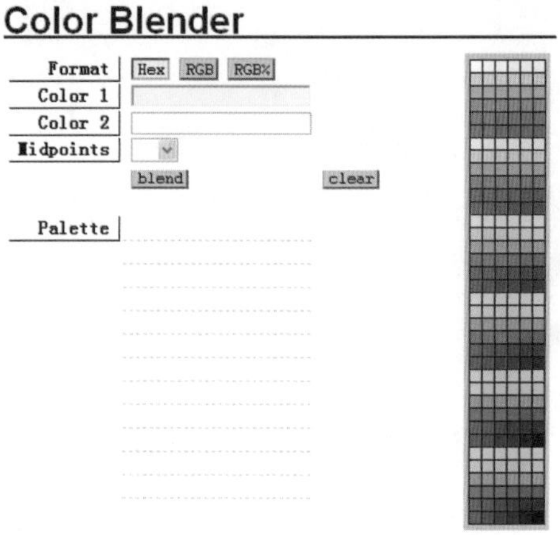

Color Blender

Format　Hex　RGB　RGB%

Color 1

Color 2

Midpoints

blend　clear

Palette

图 1.82　安全色调色网页工具（3）

1.7.5 演示案例——“蓝色经典”汽车网页

素材准备

素材准备如图 1.83 所示。

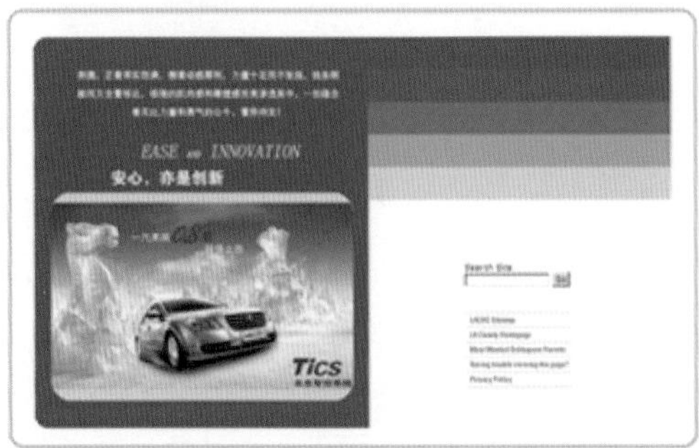

素材1

素材2

图 1.83　案例素材

完成效果

完成效果如图 1.84 所示。

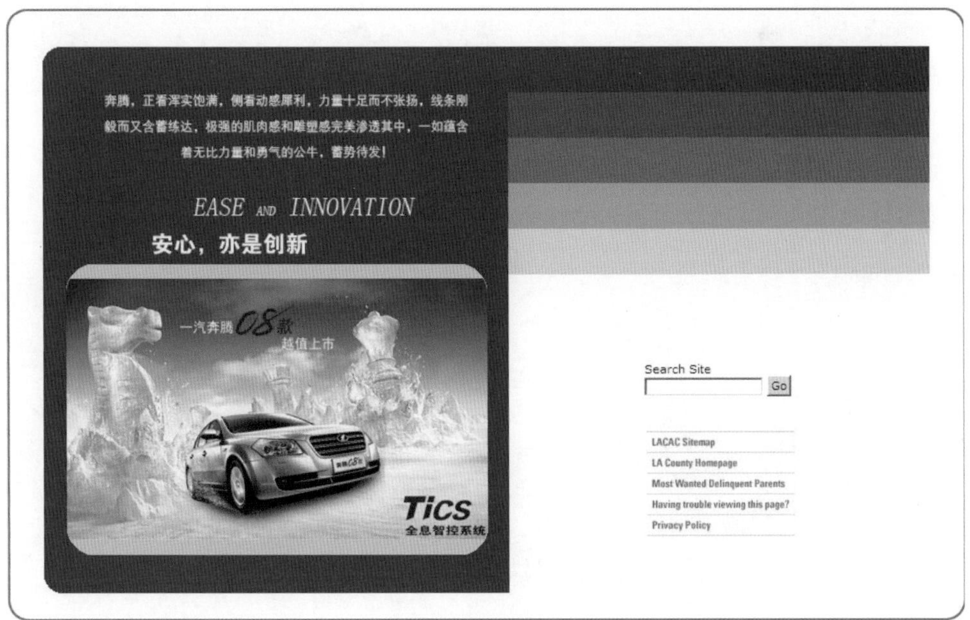

图 1.84　完成效果图

案例分析

当网页设计师使用漂亮的配色方案时，网页中的色彩会受到硬件环境、操作系统、浏览器等因素的影响，不同计算机上观看的效果都不同，那么怎样才能解决这个问题呢？使用网页安全色进行网页配色可以有效避免颜色失真的问题。

这个案例就是用网页安全色把一个单调的网页变成彩色网页的实例。在操作过程中理解、运用网页安全色，协调控制网页中的颜色搭配。

操作步骤

步骤 1 打开文件

（1）启动 Photoshop 软件，选择菜单“文件”→“打开”命令，打开“素材 1.psd”，可以看到网页的主体色为渐变灰调，体现出了色彩的明暗趋势，如图 1.83 所示。

（2）打开“素材 2.jpg”，这是一张网页安全色中的蓝色系的图片，选用上面的颜色对网页的黑白部分进行着色，选中其中明度渐变的一排颜色，如图 1.83 所示。

步骤 2 填充左边色块

（1）吸取颜色。单击“吸管工具”按钮，吸取最下面正六边形的颜色，然后看到前景色变成了蓝色，色值为 **#1A499D**，如图 1.85 所示。

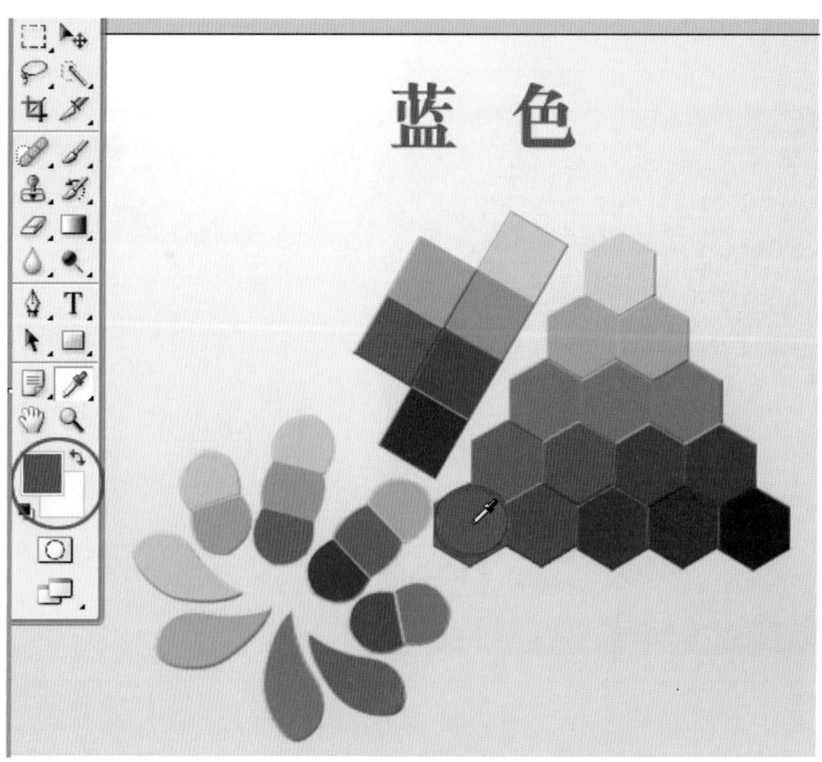

图 1.85 选取颜色

（2）填充颜色。选择“素材 1.psd”中左边大面积灰色块所在的“图层 4”，按住 Ctrl 键单击它的图层缩览图，该图层上出现灰色色块选区，如图 1.86 所示。

图 1.86　选取色块

选择菜单“编辑”→“填充”命令，把前景色填充到“图层 4”的色块上，填充后的效果如图 1.87 所示。

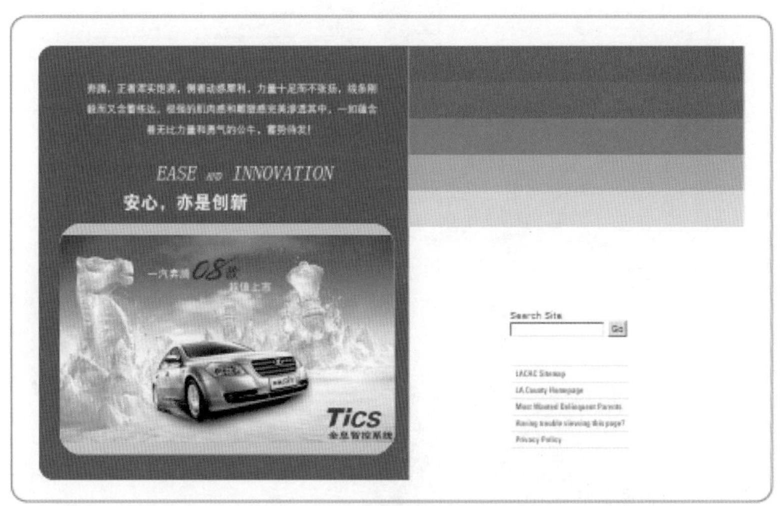

图 1.87　填充色块

步骤 3 填充右边一排渐变色块

（1）选择“素材 1.psd”中名称为“1”的图层，选中右边最上面的一条灰色块。同样的方法用前景色填充，如图 1.88 所示。

（2）打开“素材 2.jpg”，继续用吸管向左上方吸取第 2 个六边形的颜色，如图 1.89 所示。

（3）把选取到的颜色填充到“素材 1.psd”第 2 个色条上，如图 1.90 所示。

图 1.88　填充右边第 1 个色条颜色

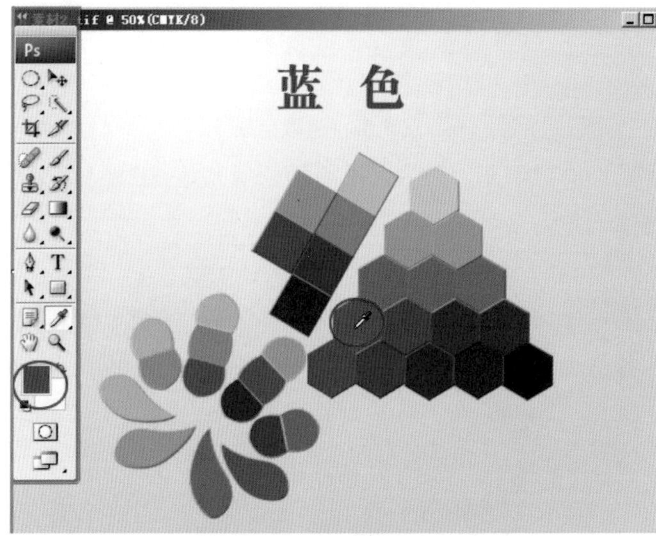

图 1.89　继续吸取颜色

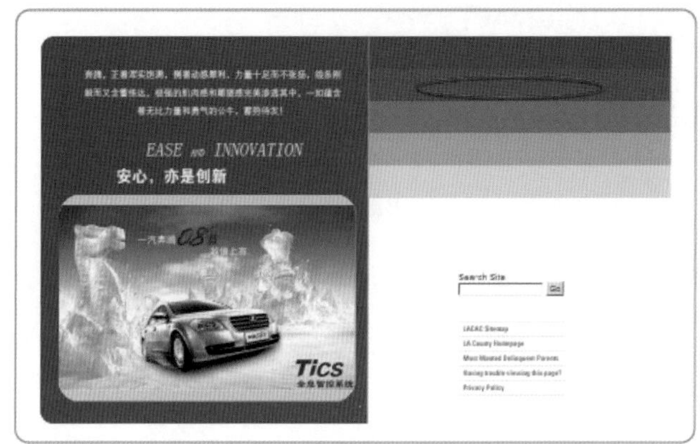

图 1.90　填充第 2 个色条颜色

（4）用同样的方法把图 1.84 所示的一排颜色分别填充到“素材 1.psd”右侧的色条上，填充后的效果如图 1.91 所示。

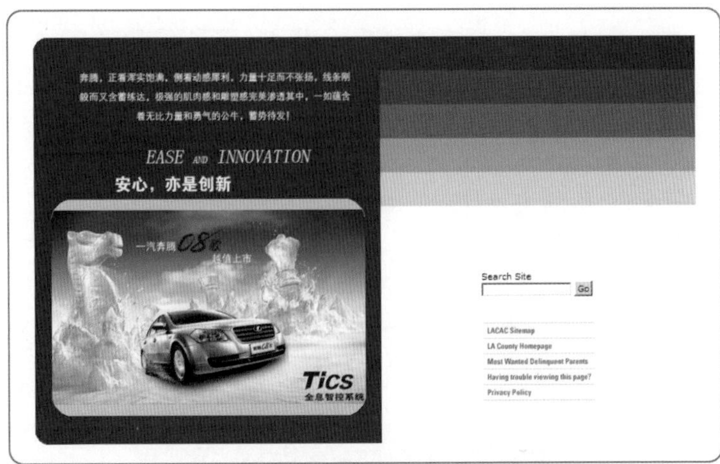

图 1.91　最终效果图

1.8　网页设计中色彩的作用

色彩是体现网站风格的视觉要素之一，它对形成网站风格、网站气氛等的作用是不言而喻的。在网页设计中合理地使用色彩搭配与严谨地安排网页布局同等重要，做到有针对性地用色，才能让色彩发挥最大的作用。网页设计中色彩的作用主要有视觉区域划分、引导主次关系和营造气氛等。

1.8.1　视觉区域划分

讨论案例——网站对比展示

先来看两个网站页面，如图 1.92 和图 1.93 所示，两个网页分别给人什么印象？为什么？

案例分析

图 1.92 所示为以文字信息为主的论文网，采用单一的颜色，普通的布局，视觉上的冲击力不高，给人留下的印象不深刻。

图 1.93 所示为某网络服务网站页面，采用有明度层次的灰色背景有效地烘托出了红、黄、蓝、绿四个色块的导航，网页视觉划分有层次感，主题突出。四个不同色彩的色块表明四个不同的栏目信息。进入某种色彩表示的栏目后，其余三个颜色就消失了，明确地展示本部分信息。网站设计简洁、互动，是优秀网站的代表之作。

普通色彩布局

网页采用灰色与绿色搭配，布局单一，视觉冲击力不强。

图 1.92　某论文网站页面

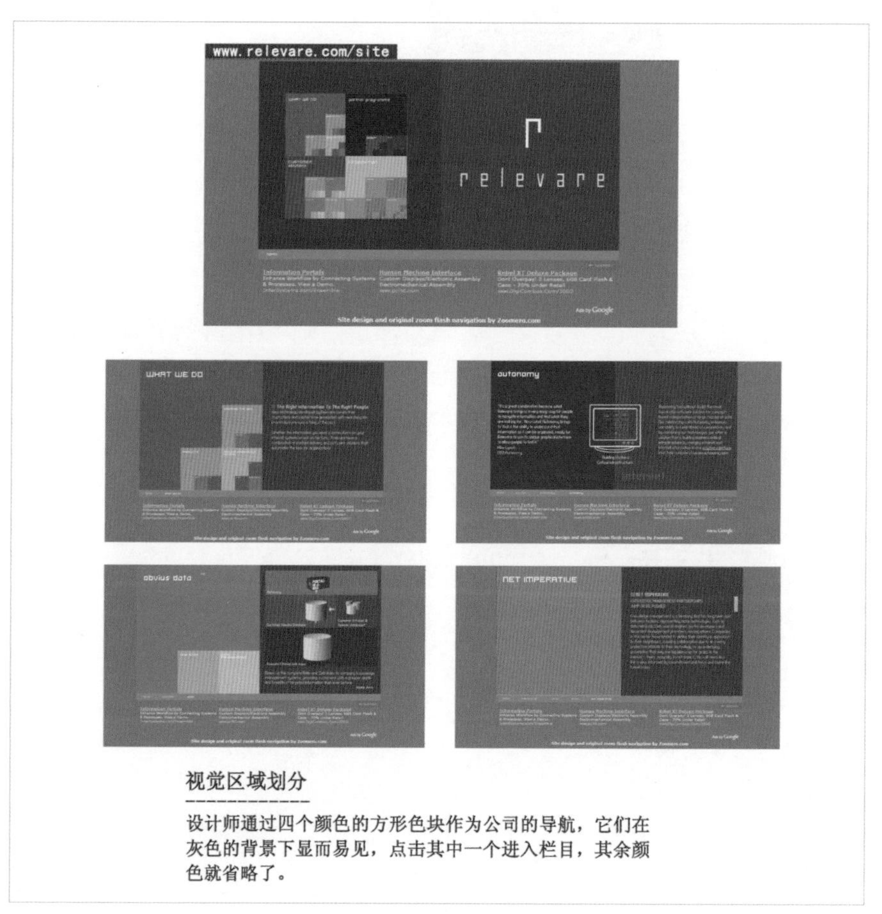

图 1.93　某网络服务网站页面

这两个网站的具体对比分析如表 1-2 所示。

在网页设计中合理地使用色彩搭配来做好网页布局，划分网页视觉区域，能有效地引导浏览者的视觉，更快速直接地把信息传达给浏览者。

表 1-2　配色方案优差对比

网站名称＼对比内容	颜色比较	导航布局	视觉区域划分
某网络服务网	深灰背景与纯度较高的红、黄、蓝、绿形成鲜明对比，主题突出	用红、黄、蓝、绿四个色块作为导航引出相应栏目，设计新颖，方便实用	划分明确，内容与主题突出，使人印象深刻
某论文网	颜色单一，导航、广告画面及主题颜色全部是绿色，没有对比	普通长条布局，没有特色，不易识别	页面布局比较琐碎，视觉冲击力不强

下面这个实例是运用色彩根据不同的主题内容来区别不同的频道或栏目，如图 1.94 所示。网站的首页用不断变化的 Flash 画面展示出公司的十几款产品，每款产品的包装都采用不同的颜色，设计师构思巧妙、创意独特，用色相渐变的色彩划分出错落有致的视觉区域。鼠标指针放在任意一款产品上，这款产品的图像就会被放大，其他画面退后。单击产品图像，便会进入详细介绍这款产品的二级页面，二级页面中的主色随产品包装的色调变化。

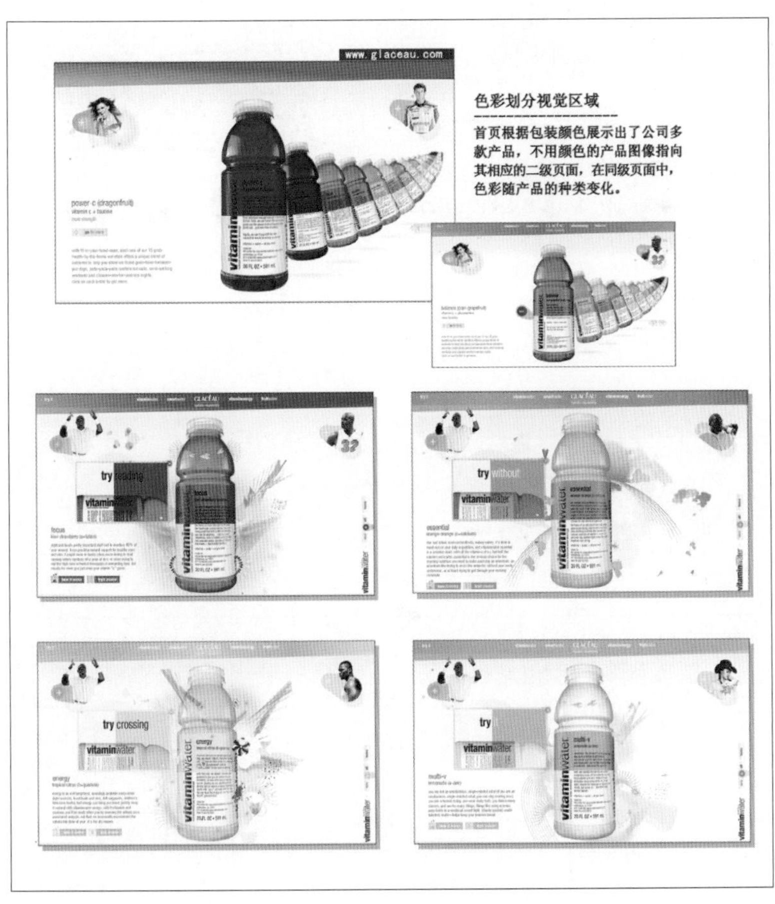

图 1.94　色彩的作用

1.8.2　引导主次关系

1. 色相引导主次关系

1）网站对比展示

网站对比展示如图 1.95 所示。

图 1.95　色相变化对比

2）网站分析比较

网页广告画面通过变换不同的颜色来展示不同的产品信息，无疑这个广告画面是页面的视觉中心。但是网页上同一位置的广告画面传达的信息也是有主次之分的。不同颜色的视觉冲击力是不同的，能引导出广告内容的主次。

图 1.95 所示的这四个网站具体的对比分析结果如表 1-3 所示。

表 1-3　画面色相对比

广告画面颜色 / 对比内容	1. 蓝色	2. 红色	3. 绿色	4. 黄色
与背景色关系	与背景色调相同，整个页面气氛协调一致	颜色与背景相差很大，右部搭配黑色，与深蓝色呼应，画面不会十分突兀	绿色是蓝色的邻近色，画面较易和谐	黄色是蓝色的补色，这样搭配使人眼前一亮，为与画面协调降低了黄色的明度
视觉冲击力	较弱	强	中	较强

2. 色彩面积引导主次

1）网页效果对比

网页效果对比如图 1.96 所示。

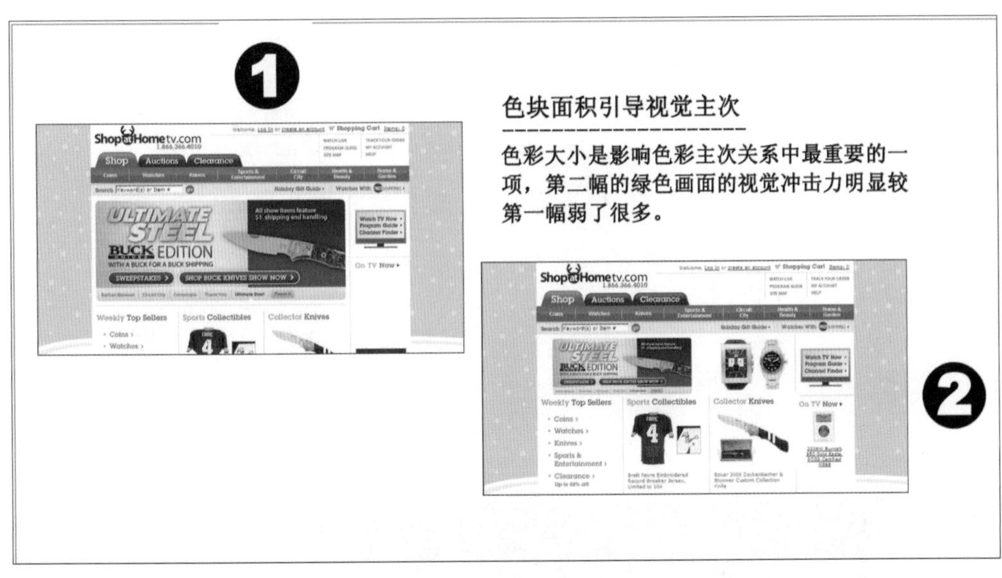

图 1.96 面积变化对比

2）网站分析比较

比较图 1.96 中的两个网页，同样的网站广告画面因为面积不同，视觉冲击力明显发生了改变，由画面的视觉中心，变成了与画面中其他产品相同的视觉等级。图 1.97 显示得更为直观，A 区改变大小后由画面的视觉主体变成了与其他色块类似的视觉等级。

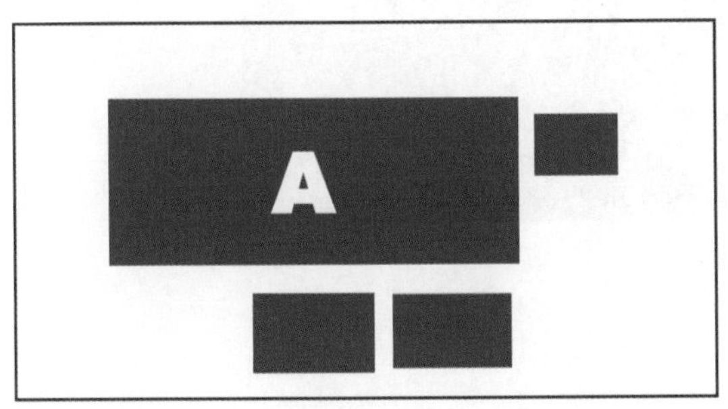

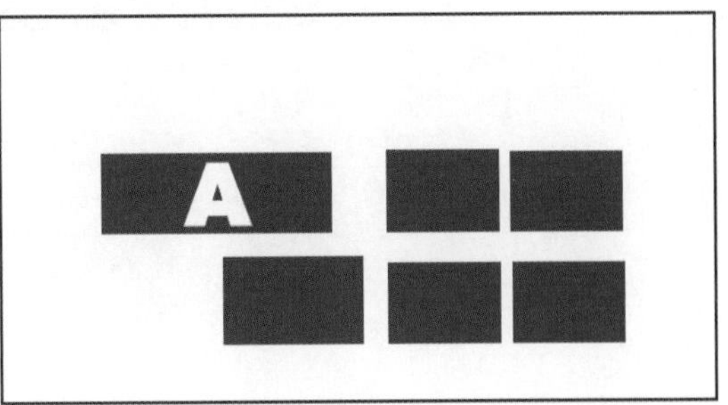

图 1.97 面积对比示意图

3. 相关理论知识

同一种色彩在同一色彩背景下，由于面积不同，给人的感觉也有所不同，面积大的色彩给人的视觉冲击力更强。例如，一个正方形的红色色块和一条细的红线相比，正方形的色块更能表现红色的热烈、喜庆的感觉。

可见，有很多因素可以影响色彩视觉的主次，色彩的变化会令色彩的主次关系有一种生动的效果，具体可以是色相的变化，也可以是面积的变化。

1.8.3 营造气氛

1. 网站对比展示

网站对比展示如图 1.98 和图 1.99 所示。

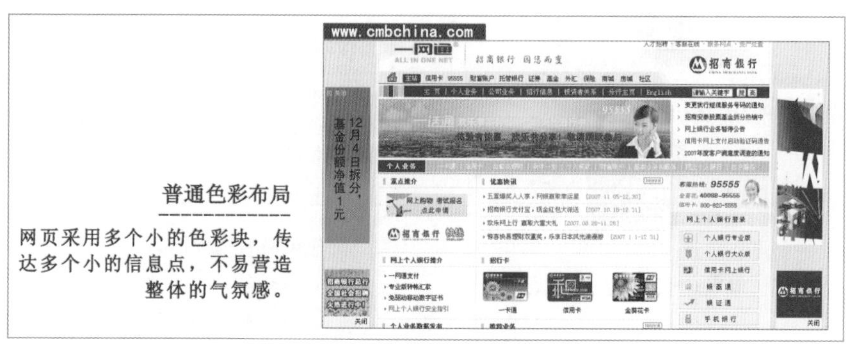

图 1.98　招商银行网站

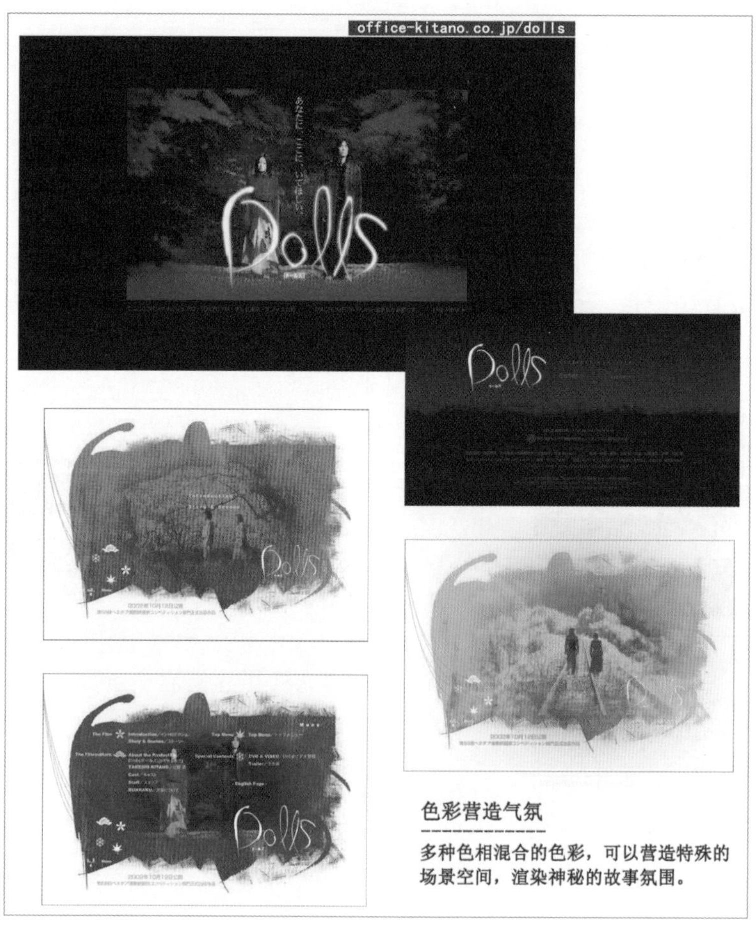

图 1.99　色彩营造氛围

2. 网站分析比较

图 1.98 中招商银行的网页采用普通的分散布局，虽然也是以红色作为主色，采用了色彩的对比与调和的方法，但给人的视觉点较分散，不能营造整体的氛围感。

图 1.99 中黑红搭配的色调，背景中静止的男女给浏览者一种惊悚的感觉。“Dolls（玩偶）”依照季节串联起三个让人既伤感又无奈的爱情故事。鲜明艳丽的四季变化，构造出虚幻的氛围。设计师在网站内部，采用了不同栏目不同背景色，人物图片的虚幻感觉也恰到好处地与影片内涵相融合。

3. 相关理论知识

营造气氛对任何信息类型的网站而言都是相当重要的，但对非气氛类网站来说营造网站气氛不是页面设计的最主要设计点，而对气氛类网站来说，因其特殊的信息情况，网站气氛的特质是网站设计的关键。

图形图像是营造气氛的最主要手段，图形图像中的动态色彩（混杂的、多种色相的颜色）可以形成一种综合的表象，营造很多特殊的场景空间，活跃并渲染气氛。例如，娱乐网站上受人瞩目的明星人物和喧闹的气氛，使人一看便知这是娱乐网站。

不同类型的网站会有其特有的网站气氛，下面来看一些不同类型的气氛类网站实例。

图 1.100 所示是一个介绍非主流音乐唱片的网站，网站的结构风格、导航风格、插图方式、文字及按钮都具有与众不同的风格，形成这种特殊网站气氛的最主要因素还是网站的色彩组合设计。鲜艳的纯色和暗淡的灰色背景出现在首页和栏目中，长短不一的色条形成了如音乐般的节奏感，营造出了流行与时尚的气氛。

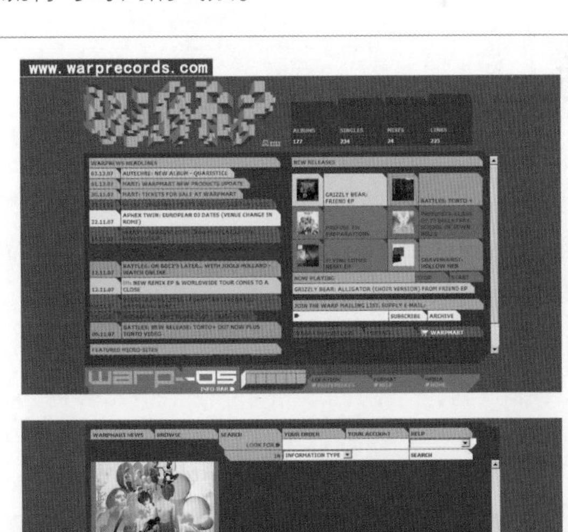

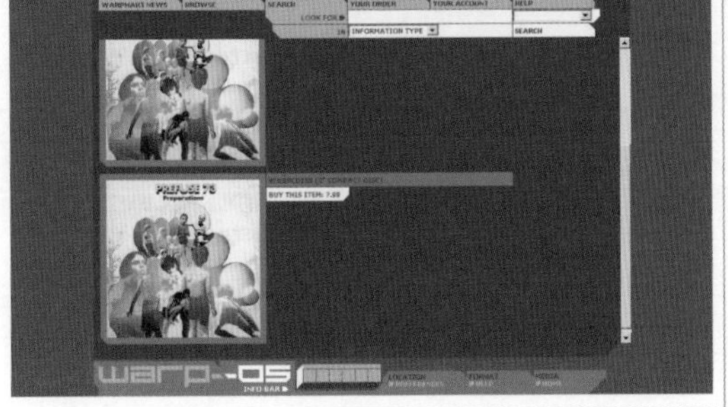

娱乐类网站气氛

明亮的纯色和灰色同时出现在同一页面上，给人一种高音阶和起伏跌宕的节奏感，营造出了流行时尚的网站气氛。

图 1.100　娱乐类网站气氛

图 1.101 所示是一家酒店公司的网站，网站设计大气、得体。它的设计主要选用家具图片，尤其是居室里灯光的图片给人一种安全、温馨的感觉，完全符合酒店为顾客营造的家庭气氛。

生活类网站气氛

这个酒店公司网站以家具图片为主，选用温暖、幸福色调，营造宾至如归的家庭气氛。

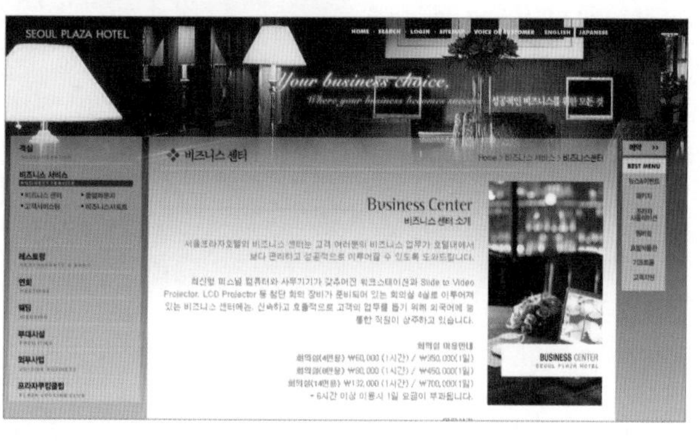

图 1.101　生活类网站气氛

文化类网站一般具有浓郁的文化气息，善于营造文化气氛，杂志网站、博物馆网站、网络教育网站都属于文化类网站范畴。独特的文化营造了独特的网站气氛，视觉色彩设计也会具有独特的个性特征，图 1.102 所示的网站是全 Flash 技术构架的网站，鼠标指针悬停时，背景图会折叠成不同的效果。颜色艳丽的导航条和色彩偏暗的背景形成对比效果，整个网站具有简约主义的风格，营造出了浓厚的文化气氛。

经验总结

要想营造网站气氛，多半需要凭借图形、图像来渲染气氛，与色彩搭配，给人一种综合的印象，需要设计者感性地思考网站用色。

www.andyfoulds.co.uk

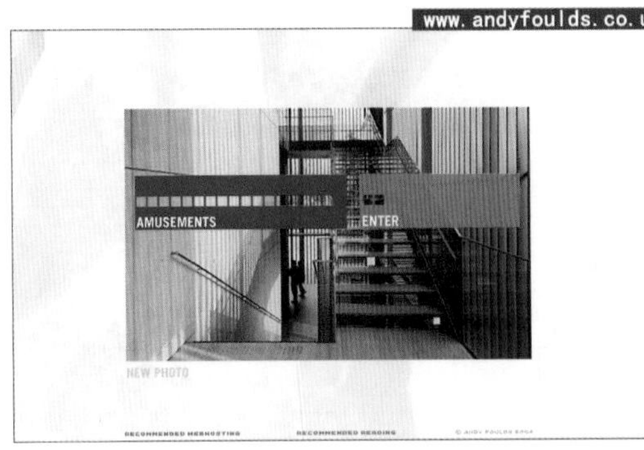

文化类网站气氛

网站主色偏暗，导航色彩艳丽，正好与背景图形成反差效果，整个网站富有简约主义特点，带有浓重的文化气氛。

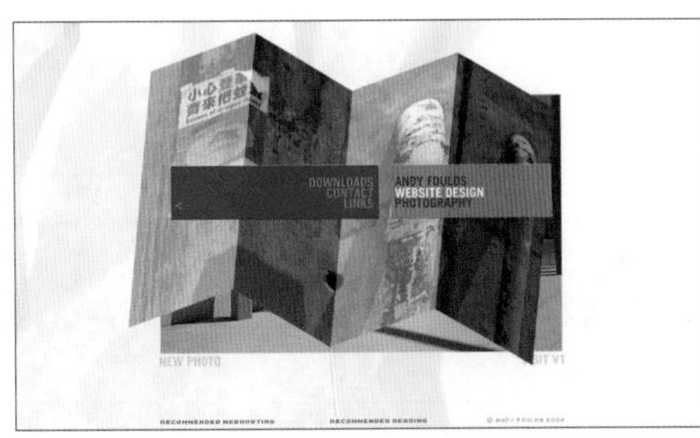

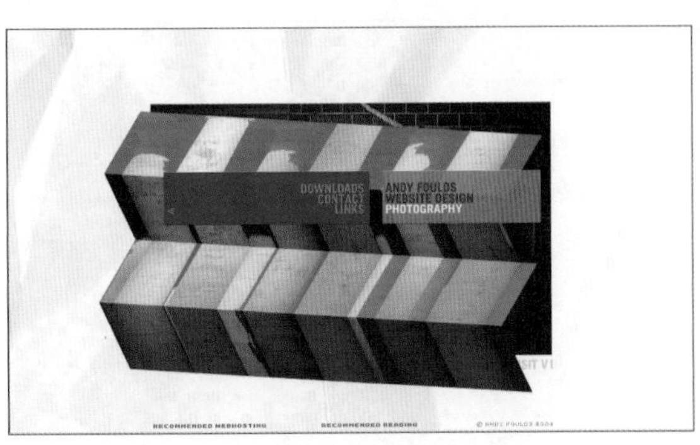

图 1.102　文化类网站气氛

实战案例

实战案例 1——制作双驰企业网站

素材准备

素材如图 1.103 和图 1.104 所示。

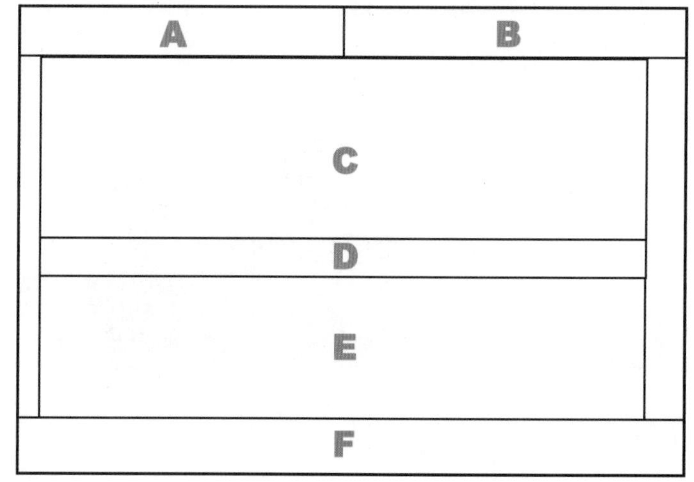

图 1.103　网站框架

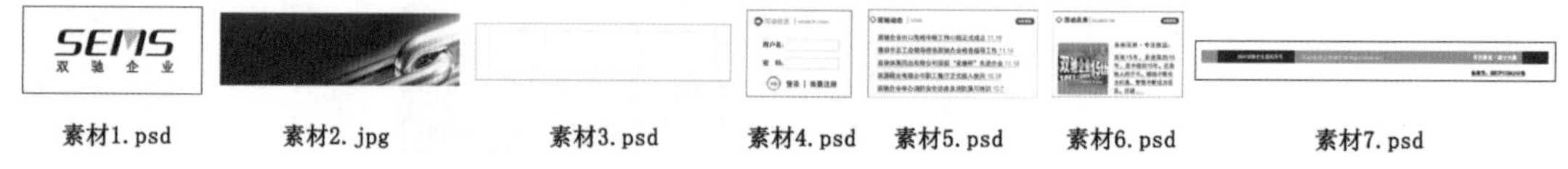

图 1.104　案例素材

需求描述

企业网站的设计是展现企业形象、介绍产品和服务、加强与客户联系的重要途径。网页设计就是根据色彩情感、和谐统一的原则对色彩进行组合、搭配来构成符合网页主题，美观多彩的页面。

蓝色给人冷静、智慧、深远的感觉，蓝色在企业网站中的应用非常广泛，用来表达专业、高科技、可信赖等企业理念。这个案例就是以蓝色为主色制作一个有稳定感觉的企业网站首页。

通过色彩感觉的学习，设计一个以蓝色为主色，传达企业信息，展现专业、可信赖的企业形象的网站首页。

完成效果

完成效果如图 1.105 所示。

图 1.105 完成效果图

技能要点

- 根据网站主题，确定网站风格，制作整体设计方案。
- 网页色彩运用应符合色彩心理和情感表达。
- 会利用 Photoshop 进行网页的色彩设计。

实现思路

- 分析网站色彩布局。
- 添加背景。
- 添加 Banner 和导航栏。

难点提示

1. 明确主题

双驰企业是从事体育用品并集制鞋业的研发、制造、销售、物流于一体的企业。企业网站的建设目的是展现企业品牌和形象，目标用户是行业的合作伙伴和普通消费者。

2. 确定设计风格

在目标明确的基础上，完成网站的整体设计方案。因为这是个以建立形象为主的企业网站，要加强氛围的营造，建立客户忠诚度，通过建立并强化企业在客户心目中的形象使自身效益最大化。网站的总体风格要做到主题鲜明突出，以简单明确的语言和画面体现站点的主题。色彩的运用上采用深蓝色为主色调，打造睿智、专业、可信赖的企业形象。

3. 分析网站色彩布局

双驰企业网站是以树立形象为主的网站，选用蓝色、灰色和白色的搭配，使网站看起来大气，提高企业的可信度。以蓝、浅灰色的渐变为背景突出宽幅深蓝色 Banner 条，展示企业的理念和网站形象。整体给浏览者一种稳定感、信任感。

4. 新建文件

打开 Photoshop 软件，新建一个 1000×680 像素，分辨率为 72，颜色模式为 RGB 的文件，命名为“双驰企业 .psd”。

5. 添加背景

新建“图层 1”，设置前景色为 #b6bfc6，背景色为 # b5c1c8。单击“渐变工具”按钮，打开“渐变编辑器”对话框，在 70% 的位置插一个颜色值为 #f0f0f0 的色标，如图 1.106 所示。然后，从上向下做一个线性渐变。

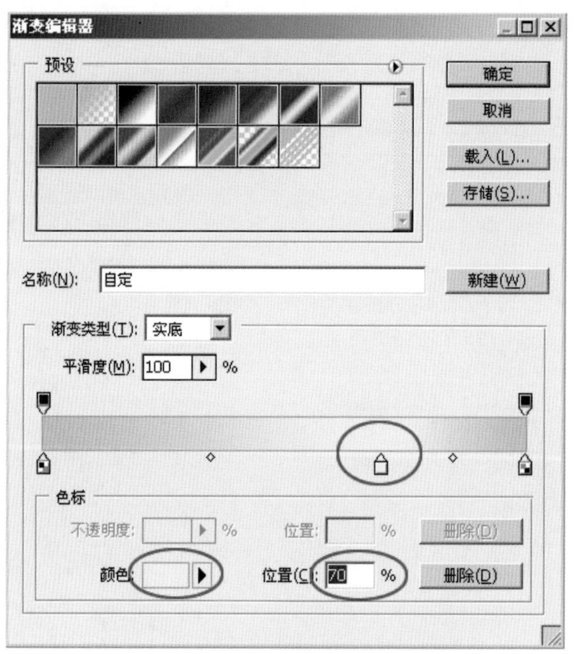

图 1.106　“渐变编辑器”对话框

6. 添加 Banner 和导航栏

添加 Banner 和导航栏，如图 1.107 所示。

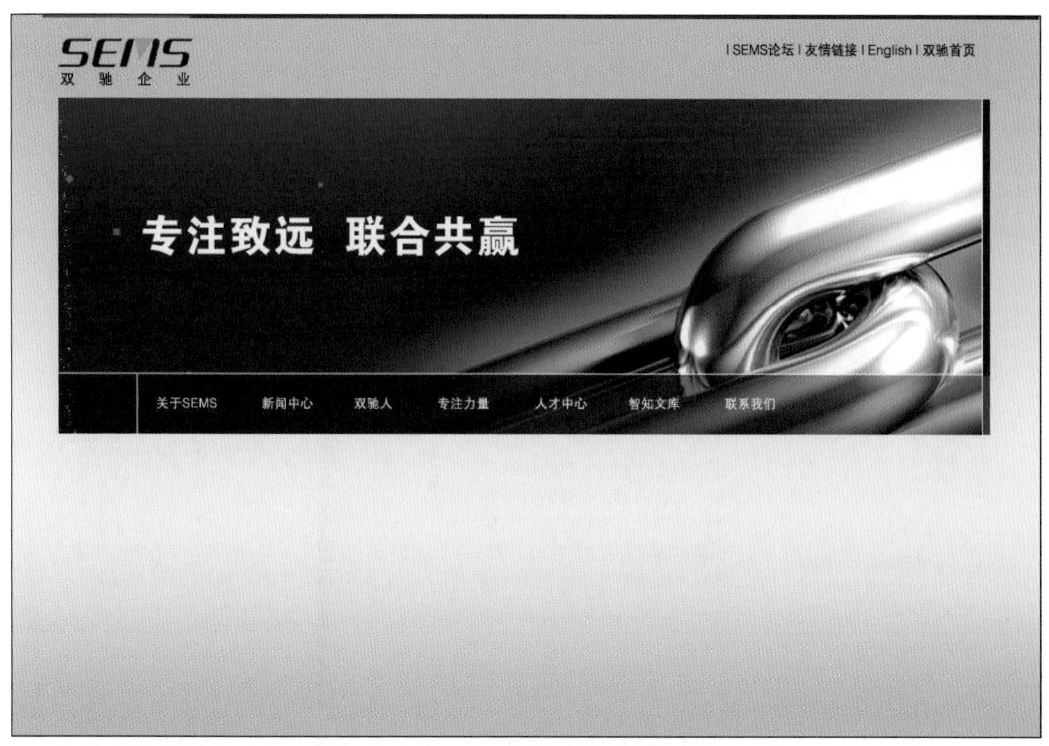

图 1.107 添加 Banner 和导航栏

7. 制作 E 区主要内容部分

1）划分区域

打开“素材 3.psd”，将图层 1 复制到网页页面，放置到导航的下方，注意和导航左边对齐，如图 1.108 所示。

图 1.108 划分区域

可以看到这些灰线把 E 区划分出三个区域，分别要放置互动社区、企业动态和活动庆典三部分内容。下面来添加这三部分内容。

2）制作“互动社区”部分

打开“素材 4.psd”，将“图层 1”复制到网页页面，放置在图 1.109 所示的位置。

图 1.109　互动社区

3）制作“双驰动态”部分

打开“素材 5.psd”，将“图层 1”复制到网页页面，放置在图 1.110 所示的位置。

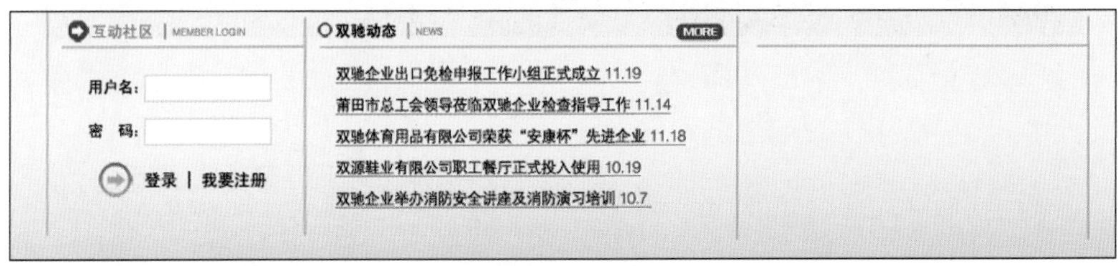

图 1.110　双驰动态

4）制作“活动庆典”部分

打开“素材 6.psd”，将“图层 1”复制到网页页面，放置在图 1.111 所示的位置。

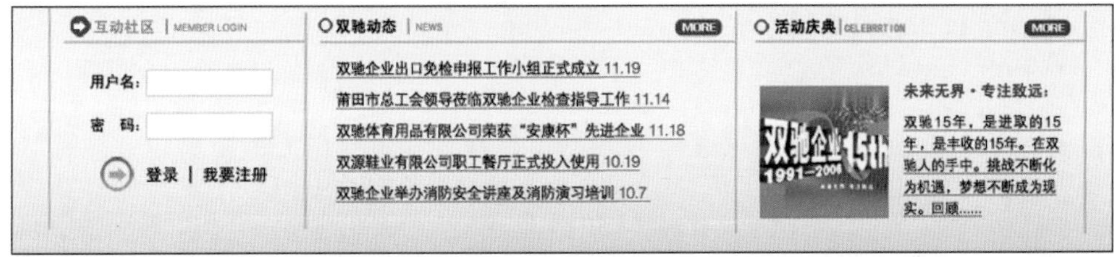

图 1.111　活动庆典

8. 制作 F 区页脚

根据效果图制作页脚部分。

实战案例 2——使用安全色给网页穿新衣

需求描述

给网页配色时也不能随心所欲，也需要尽量使用安全色。本案例的素材网页只有中间的 Banner 部分有颜色。网页的主体是黑白的，这就需要我们提取相关的颜色，尤其是用到的安全色，进行网页的配色。

素材准备

素材如图 1.112 所示。

图 1.112 案例素材

完成效果

完成效果如图 1.113 所示。

图 1.113 完成效果图

技能要点

- 使用网页中已有的颜色进行其他区域的配色，以达到颜色一致性的原则。
- 尽量使用网页安全色。
- 结合 Photoshop 软件进行配色的调整。
- 使用“吸管工具”和“填充工具”进行颜色转移。
- 使用“选区工具”选择适当的填充区域。

实现思路

- 先分析给出的网页和提供的参考色彩，确定主体色调。
- 划分区域，确定填充不同颜色的区域。注意重点的区域或者大的标题框用较深的颜色以示突出。

本章总结

- 颜色的三个属性是色相、纯度和明度。
- 把色谱首尾连在一起就形成了色环。
- 不同的色彩给人不同的冷暖、轻重等感觉。
- 不同的色彩有不同的象征意义和联想。
- 网页安全色在 Internet 的发展过程中扮演了重要的角色，已经形成了一种特有的风格和习惯，不可能被轻易遗弃。

学习笔记

本 章 作 业

选择题

1. （　　）称为色彩三要素。

   A. 色相　　B. 复杂度　　C. 纯度　　D. 明度

2. 下面几种色相中，（　　）明度最高，（　　）明度最低。

   A. 红　　B. 黄　　C. 蓝　　D. 紫

3. 下面（ ）组颜色是邻近色。

   A.　　B.

   C.　　D.

4. 影响色彩沉静兴奋感觉的首先是（　　），其次是（　　），最后是（　　）。

   A. 纯度　　B. 对比度　　C. 明度　　D. 色相

5. 网页设计中色彩的基本原则是（　　）。

   A. 整体性　　B. 适用性　　C. 明确性　　D. 独特性

简答题

1. 请找出两个暖色和两个冷色网站。
2. 将我们常说的“彩虹七色”按两种不同的方式排列，形成不同的色彩组合。
3. 红色、黄色、蓝色、绿色、黑色、白色的积极含义和消极含义各是什么?
4. 说明在网页设计中色彩的作用有哪些?

操作题

1. 用网页安全色对网页进行填色，素材如图1.114和图1.115所示。

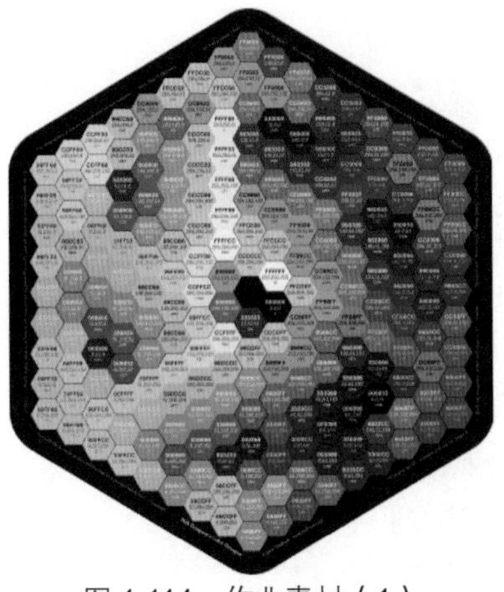

图 1.114　作业素材（1）

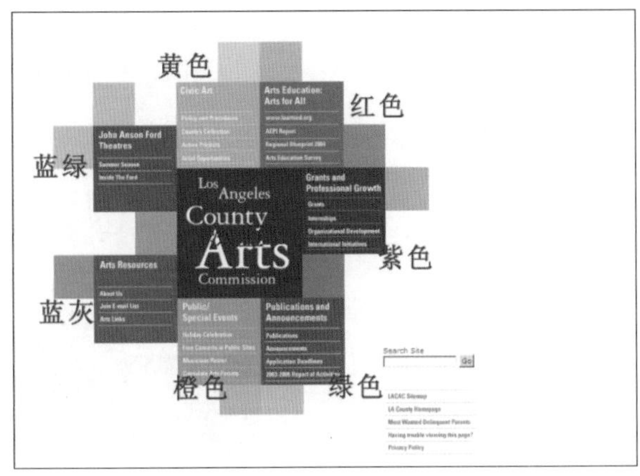

图 1.115　作业素材（2）

完成结果如图1.116所示。

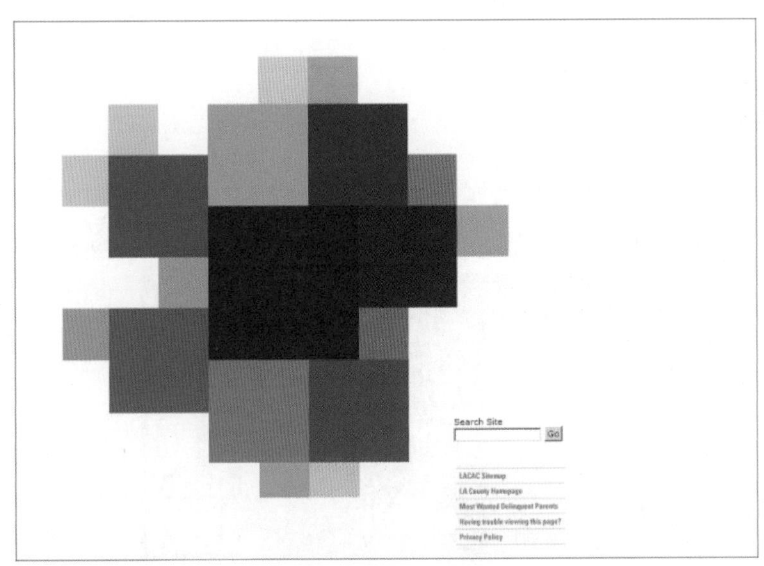

图 1.116　完成结果（1）

提示

➢ 用吸管在网络安全色盘上吸取颜色，根据个人的颜色感觉选取，答案并不唯一。

➢ 注意色彩的搭配和协调统一。

2．按照色彩明暗渐变为图片素材上色，注意颜色的搭配和气氛的烘托效果，素材如图1.117所示。

图 1.117　作业素材（3）

完成结果如图1.118所示。

图 1.118　完成结果（2）

作业讨论区

访问课工场UI/UE学院：kgc.cn/uiue（教材版块），欢迎在这里提交作业或提出问题，你将有机会跟课工场的专家以及共同学习本书的小伙伴一起探讨切磋！

网页配色基础

● 本章目标

完成本章内容以后，你将：

- ▶ 掌握网页色彩设计的原则。
- ▶ 理解网页文字配色的方法。
- ▶ 运用网页色彩设计的技巧。

● 本章素材下载

▶ 请访问课工场UI/UE学院：kgc.cn/uiue（教材版块）下载本章需要的案例素材。

本章简介

梵高说过“没有不好的颜色，只有不好的搭配”。在之前的学习过程中，我们已经对网页配色有了一定的了解。与其他的配色不同，网页配色有什么特别的地方或者特别的禁忌呢？本章将会一一讲解。

理 论 讲 解

参考视频
网页配色基础

2.1 网页配色原则

在网页设计中，色彩的搭配是需要设计师慎重考虑的，好的色彩搭配会使网页主题明确、重点突出、风格统一，给浏览者留下深刻印象。色彩作为网页中的重要视觉元素，其可塑性不可限量。网页的色彩创作拥有自身的设计规则。网页设计中色彩的基本原则是整体性、适用性、独特性和艺术性。

2.1.1 整体性

色彩的整体性，就是页面上各部分的色彩从色调和比例上都有自己的角色，主色、辅助色、点睛色、背景色一起组合成有节奏韵律、和谐统一的色彩关系。

网页的色彩分布在网页的文字、图像、Logo、点、线、面等装饰元素中。网页设计中任何一种色彩的运用都不是任意的，而是某一思想观念的准确解释或者情感的传达。在一个具有专业水平的网站中，即使只使用少量的图形，网页色彩依然会带给浏览者深刻的印象和舒适的视觉感受，如图 2.1 所示。

图 2.1　简洁的网页设计

色彩关系是否和谐主要从色相的红、黄、蓝、绿等，色性的冷色调、暖色调，明度的亮色阶、暗色阶，纯度的高纯度、低纯度等相互搭配来看。通常根据页面内容和主题进行选择，注意色彩的相互衬托关系和各种对比因素，当感觉搭配不舒服时，可以利用黑白灰在里面起到辅助协调作用，如图 2.2 所示。

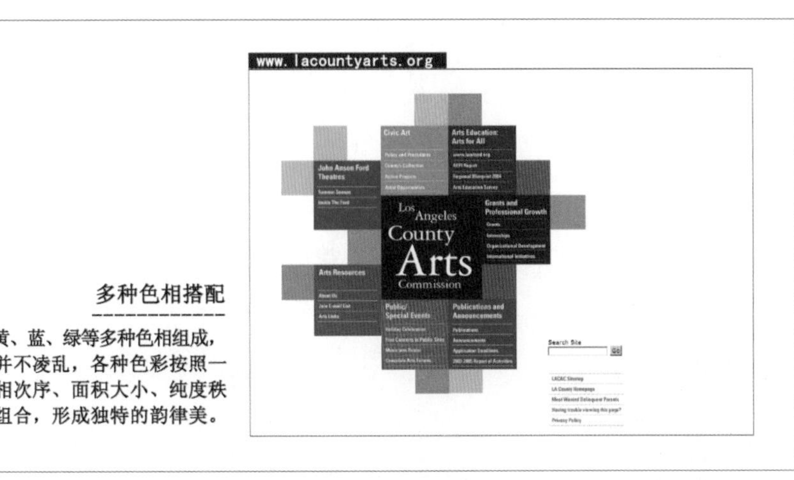

图 2.2　色彩整体搭配

2.1.2　适用性

色彩的适用性，是指根据网站类型选择合适的色彩，使内容与形式相统一，符合人们固有的认知习惯。设计师接到一个网站项目，首先就要思考用怎样的色彩来表达网页的信息，客户或者上司也许不会与设计师讨论框架、导航，但是一定会和你讨论色彩，因为色彩是大众的情感表达方式。例如，家具网站一般选择温暖亮丽的暖色；牙膏类网站选用清新的蓝色，如图 2.3 和图 2.4 所示。

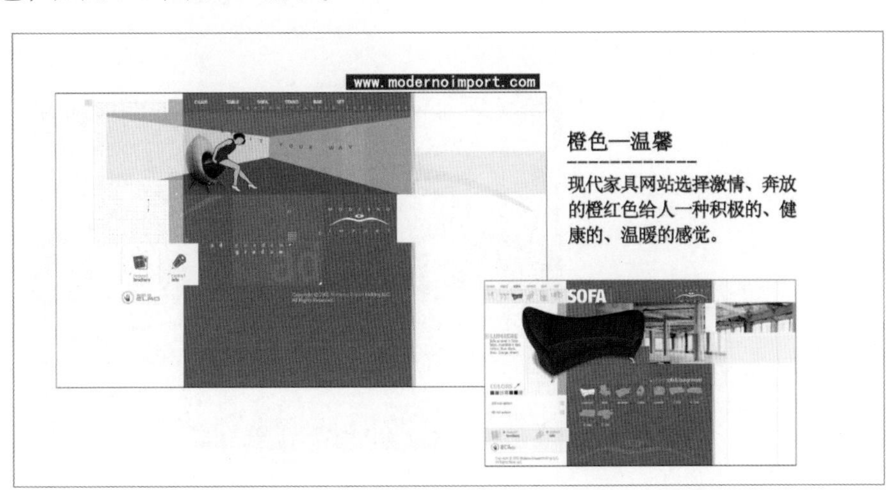

图 2.3　色彩的适用性

图 2.4　色彩的适用性

2.1.3　独特性

在遵循上面两个原则的基础上，在实际运用中，网页设计要有独特的个性，大胆突破，出奇制胜，避免与其他网站雷同。在不脱离适用性的前提下，多做尝试，让色彩的独特性充分发挥魅力，在同类网站中脱颖而出，使网站达到更好的宣传效果，如图 2.5 所示。

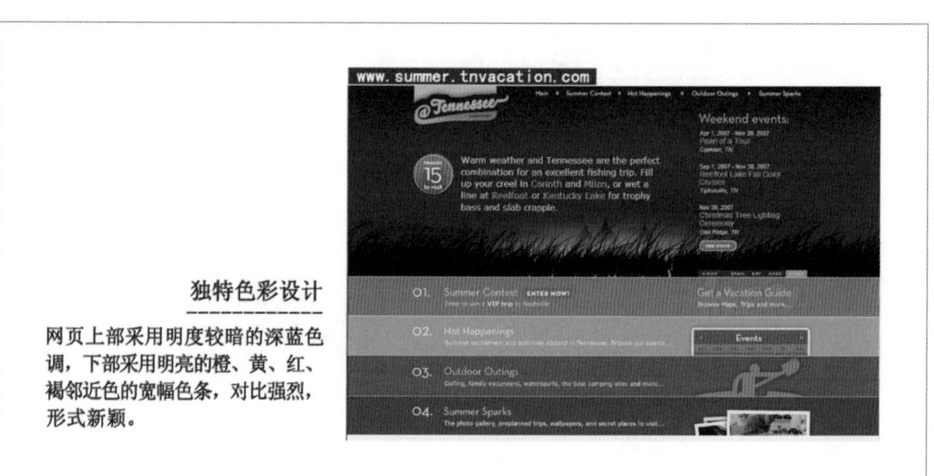

图 2.5　色彩的独特性

2.1.4　艺术性

艺术来源于生活，同时高于生活。但是，人们每天面对上百个网页，如果设计的网页想脱颖而出，吸引住浏览者的注意力，除了独特性，还要有一定的艺术性。因为独特的东西可能只是刹那的触动，而具有艺术感染力的作品，才能持续地打动浏览者，从而引起其兴趣，如图 2.6 所示。

图 2.6　具有艺术感染力的作品

2.2　网页配色技巧

色彩搭配，对于美术功底不强的设计者来说是件很头痛的事。哪些颜色组合在一起比较好看呢？有的时候无从下手。所以，本节介绍了网页色彩的一些搭配小技巧，从实用的角度出发，可以更理性地分析与实践配色。

2.2.1　使用一种色彩

所谓使用一种色彩，并不是指就是用同一个色彩，而是说使用同一色相的色彩。其方法是选定某个色相的色彩，然后通过调整其明度或者饱和度，从而产生更多的色彩。

在自然界里，单色的自然和谐经常达到令人叹为观止的地步，如图 2.7 和图 2.8 所示。

图 2.7　单色花

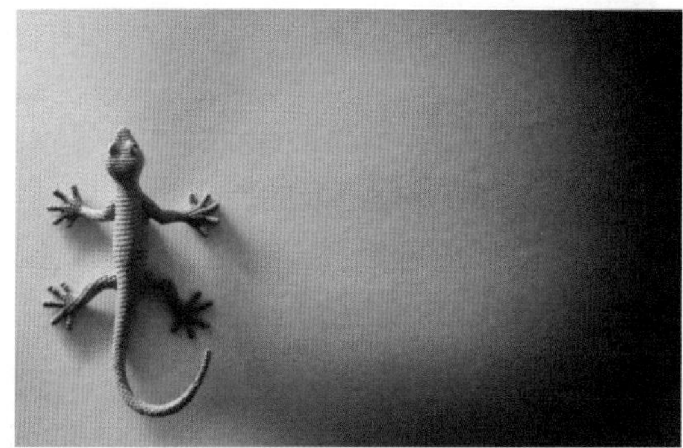

图 2.8　单色动物

在网页设计中，也常常有用单纯的颜色搭配而获得良好的效果，如图 2.9 至图 2.11 所示。

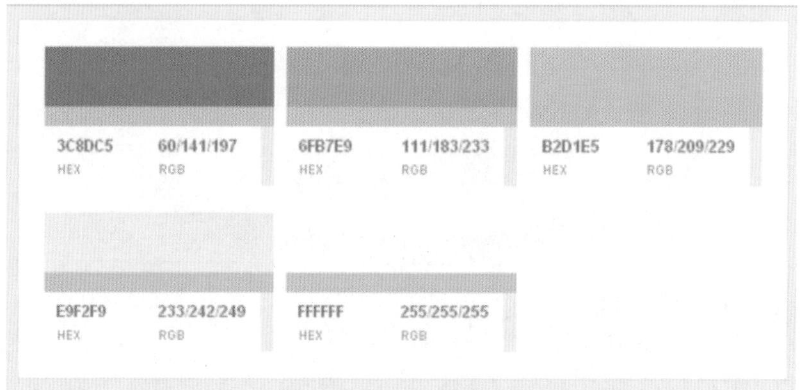

图 2.9　网页用色

图 2.10　单色网站

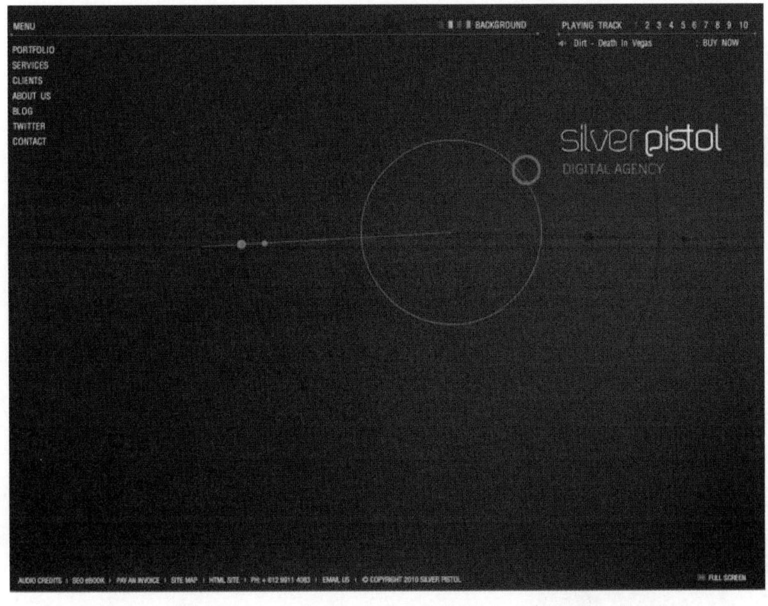

图 2.11 单色网站

 2.2.2 使用两种色彩

使用配色对比效果强烈的两种色彩，需要设计师注意的是要处理好这两个色彩的关系，使其协调。例如，可以使用其中一个色彩作为主色，另一个色彩为辅助色。有时候直接使用两种对比色，并处理好两者的面积、位置等关系，也是一种不错的尝试。

如图 2.12 所示，在自然界中，常常会有双色搭配。

图 2.12 自然界里的双色搭配

如图 2.13 所示，生活中的对比色也常常可见。

如图 2.14 所示，在抽象的艺术中，双色的运用常常达到和谐和对比的艺术效果。

图 2.13　生活中的对比色

图 2.14　艺术里的对比色

如图 2.15 和图 2.16 所示，双色在网站设计中也是常常用到的，可以起到点睛却不乏味的效果。

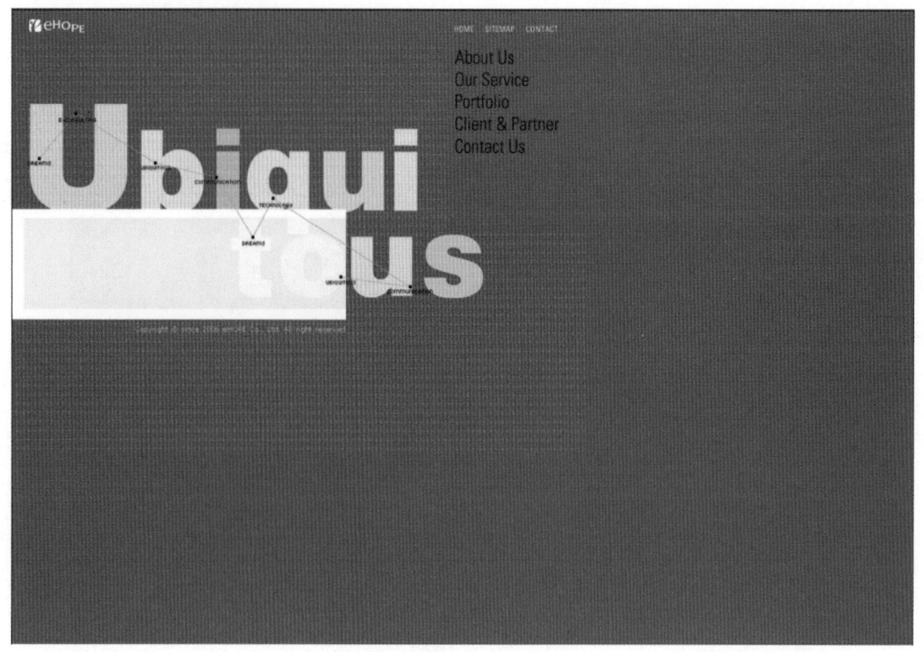

图 2.15　双色网站

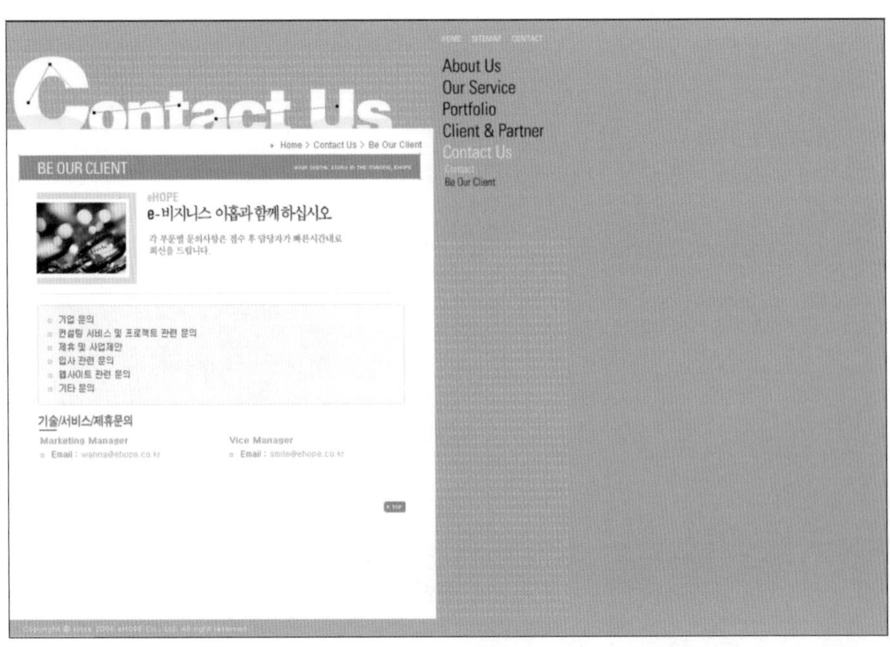

图 2.16　双色网站

2.2.3　使用一种色系

简单地说，使用一种色系就是用一个感觉的色彩，如淡蓝色、淡黄色、淡绿色或者土黄色、土灰色、土蓝色。确定色彩的方法各异，但是要能够放在一起协调搭配，轻重相宜。

观察图 2.17 所示的漫画图，虽然画面中颜色很多，但是整体看起来，还是比较和谐。虽然这些颜色并不是同一色相，但是有着相似的明度和纯度，所以看起来还是很和谐、搭调。

图 2.17　漫画图

如图 2.18 所示，百货大楼的外表面采用了同一色系的装饰，看起来很有秩序感，丰富而不混乱。

如图 2.19 所示，此网站使用了灰黑、灰蓝、灰绿等多种颜色搭配，但是看起来整体很协调，这是因为都是一个色系搭配的缘故。

图 2.18　大楼装饰图

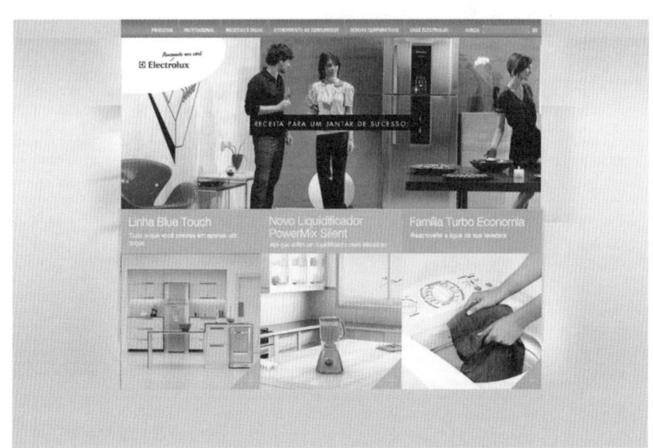

图 2.19　同色系网页

2.2.4　使用黑色和另一种色彩

黑色和白色、金色一样，都是百搭颜色。而黑色尤其是网页设计师的偏爱，因为黑色不伤眼睛，看久了也不会累。

如图 2.20 所示，自然界里，黑色的夜幕下，一束昏黄的光线，显得很酷。

图 2.20　黑夜

从图 2.20 中可以清晰地看出，黑色占据了画面的主要地位，进而烘托出整个画面所要烘托的氛围。

此外，在实际的网站配色中，黑色还可以与其他颜色进行有机的融合，进而呈现出不同的效果。如图 2.21 至图 2.23 所示，黑色与不同的颜色进行了搭配，根据整个网站配色的需求，黑色所占的比重也略有不同，但是从视觉感观中，不同的颜色都能和黑色有机地融合在一起，成为一个和谐的整体。

以上几种搭配，虽然网页展示的内容不同，但是从效果上都是很优秀的黑色搭配的典范网页。通过多对比和学习，便能很快掌握黑色与其他另一种颜色的配色技巧和妙处。

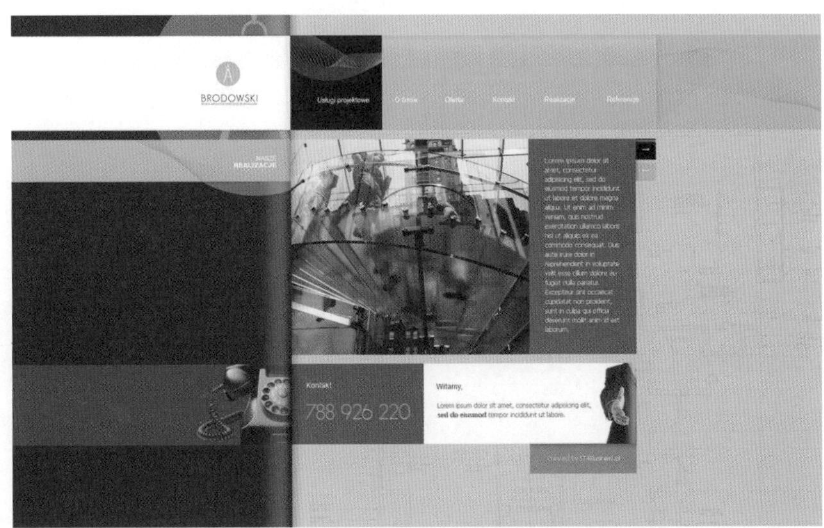

图 2.21　黑色与蓝色搭配效果

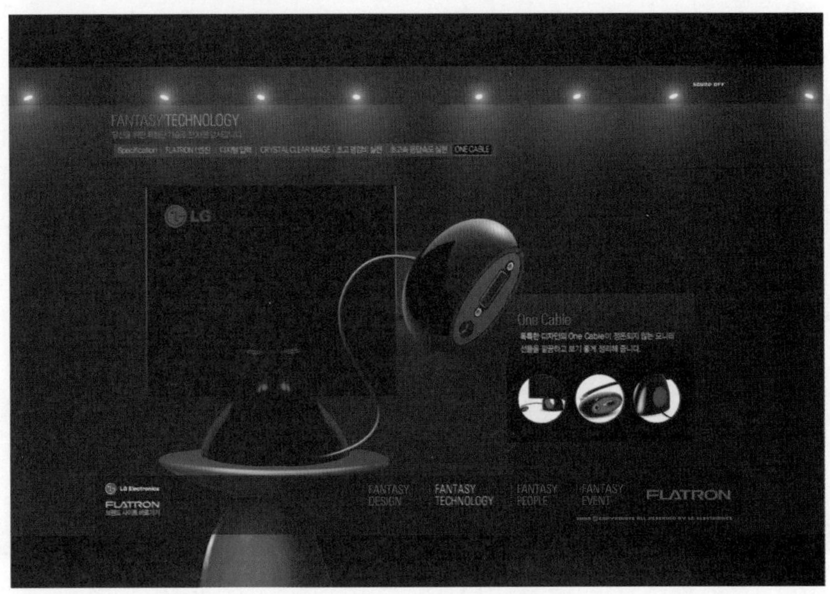

图 2.22　黑色与红色搭配效果

图 2.23　黑色与绿色搭配效果

2.2.5　尽量把色彩控制在三种以内

在艺术设计里，多种颜色搭配常常能起到非常好的效果，形成各种时尚和炫目的效果，如图 2.24 和图 2.25 所示，这些都是很优秀的艺术作品，让人赏心悦目。但是在网页的设计过程中，还是要遵守尽量少用颜色的原则，最好是把色彩控制在三种以内。这样，一方面是使得浏览者阅读起来不费力，另一方面是为了能让浏览者第一时间去注意那些有用的信息，而不是网页本身。如图 2.26 所示，虽然网页本身很好看，但是让用户无法抓住重点，削弱了网页本身传递信息的作用。而图 2.27 和图 2.28 合理地利用颜色，达到了非常好的艺术效果。

图 2.24　多彩艺术作品（1）

图 2.25　多彩艺术作品（2）

图 2.26　多彩艺术作品（3）

图 2.27　多色网页设计（1）

图 2.28　多色网页设计（2）

2.3 网页文字配色

2.3.1 字号对文字显示的影响

通过字号大小的对比，我们很容易了解作者想要表达的重点，给人一种层次分明的感觉。

文本的字号会影响文字的清晰度。这里所说的清晰度是指文字是否能够平滑显示。如果字号设置不当，文本的显示就会出现锯齿，看起来非常粗糙。

因为显示器像素点的原因，网页正文使用 12 号宋体字（未消除锯齿）最为清晰。

当高于 1024×768 的分辨率时，12 号字体就会有些小了，可以尝试 14 号字体（未消除锯齿）。对于文字标题来说，因为需要字体比较大，建议使用“消除锯齿”（平滑）效果。

2.3.2 文字与背景色彩的搭配

一般来说，网页的背景色应该柔和淡雅一些，再配上深色的文字，使人看起来自然、舒畅；而深色的背景，就适合搭配浅色的文字，如图 2.29 和图 2.30 所示。当然，有时候也会有不深不浅的背景，这时就需要对文字进行一些处理，如描边、添加阴影等。

图 2.29　背景与文字

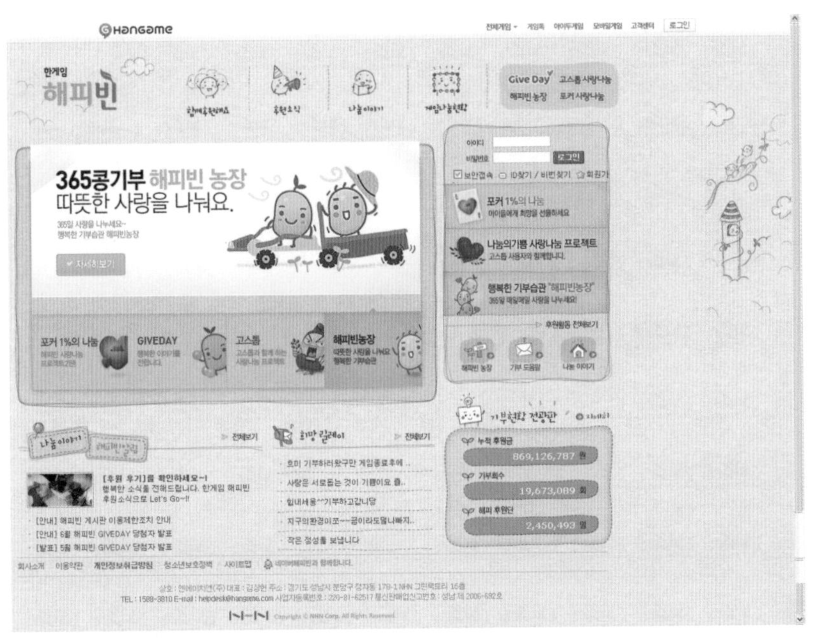

图 2.30　网页背景与文字

网页的初学者可能更习惯于使用一些漂亮的图片作为自己网页的背景，但浏览一下大型的商业网站，你会发现它们更多运用的是白色、蓝色、黄色等，使得网页显得典雅、大方和温馨。更重要的是这样可以大大加快浏览者打开网页的速度。

下面是做网页和浏览别人的网页时，对网页背景色和文字色彩搭配积累的经验，这些颜色可以做正文的底色，也可以做标题的底色，再搭配不同的字体，一定会有不错的效果。希望对大家在制作网页时有帮助。

BgcolorK″ #F1FAFA″——做正文的背景色好，淡雅。

BgcolorK″ #E8FFE8″——做标题的背景色较好。

BgcolorK″ #E8E8FF″——做正文的背景色较好，文字颜色配黑色。

BgcolorK″ #8080C0″——配黄色、白色文字较好。

BgcolorK″ #E8D098″——配浅蓝色或蓝色文字较好。

BgcolorK″ #EFEFDA″——配浅蓝色或红色文字较好。

BgcolorK″ #F2F1D7″——配黑色文字素雅，如果是红色则显得醒目。

BgcolorK″ #336699″——配白色文字好看些。

BgcolorK″ #6699CC″——配白色文字好看些，可以做标题。

BgcolorK″ #66CCCC″——配白色文字好看些，可以做标题。

BgcolorK″ #B45B3E″——配白色文字好看些，可以做标题。

BgcolorK″ #479AC7″——配白色文字好看些，可以做标题。

BgcolorK″ #00B271″——配白色文字好看些，可以做标题。

BgcolorK″ #FBFBEA″——配黑色文字比较好看，一般作为正文。

Bgcolor K” #D5F3F4”——配黑色文字比较好看，一般作为正文。

Bgcolor K” #D7FFF0”——配黑色文字比较好看，一般作为正文。

Bgcolor K” #F0DAD2”——配黑色文字比较好看，一般作为正文。

Bgcolor K” #DDF3FF”——配黑色文字比较好看，一般作为正文。

浅绿色底配黑色文字，或白色底配蓝色文字都很醒目，但前者突出背景，后者突出文字。红色底配白色文字，比较深的底色配黄色文字效果非常好。

2.3.3 文字与图片的搭配

设计网页时，在图片上搭配文字是常有的事，需要考虑文字和图片之间的构成和色彩关系。配色时主要遵循以下三个原则。

- 文字周围的背景尽量单纯化。这样能有效地防止视觉注意力的分散，如图 2.31 所示。

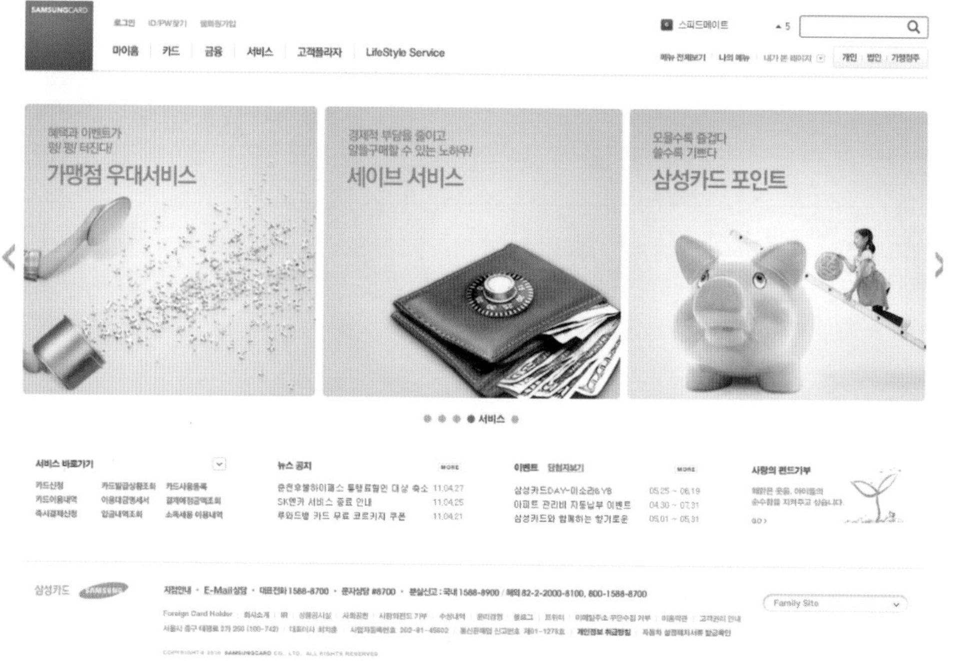

图 2.31　注意文字周围背景

- 图片与文字对比尽量明显，易于识别。通常情况下浅色图片配深色文字，深色图片配浅色文字。图 2.32 所示是一个咖啡店网站，黑色的背景搭配白色文字，能达到非常好的效果。
- 文字与背景图片对比较弱，不易识别时，可用其他色彩衬托文字的方式强化与图片的对比。如图 2.33 所示，网站中间的部分文字和背景比较一致，所以采用了增加绿色色块的方式使文字和背景区分开。

图 2.32　图片与文字对比

图 2.33　使用色块增加对比

2.3.4　演示案例——网页修补大师

 素材准备

网页修补前如图 2.34 所示。

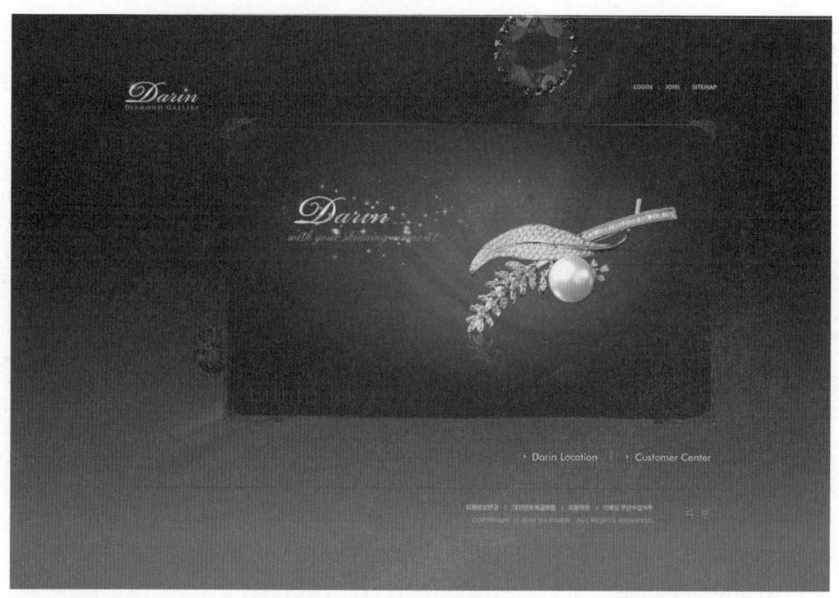

图 2.34　网页修补前

完成效果

完成效果如图 2.35 所示。

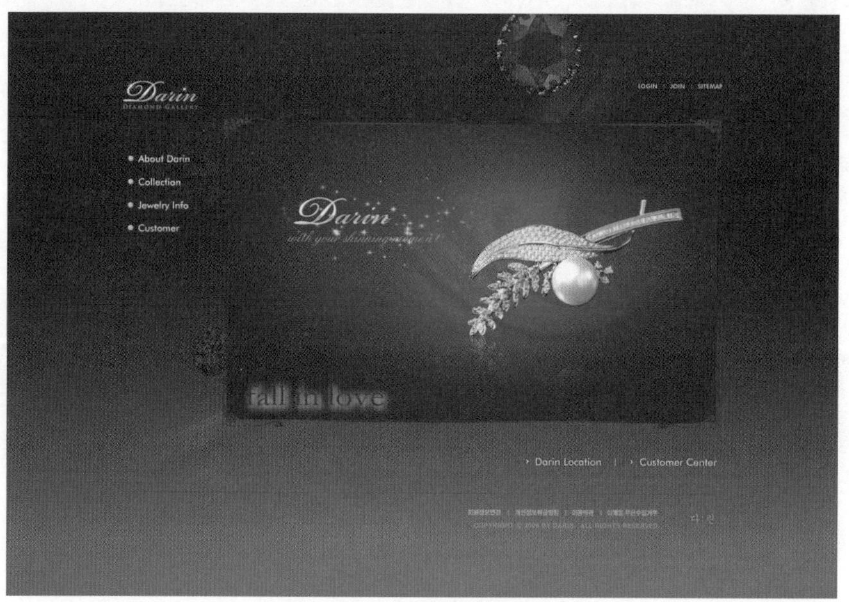

图 2.35　完成效果图

案例分析

观察原网页效果图，可以发现有两点问题，一个是没有添加导航栏（左上角空白部分），而选择什么颜色的导航栏文字，是一个需要思考的问题；另一个是中央的展示区添加的“fall in love”宣传语颜色和背景融在一起，应该加以突出显示。

操作步骤

步骤 1 添加导航文字

（1）打开 Photoshop 软件，选择“文件”→“打开”（Ctrl+O 组合键）命令，打开素材文件，然后拉出参考线，确定导航文字位置，如图 2.36 所示。

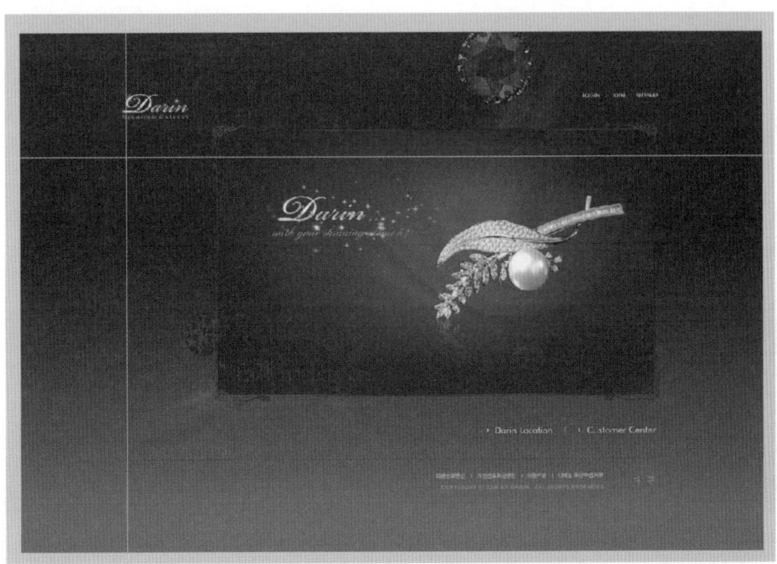

图 2.36　定位

（2）输入文字“About Darin”、“Collection”、“Jewelry Info”、“Customer”，并在其前面添加圆图形修饰。

（3）选择文字的颜色，尽量能和背景相互对比突出。这里选择了白色，如图 2.37 所示。

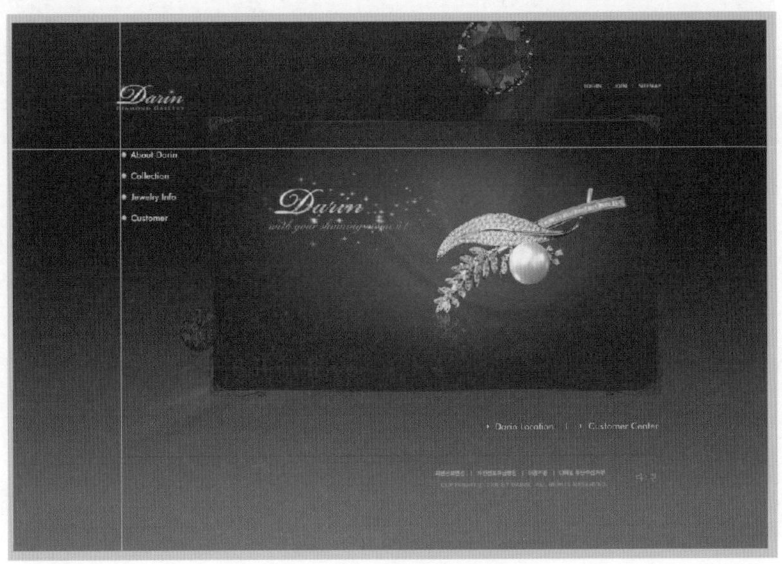

图 2.37　增加导航文字

步骤 2 添加、更改宣传语

（1）使用“魔术棒工具”，选中要改变的文字区域，如图 2.38 所示。

（2）使用 Ctrl+C 组合键，再使用 Ctrl+V 组合键，复制一层，之后对新图层使用图层样式工具，增加投影效果，参数设置如图 2.39 所示。

（3）隐藏参考线，最终效果如图 2.40 所示。

图 2.38　选中文字部分

图 2.39　图层样式

图 2.40　最终效果

2.4 网页配色常见问题

是不是色彩用得越多，网页的色彩就越丰富呢？如图 2.41 所示，是不是网页设计和绘画作品一样，可以单纯追求形式美呢？对于一个有经验的设计师来说，这些不是难题，但是对于初学者来说，就容易陷入迷茫。本节先将网页配色中常见的问题总结如下，以备读者多注意。

图 2.41　梵高的艺术作品

2.4.1 缺乏主色调

在网上常常看到这样的网站，网页中的颜色很多，一个标题就是一个色彩，整个画面就像是一个打翻的颜料桶，令人眼花缭乱。虽然画面色彩繁多显得丰富充实，但是过多的色相给人一种复杂混乱的视觉效果，使访问者无法明确地识别重点内容，甚至起到反作用，如图 2.42 所示。

2.4.2 文字易见度低

人眼识别色彩的能力有限。由于色的同化作用，色与色之间的对比，强者易分辨，弱者难分辨，色彩学上称为易见度。

例如照片，如果画面层次不清楚就很难看清照片的内容。网页上的色彩通常与文字结合在一起，文字本身也有颜色，这就出现了文字与色彩的对比问题。对浏览者来说，其实很多时候文字才是信息的关键点。因此画面的色彩运用就必须注意文字的可识别性，即文字的易见度。图 2.43 所示就是易见度比较差的网页效果。

图 2.42　主色调不明显的网页

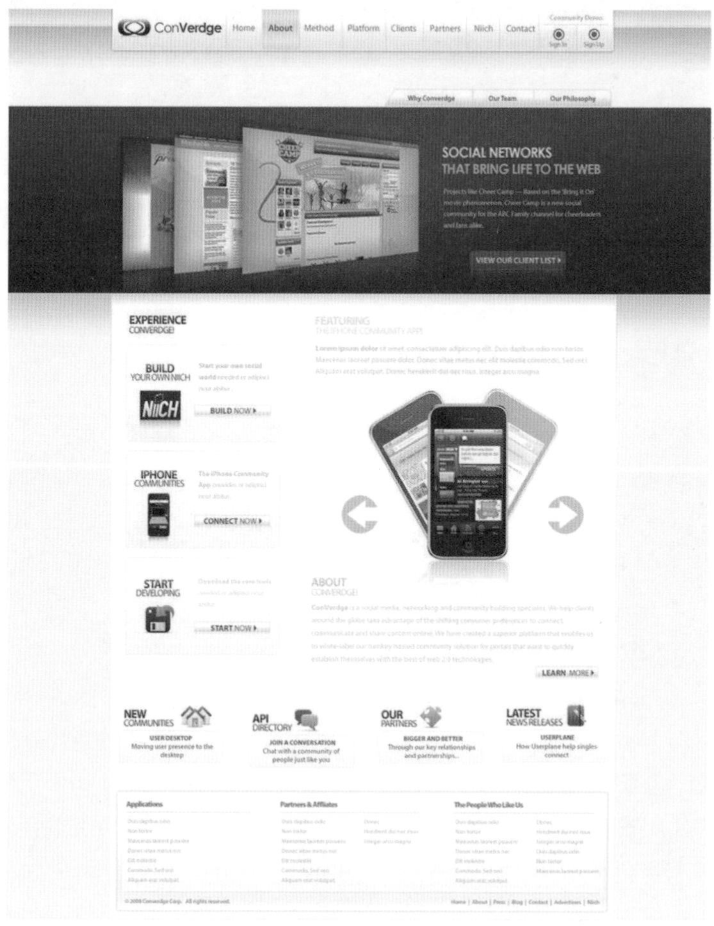

图 2.43　文字易见度较低

2.4.3 增加视觉负担

在现实生活中，我们看一些颜色时会感到很刺眼，看一段时间就会感到视觉疲劳，如红色与浅黄色。这是因为这些色彩对视网膜有不同程度的刺激作用。当看到明度较低的色彩时，视网膜上的兴奋程度比较低，因而不觉得刺眼。而网页往往需要较长的时间去阅读，因此，网页配色要尽量少用视疲劳度高的色调。一般来说，高明度高纯度的颜色刺激强度高，应尽力避免使用，如图 2.44 所示。

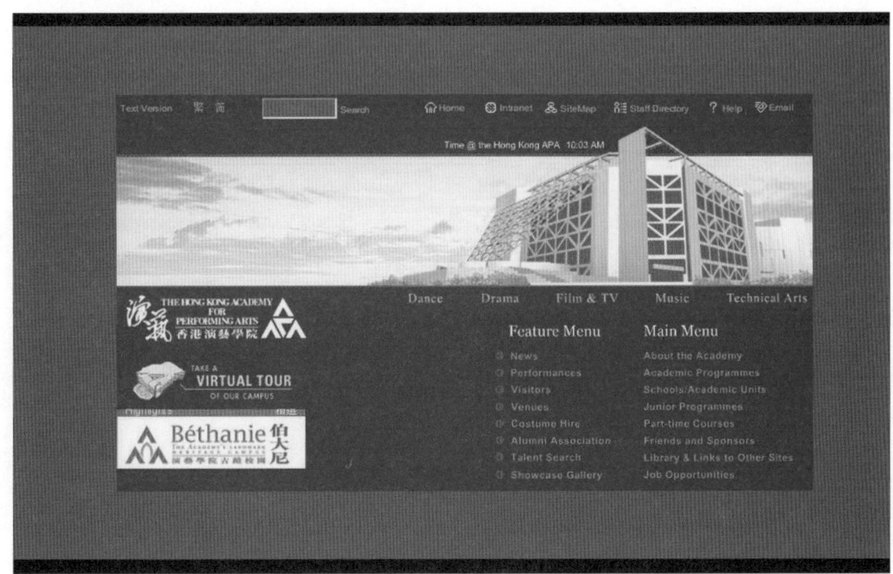

图 2.44　视觉刺激较大的网页

实战案例

实战案例 1——给牙科医院网页整形

需求描述

网站配色的方法和技巧很多，往往通过简单的训练就能制作出颜色搭配和谐的网站。但是网站的适用性原则也是非常重要的一部分，只有合适的才是最好的。本案例将针对一个牙科医院的网页进行整形设计，使其符合网页配色的适用性原则。

素材准备

本案例素材如图 2.45 所示。

图 2.45　案例素材

完成效果

完成效果如图 2.46 所示。

技能要点

- 使用网页配色的适用性原则分析网页配色。
- 使用 Photoshop 中的“钢笔工具”进行不规则区域的绘制。
- 使用 Photoshop 中的颜色调整工具进行色彩的调整。

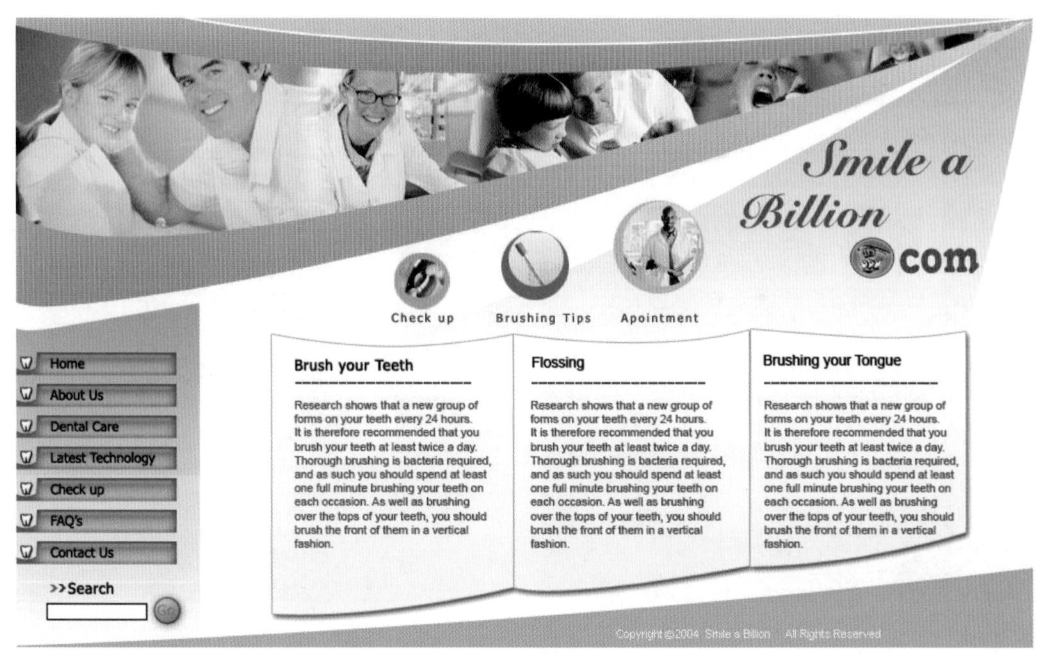

图 2.46　完成效果图

实现思路

- 分析素材网页。此网页主要由两部分色调构成，因为是牙科医院的网页，需要给人干净、整齐、稳重的感觉，所以决定选用蓝色作为主色调。
- 使用 Photoshop 中的“钢笔工具”勾勒需要调整颜色的区域路径，然后转换为选区。
- 使用 Photoshop 中的颜色调整工具进行颜色的调整，使之与整体色彩融合。
- 保留右上角的网页标题部分的红色，一方面它不会影响整体的色调，另一方面能起到点睛色的作用。

实战案例 2——网页换装

需求描述

当网页在设计中出现配色的问题时，有经验的设计师其实很容易就会发现。因为不和谐的搭配给人不舒服的感觉。在学习配色的初期，就需要从理论角度多考虑，尤其应从网页配色的几个原则和技巧多考虑。本案例将修改一个网页的配色。

素材准备

原始网站如图 2.47 所示。

完成效果

完成效果如图 2.48 所示。

图 2.47　案例素材

图 2.48　完成效果图

技能要点

- 运用网页设计的原则，进行网页配色分析。
- 运用 Photoshop 色彩调整工具进行颜色调整。

实现思路

- 先分析网页整体色调，确定保留不动的主色调。
- 使用“选区工具”对颜色不协调的区域进行调整。
- 选择文字区域，调整文字的颜色，使其和背景形成对比。

本章总结

- 网页配色的原则包括整体性、适用性、独特性和艺术性。
- 网页配色的颜色选择应该尽可能在三种以内。
- 因为显示器像素点的原因，网页正文使用 12 号宋体字（未消除锯齿）最为清晰。

学习笔记

本章作业

选择题

1. 在网页设计中，文字与图片的配色原则不包括（　　）。
   A. 文字周围的背景尽量单纯化
   B. 图片与文字对比尽量明显
   C. 可用其他色彩衬托，强化对比
   D. 尽量使用相近色
2. 以下属于百搭颜色的有（　　）。
   A. 黑　　B. 白　　C. 红　　D. 银
3. 以下不属于同一个感觉色系的是（　　）。
   A. 淡蓝色　　B. 淡绿色　　C. 淡黄色　　D. 藏青色
4. 网页配色的基本原则不包括（　　）。
   A. 整体性原则　　B. 实用性原则
   C. 艺术性原则　　D. 独特性原则
5. 以下能突出背景的搭配是（　　）。
   A. 浅绿色底配黑色字　　B. 白底配蓝色字
   C. 黄色底配红色字　　D. 蓝色底配黑色字

简答题

1. 请举例说明网页配色的原则。
2. 请说出网页配色的独特性的作用，并举例说明。
3. 请说出三种以上的网页配色技巧。
4. 请说出如果选用图2.49所示的颜色作为背景，那么选用什么颜色的文字搭配比较合适?如果使用该颜色作为文字颜色，需要搭配什么背景颜色呢?

图 2.49　绿色

操作题

图2.50所示是一个黑色系网页，整体效果不错，但是略显单调。使用网页配色技巧，使其更加生动。

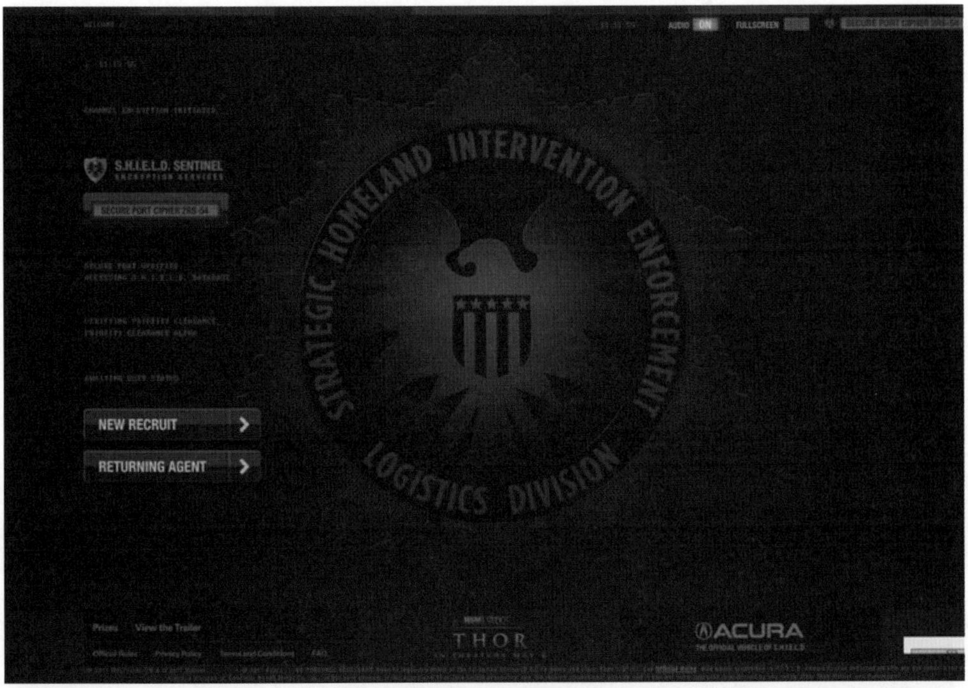

图 2.50　黑色系网页

提示

可以使用褐色和另一种色彩搭配的设计技巧，在一些细节地方进行其他色彩的修饰。参考效果如图 2.51 所示。

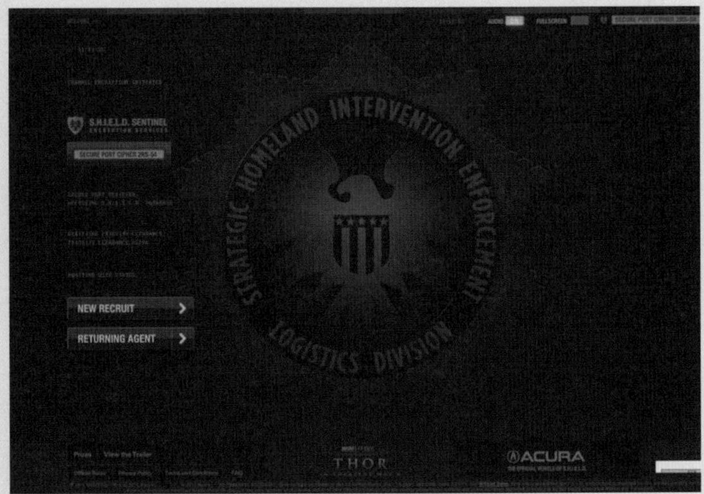

图 2.51　黑色系网页参考效果图

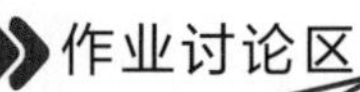

作业讨论区

访问课工场UI/UE学院：kgc.cn/uiue（教材版块），欢迎在这里提交作业或提出问题，你将有机会跟课工场的专家以及共同学习本书的小伙伴一起探讨切磋！

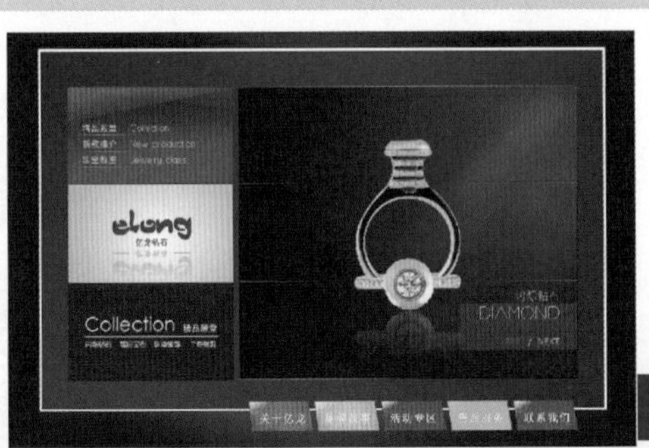

网页配色应用

● 本章目标

完成本章内容以后，你将：

- 掌握网站色调与配色关系。
- 掌握网站风格与配色关系。
- 掌握网页中色彩的应用。

● 本章素材下载

- 请访问课工场UI/UE学院：kgc.cn/uiue（教材版块）下载本章需要的案例素材。

本章简介

通过之前的学习，我们已经对网页配色有了一定的了解，掌握了网页配色的原则和注意事项。在本章我们将从网站风格、网站色调两个层面欣赏各种在线的优秀网站效果图，分析其配色的特点，并通过学习色彩在网页中的应用，合理掌握页面留白和色彩层次，提高页面配色的有效性和艺术性。

理 论 讲 解

参考视频
网页配色应用

3.1 网站色调与配色

通过色彩基础知识的学习，我们已经了解并掌握了色调的概念，能够为突出某个主题或者表达某种情感而选择一个适宜的色调进行设计。但有些时候，为选定的色调搭配合适的色彩是让很多人苦恼的事。本节为解决这个问题而提供大量的详细分析和案例参考，让大家可以更全面地了解网站色调与配色的知识。

3.1.1 红色系配色

使用红色为主色调的站点还是不少的，通常是一些有中国特色的传统网站或者是一些个性十足的特色网站。红色在网页中很多情况下都用于突出色彩。因为鲜艳的红色极易吸引人们的目光。高亮度的红色通过与灰色、黑色等非彩色搭配使用，可以得到现代且激进的效果。低亮度的红色给人冷静、沉重的感觉，可以营造出古典的氛围。

1. 红色典型特征

- 红色代表着能量、热情、忠诚、革命、激情、牺牲、感召、婚嫁等。
- 饱和度高、亮度高的红色，感觉温暖、炙热、热烈、正义、正直、活泼、勇敢、激进、喜庆、幸福等。
- 饱和度高、亮度低的红色（褐色），给人的感觉是深沉、恐怖、固执、不安、独断等。
- 饱和度低、亮度高的红色（粉色），给人的感觉圆满、健康、温和、愉快、甜蜜、优美、稚气等。
- 红色是相对引人注目的色彩，因此可以起到警示的作用。

红色的 Web 安全色集合如图 3.1 所示。

#330000		#990033	#FF0066	#FF0033
#660000	#663333		#CC3366	#FF3366
#990000	#993333	#996666		#FF6699
#CC0000	#CC0033	#CC6666	#CC9999	
#FF0000	#FF3333	#FF6666	#FF9999	#FFCCCC

图 3.1　红色的 Web 安全色集合

2. 红色与其他色彩搭配

➢ 红色和白色搭配，能体现出正直、纯粹，如图 3.2 所示。

图 3.2　红色和白色搭配

➢ 红色和深红色搭配，能体现出优雅、艺术感，如图 3.3 所示。

图 3.3　红色和深红色搭配

➢ 红色和褐色、灰色搭配，能体现出深沉的感觉，如图 3.4 所示。

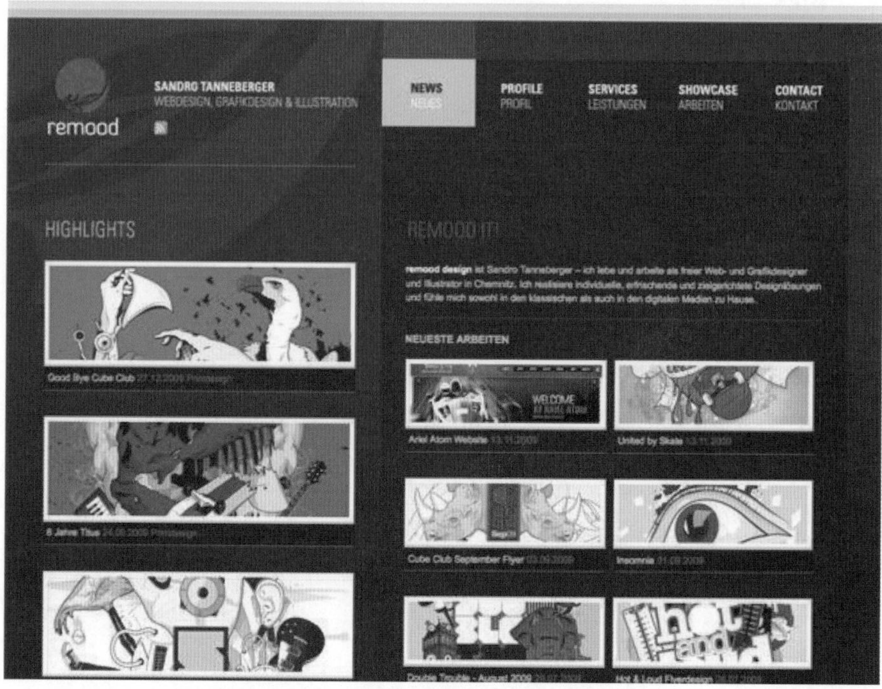

图 3.4　红色和褐色、灰色搭配

➢ 红色和黑色搭配，体现出沉稳、大气，如图 3.5 所示。

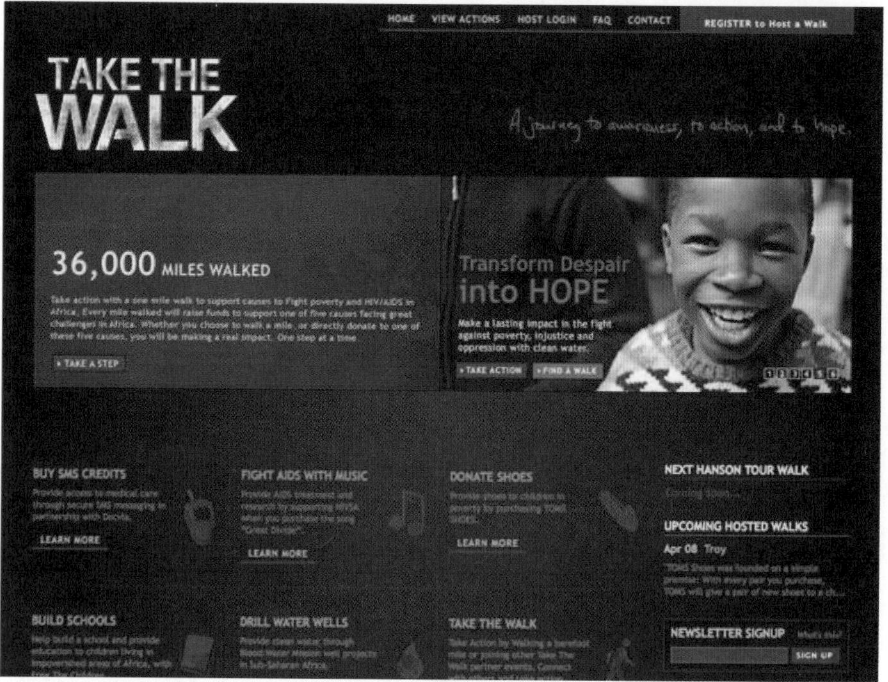

图 3.5　红色和黑色搭配

➢ 红色和黄色搭配，体现出大气和稳重，如图 3.6 所示。

图 3.6　红色和黄色搭配

3.1.2　橙色系配色

橙色是介于红色和黄色的过渡色彩，虽然色相范围狭窄，但是在生活中比较常见，也是网页设计中常用的颜色。橙色接近红色，但是比红色缓和。

1. 橙色的典型特征

➢ 橙色代表火焰、光明、温暖、热情、活泼等。
➢ 饱和度高、亮度高的橙色，给人的感觉是温暖、华丽、甜蜜、喜欢、兴奋、冲动、力量充沛、充满食欲，同时也有暴躁、嫉妒等特征。
➢ 饱和度高、亮度低的橙色，给人的感觉是沉着、安定、古香古色、老朽、悲观、拘谨等。
➢ 饱和度低、亮度高的橙色，给人的感觉是细嫩，柔润、细心、轻巧、慈祥等。
➢ 高亮度、大面积的橙色表现出干涩、荒芜的感觉。
➢ 由于红色过于激烈而黄色过于明亮，橙色也被认为是最佳的警告色。

橙色的 Web 安全色集合如图 3.7 所示。

2. 橙色与其他色彩搭配

➢ 橙色与相似色搭配给人热情、兴奋的感觉，如图 3.8 所示。

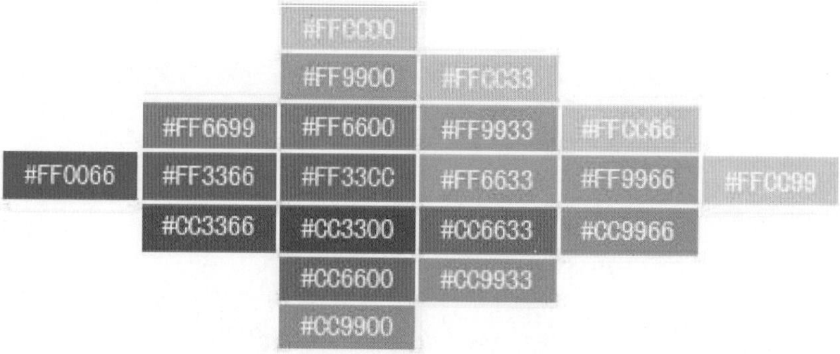

#FFCC00
#FF9900
#FFCC33
#FF6699
#FF6600
#FF9933
#FFCC66
#FF0066
#FF3366
#FF33CC
#FF6633
#FF9966
#FFCC99
#CC3366
#CC3300
#CC6633
#CC9966
#CC6600
#CC9933
#CC9900

图 3.7　橙色的 Web 安全色集合

Dzieciom
ENERGIAPro

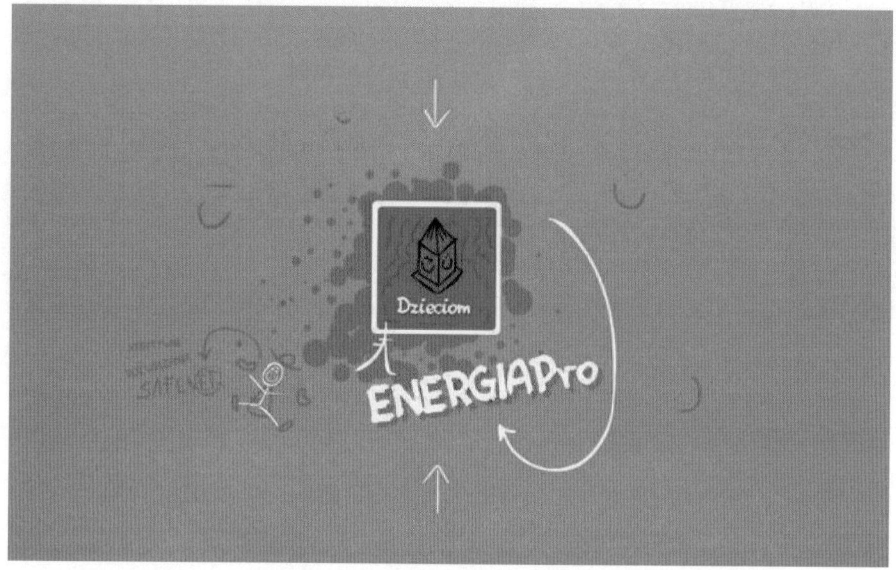

图 3.8　橙色与其相似色搭配

➢　橙色和橘红色搭配给人的感觉是温馨、温暖，如图 3.9 所示。

APEROL
SODA
AMICA
chips
La patata tira
www.amicachips.it
CO-MARKETING CAMPARI: Amica Chips e Aperol Soda

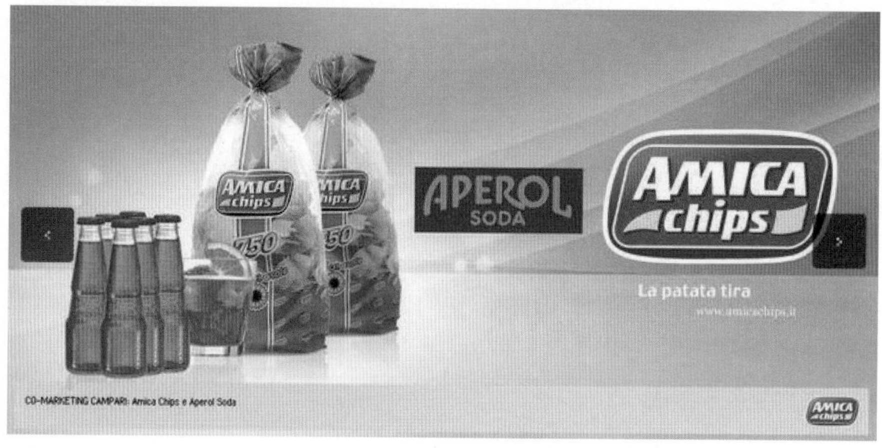

图 3.9　橙色和橘红色搭配

➢ 橙色和红色系搭配给人的感觉是兴奋、欲望，如图 3.10 所示。

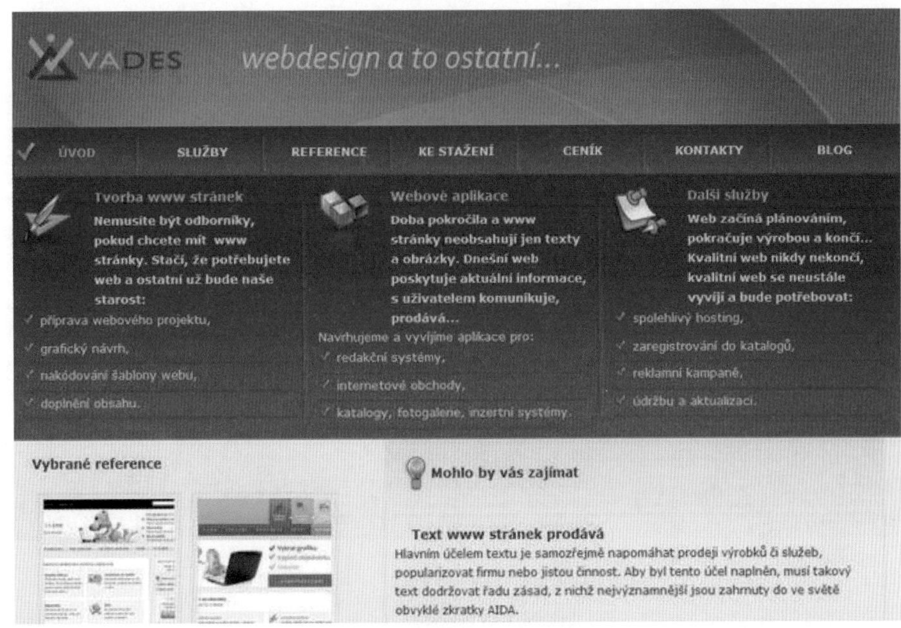

图 3.10 橙色和红色系搭配

➢ 橙色和白、灰色搭配给人的感觉是细心、轻巧，如图 3.11 所示。

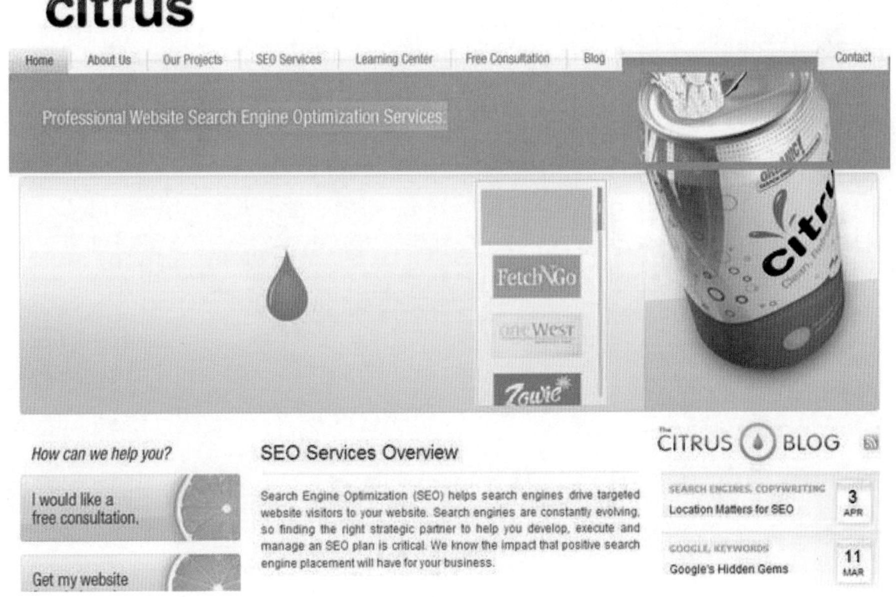

图 3.11 橙色和白、灰色搭配

➢ 橙色和褐色搭配给人的感觉是沉稳、冲动，如图 3.12 所示。

图 3.12　橙色和褐色搭配

➢ 橙色和黑色搭配体现沉稳、欲望，如图 3.13 所示。

图 3.13　橙色和黑色搭配

➢ 橙色和亮色搭配体现热情、活泼，如图 3.14 所示。

图 3.14　橙色和亮色搭配

➢ 橙色和其同色系搭配体现热情、冲动，如图 3.15 所示。

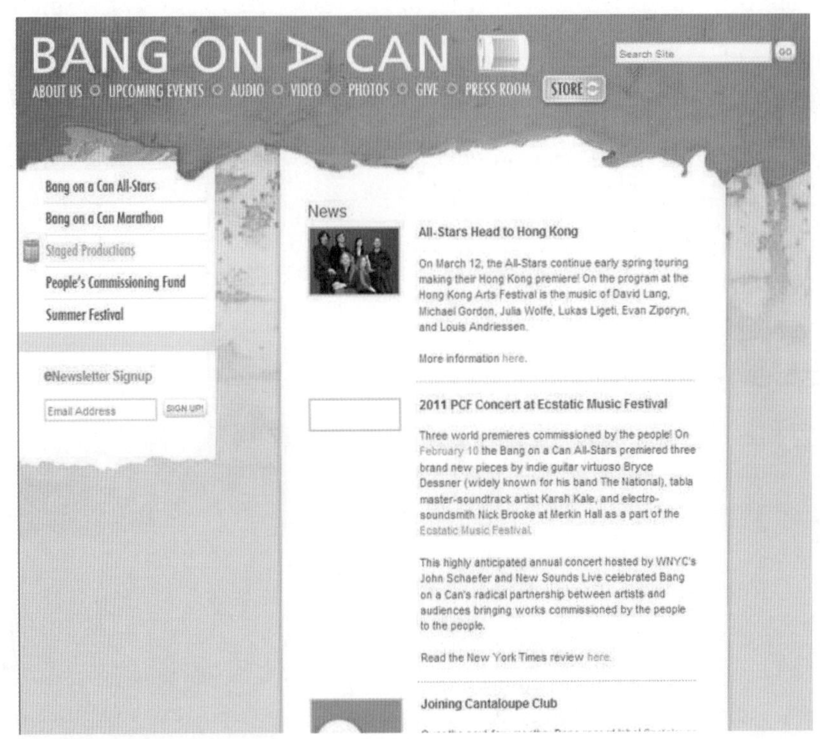

图 3.15　橙色和同色系搭配

3.1.3　黄色系配色

黄色是色相值（H）为 60° 附近的色彩。黄色是明亮感最强的色彩，辨识率很高。黄色的色相值稍偏差一点，人们会察觉出色彩的橙色成分和绿色成分。因此，可供选择的黄色范围比较狭窄。但是在设计中经常使用的黄色，色相值多为 50° ～ 60° ，称为柠檬黄。而色相值为 60° 的正黄，由于其过于刺眼，很少大面积实用。黄色的 Web 安全色集合如图 3.16 所示。

#FFFF00	#FFFF33	#FFFF66	#FFFF99	#FFFFCC
#CCCC00	#CCCC33	#CCCC66	#CCCC99	
#999900	#999933	#999966		
#666600	#666633			
#333300				

图 3.16　黄色的 Web 安全色集合

1. 黄色的特征

- 通常人们感觉阳光是黄色的，因此黄色象征着光明、明亮、阳光、诚挚和正义。
- 饱和度高、亮度高的黄色，给人的感觉是明亮、快乐、直接、自信、富于心计、警惕、猜疑等。
- 饱和度高、亮度低的黄色，给人的感觉是消极、贫穷、粗俗、秘密、绝望等。
- 饱和度低、亮度高的黄色，给人的感觉是幼稚、干燥、没有诚意等。
- 黄色的明亮感最强，因此十分醒目，往往能使人眼前一亮，但长时间观看就会造成视觉疲劳。
- 黄色象征着贵族、皇权、到了现代，可以引申为自信、尊贵、尊严。
- 黄色也会带给人干燥、荒芜的质感。

2. 黄色配色

- 黄色和蓝、红色搭配体现阳光、活泼，如图 3.17 所示。

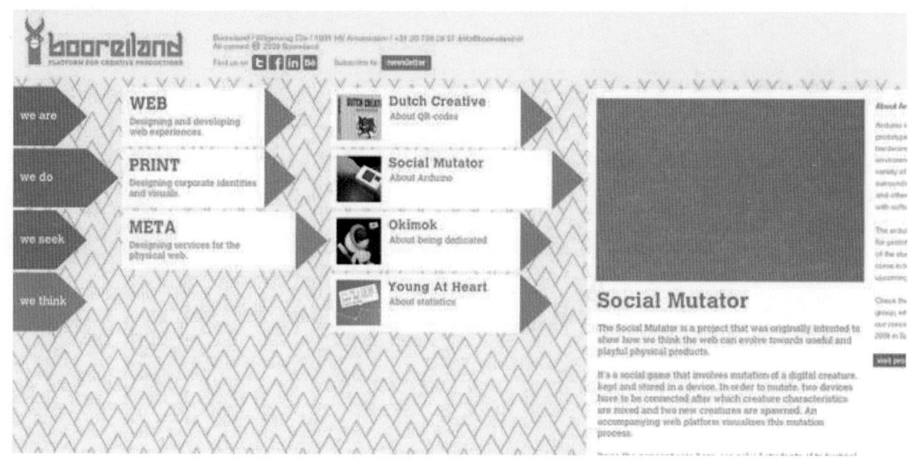

图 3.17　黄色和蓝、红色搭配

➢ 黄色和褐色搭配体现稳重、直接，如图 3.18 所示。

图 3.18　黄色和褐色搭配

➢ 黄色和黑、灰蓝色搭配体现自信、诚挚，如图 3.19 所示。

图 3.19　黄色和黑、灰蓝色搭配

➢ 黄色和白、褐色搭配体现快乐、诚挚，如图 3.20 所示。

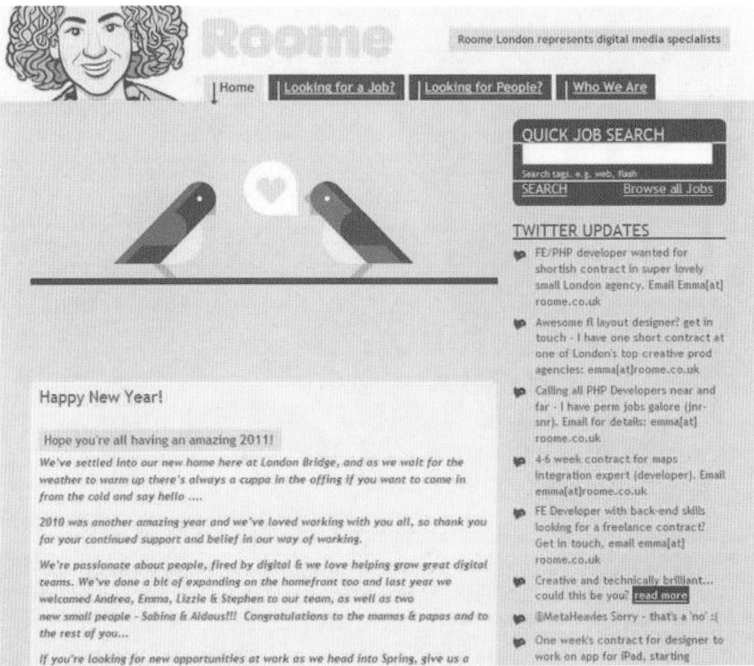

图 3.20　黄色和白、褐色搭配

➢ 黄色和黑、灰色搭配体现直接、消极，如图 3.21 所示。

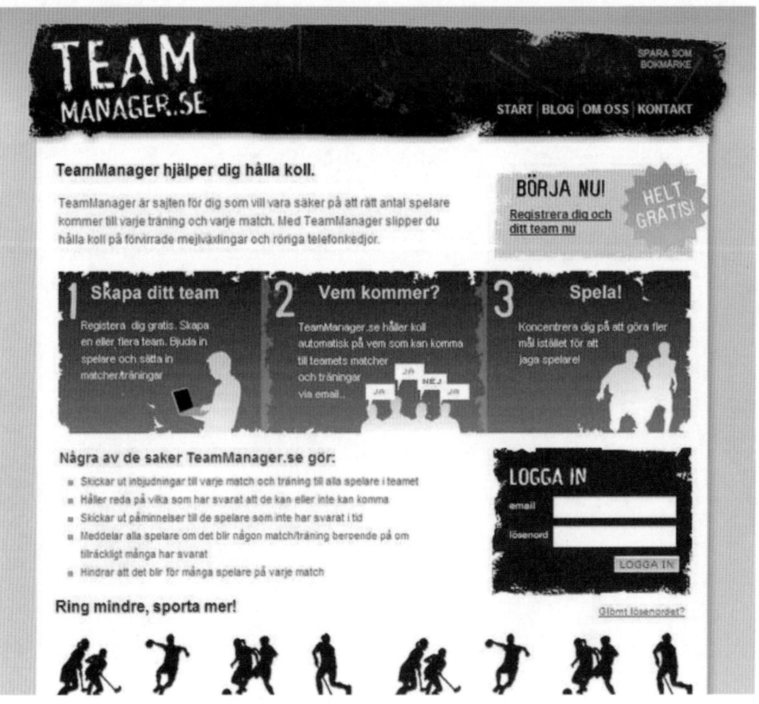

图 3.21　黄色和黑、灰色搭配

➢ 黄色和同色系搭配体现诚挚、自信，如图 3.22 所示。

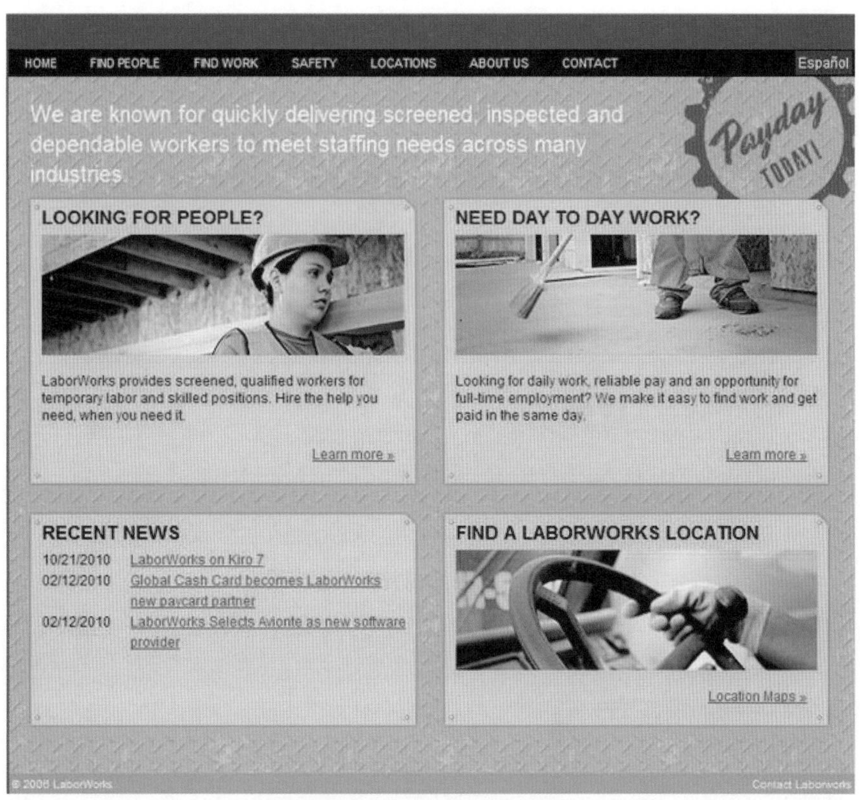

图 3.22　黄色和同色系搭配

➢ 黄色和粉、蓝色搭配体现明亮、个性，如图 3.23 所示。

图 3.23　黄色和粉、蓝色搭配

➢ 黄色和浅黄、蓝色搭配体现明亮、活泼，如图 3.24 所示。

图 3.24　黄色和浅黄、蓝色搭配

3.1.4　绿色系配色

从 RGB 色彩空间来看，可以被认知为绿色的数量比较多。因此，绿色又可分为多种。色相值为 120° 的是正绿色（#00FF00）。色相值越小，色彩感觉越细嫩；色相值越高，色彩感觉越生冷。而绿色作为冷暖色的交界色彩，不同种类给人的感觉也有很大的差别。在这里我们大体将绿色分为黄绿色、正绿色和青绿色。RGB 色彩空间中的正绿色，如果明度较高会特别刺眼，而明度较低又给人以阴森的感觉，因此在网页设计上很少被大面积使用。青绿色由于和青色非常接近，在后面随青色系进行分析。黄绿色是绿色中最适于大面积使用的色彩，本小节引用的例子以该色相为主。

绿色刺激性较小，冷暖适中，是大自然的色彩，给人以安全、舒适的感觉，是网页设计上的常用色彩。但是正如前面所提到的，正绿色不宜在网页中大面积铺用。绿色的 Web 安全色集合如图 3.25 所示。

#00FF00	#00FF33	#00FF66	#00FF99	#00FFCC
#33FF00	#33FF33	#33FF66	#33FF99	#33FFCC
#66FF00	#66FF33	#66FF66	#66FF99	#66FFCC
#99FF00	#99FF33	#99FF66	#99FF99	#99FFCC
#CCFF00	#CCFF33	#CCFF66	#CCFF99	#CCFFCC
#00CC00	#00CC33	#00CC66	#00CC99	
#33CC00	#33CC33	#33CC66	#33CC99	
#66CC00	#66CC33	#66CC66	#66CC99	
#99CC00	#99CC33	#99CC66	#99CC99	
#009900	#009933	#009966		
#339900	#339933	#339966		
#669900	#669933	#669966		
#006600	#006633			
#336600	#336633			
#003300				

图 3.25　绿色的 Web 安全色集合

1. 绿色的特征

➢ 绿色是植物的色彩，给人自然、清新的感觉。

➢ 绿色给人以宁静、舒适的感觉。
➢ 绿色给人以安全、可靠、公平的感觉。
➢ 绿色给人以理智、平和的感觉。
➢ 明度较低的绿色给人以神秘、阴森的感觉。
➢ 明度较高的绿色，看起来刺眼、浮躁。

大面积使用绿色，宜用介于黄绿色和绿色之间，即色相值在 90° 左右的色彩。黄绿色接近黄色，因此明亮感较高，包含黄色的心理感受。这里重点强调它的绿色因素所带来的感觉。

2. 黄绿色的特征

➢ 黄绿色是嫩叶的色彩，因此象征新鲜、新生、春天等。
➢ 黄绿色象征着纯洁、无邪、含蓄。
➢ 黄绿色给人以幼稚、无知、未成熟的感觉。

3. 绿色系配色

➢ 绿色和蓝色搭配体现阳光、活泼，如图 3.26 所示。

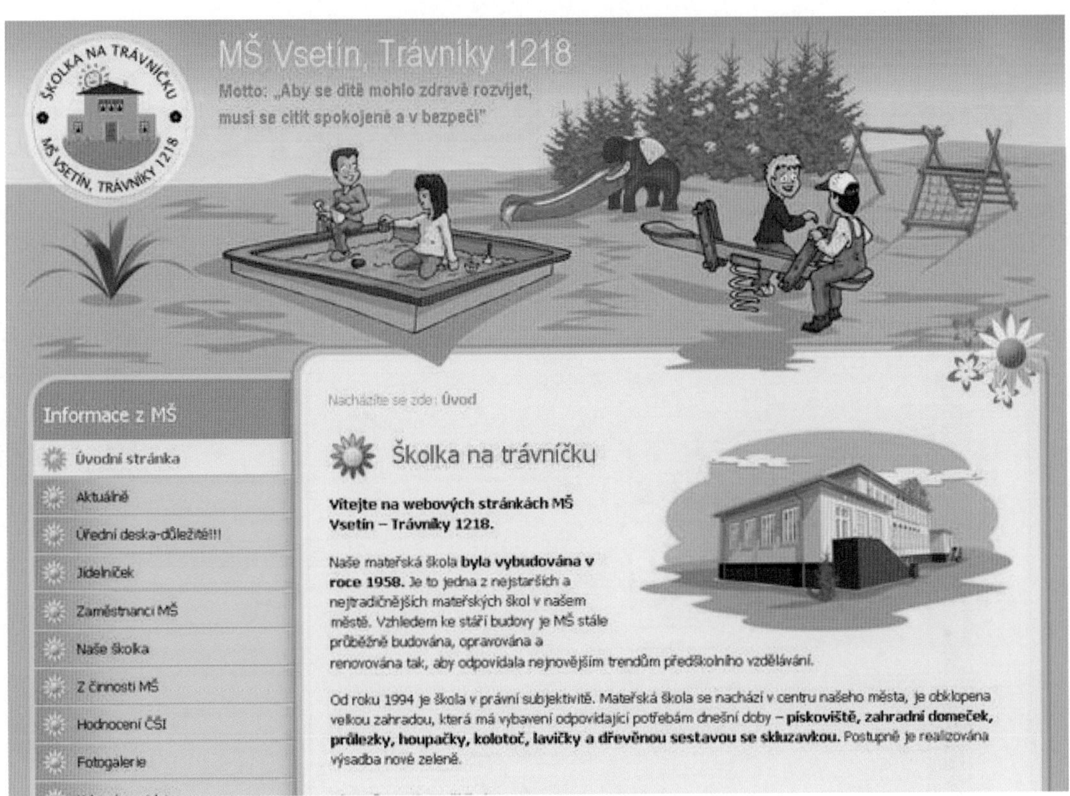

图 3.26　绿色和蓝色搭配

➢ 绿色和同色系搭配体现新生、可靠，如图 3.27 所示。

图 3.27　绿色和同色系搭配

➢ 绿色和黄、深绿色搭配体现青春、风趣，如图 3.28 所示。

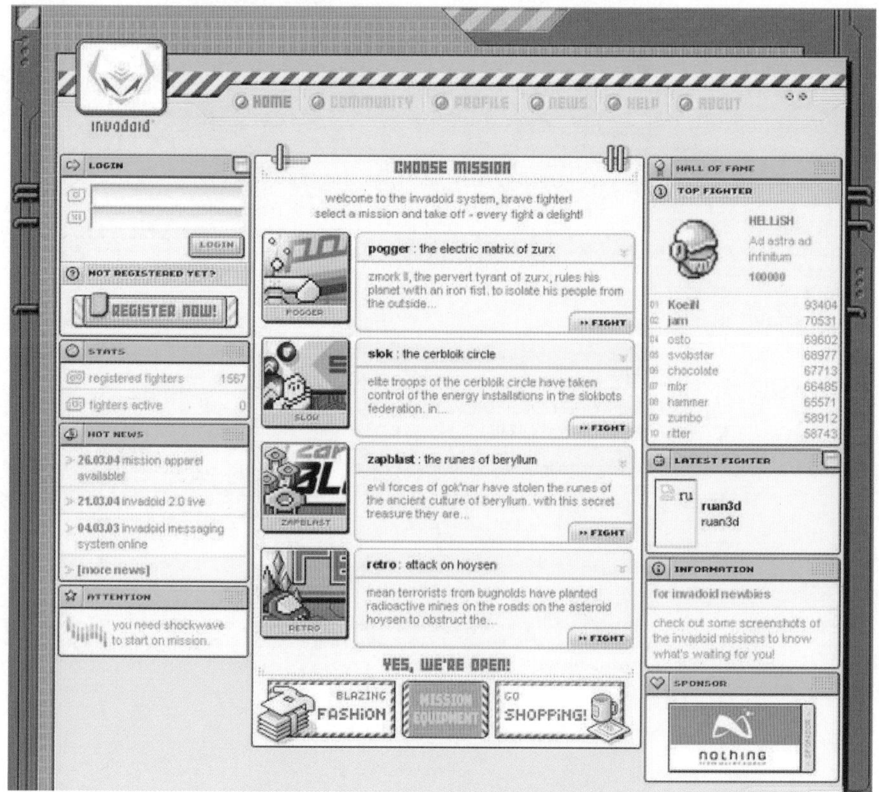

图 3.28　绿色和黄、深绿色搭配

3.1.5 青色系配色

青色是绿色和蓝色加色混合而成的间色。由于绿色和蓝色识别范围宽泛，因此青色系的范围显得比较狭窄，在 216 色中，只有色相值为 180° 的色彩能让人识别为青色。

青色是中性偏冷的色彩，色彩感情消极的一面稍多，使用不好容易使浏览者心情沮丧。青色的 Web 安全色集合如图 3.29 所示。

#00FFFF	#00CCCC	#009999	#006666	#003333
#33FFFF	#33CCCC	#339999	#336666	
#66FFFF	#66CCCC	#669999		
#99FFFF	#99CCCC			
#CCFFFF				

图 3.29 青色的 Web 安全色集合

1. 青色特征

- 饱和度高、亮度高的青色给人以刺眼、酸涩、嫉妒的感觉。
- 饱和度低、亮度高的青色给人以淡漠、高洁、秀气的感觉。
- 饱和度高、亮度低的青色给人以顽强、冷硬、阴森、庄严的感觉。
- 饱和度低、亮度低的青色给人以灰心、衰退的感觉。

2. 青色系配色

- 青色和相似色搭配体现高洁、正式，如图 3.30 所示。

图 3.30 青色和相似色搭配

➢ 青色和绿色搭配体现平静、庄严，如图 3.31 所示。

图 3.31　青色和绿色搭配

➢ 青色和黄色搭配体现秀气、淡漠，如图 3.32 所示。

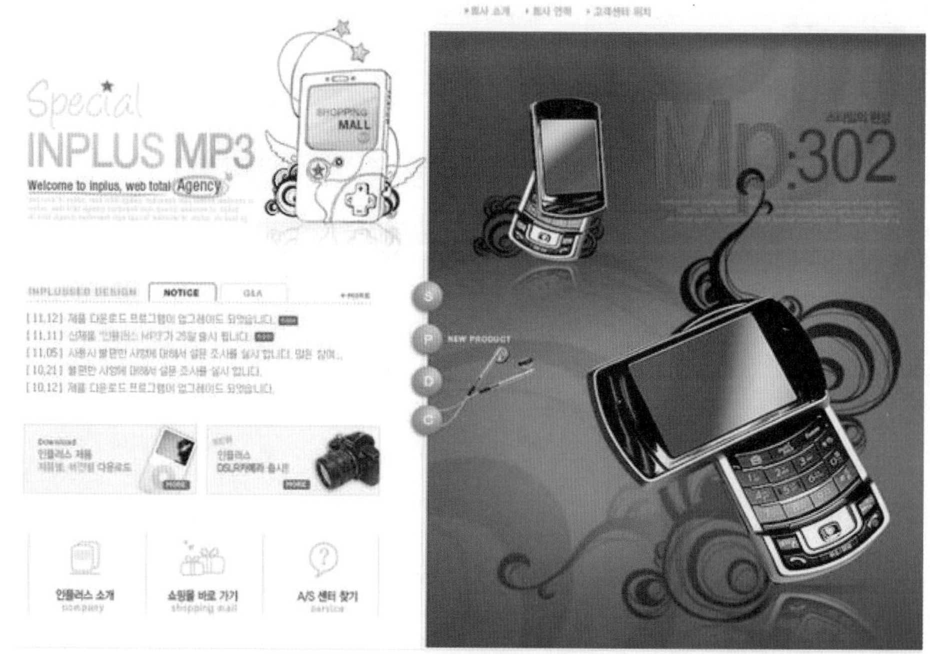

图 3.32　青色和黄色搭配

➢ 青色和同色系搭配体现秀气、平静，如图 3.33 所示。

图 3.33 青色和同系色搭配

➢ 青色和黄色、绿色搭配体现庄严、淡漠，如图 3.34 所示。

图 3.34 青色和黄色、绿色搭配

➢ 青色和红色搭配体现庄严、顽强，如图 3.35 所示。

图 3.35　青色和红色搭配

➢ 青色和紫、黄色搭配体现淡漠、活泼，如图 3.36 所示。

图 3.36　青色和紫、黄色搭配

➢ 青色和橙、绿色搭配体现秀气、活泼，如图 3.37 所示。

图 3.37　青色和橙、绿色搭配

3.1.6　蓝色系配色

蓝色是天空、大海的颜色，人们对蓝色的印象深刻，感情深厚，因此蓝色在 RGB 空间中有着宽广的识别范围，在网页设计中是最流行的色彩。一般将蓝色的色相范围定在 190° ~ 270° 。由青蓝色经正蓝色过渡到紫蓝色。正蓝色的色相值为 240° 。

蓝色是偏冷的色彩，稍有强烈的刺激，多数时候给人以良好的感觉。综合以上性质，蓝色往往给人以专业、科技的感觉。因此，蓝色被普遍应用到企业网站和专业网站当中。蓝色的 Web 安全色集合如图 3.38 所示。

		#99CCFF					
	#6699FF	#66CCFF	#00CCFF				
	#6699CC	#33CCFF	#0099FF	#0099CC			
	#3399CC	#3399FF	#0066FF	#0066CC	#006699		
#336699	#3366CC	#3366FF	#CC33FF	#0033CC	#003399	#003366	
#330099	#3300CC	#3300FF	#0000FF	#0000CC	#000099	#000066	#000033
	#6633CC	#6600FF	#3333FF	#3333CC	#333399	#333366	
		#6633FF	#6666FF	#6666CC	#666699		
		#9966FF	#9999FF	#9999CC			
			#CCCCFF				

图 3.38　蓝色的 Web 安全色集合

1. 蓝色特征

➢ 饱和度高、亮度高的蓝色给人以遥远、寒冷、无限、永恒的感觉。

➢ 饱和度低、亮度高的蓝色给人以清淡、高雅、轻柔、聪慧的感觉。

➢ 饱和度高、亮度低的蓝色给人以奥秘、沉重、悲观、世故、幽深的感觉。

2. 蓝色系配色

➢ 蓝色和绿色搭配体现高雅、聪慧，如图 3.39 所示。

图 3.39　蓝色和绿色搭配

➢ 蓝色和黑、玫红色搭配体现轻柔、聪慧，如图 3.40 所示。

图 3.40　蓝色和黑、玫红色搭配

➢ 蓝色和紫、绿色搭配体现广阔、聪慧，如图 3.41 所示。

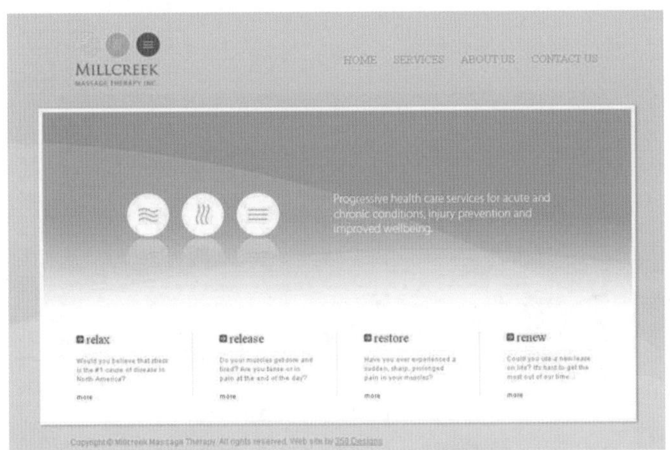

图 3.41　蓝色和紫、绿色搭配

➢ 蓝色和相似色搭配体现专业、稳重，如图 3.42 所示。

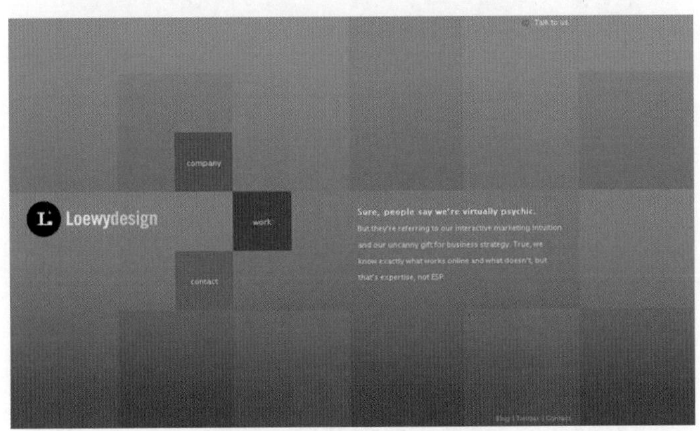

图 3.42　蓝色和相似色搭配

➢ 蓝色和橙、黄色搭配体现活泼、希望，如图 3.43 所示。

图 3.43　蓝色和橙、黄色搭配

➢ 蓝色和红、褐色搭配体现幽深、深奥，如图 3.44 所示。

图 3.44　蓝色和红、褐色搭配

➢ 蓝色和蓝、绿色搭配体现稳重、专注，如图 3.45 所示。

图 3.45　蓝色和蓝、绿色搭配

➢ 蓝色和淡黄、深蓝色搭配体现聪慧、专业，如图 3.46 所示。

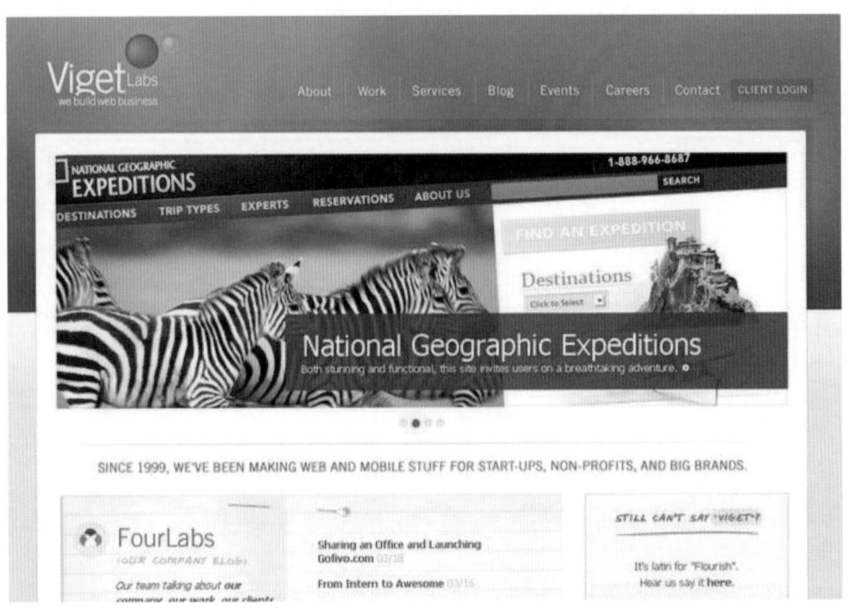

图 3.46　蓝色和淡黄、深蓝色搭配

3.1.7　紫色系配色

紫色处于蓝色相和红色相之间。我们可以根据感觉、经验，将这段色相范围再分为两类，离蓝近的称为蓝紫色，离红近的称为品红色。正紫色的色相值是 300°，即品红色的色相。

1. 蓝紫色特征

蓝紫色是最消极的色相，凸显忧郁和不安的心理感受，而且富有神秘感。然而蓝紫色深受女性青睐，因此很多以女性为目标用户的网站用该色较多。紫色的 Web 安全色集合如图 3.47 所示。

#CC99FF	#CC99CC		#330066				
#CC66FF	#CC66CC	#CC6699	#330033	#663366	#663366		
#CC33FF	#CC33CC	#CC3399	#660033	#660066	#660099	#6600CC	
#CC00FF	#CC00CC	#CC0099	#CC0066	#990066	#990099	#9900CC	#9900FF
#FF00FF	#FF00CC	#FF0099		#993366	#993399	#9933CC	#9933FF
#FF33FF	#FF33CC	#FF3399			#996699	#9966CC	
#FF66FF	#FF66CC						
#FF99FF	#FF99CC						
#FFCCFF							

图 3.47　紫色的 Web 安全色集合

- 蓝紫色忧郁、神秘、同时高贵、庄严，在我国还意味着富贵和吉祥。
- 饱和度较高、亮度较高的蓝紫色，给人的感觉是夜间活动、梦幻、优雅、高贵、娇媚、温柔、昂贵、傲慢、魅力等。
- 饱和度较高，亮度较低的蓝紫色，给人的感觉是虚伪、渴望、失去信心等。
- 饱和度低、亮度较高的蓝紫色，给人的感觉是女性化、清雅、含蓄、清秀、娇气、羞涩等。
- 饱和度低、亮度较低的蓝紫色，给人的感觉是腐朽、厌弃、衰老、回忆、忏悔、矛盾、枯萎等。

2. 品红色特征

品红色是冷暖交替的色相，色彩感较为积极，又较红色含蓄，有着特别的表现力。品红色和红色接近，故常被设计师忽略。

- 品红色浪漫、华贵的感觉十分突出。
- 饱和度较高、亮度较高的品红色，给人的感觉是温暖、浪漫、娇艳、华贵、富丽堂皇、甜蜜、大胆、享受等。
- 饱和度较高、亮度较低的品红色，给人的感觉是野性、有毒、祸灾、自私等。
- 饱和度较低、亮度较高的品红色，给人的感觉是温雅、秀气、细嫩、柔情、美丽、美梦、甜美等。
- 饱和度较低、亮度较低的品红色，给人的感觉是灰心、嫉妒、堕落、不新鲜、忧虑等。

3. 紫色系配色

- 紫色和同色系搭配体现高雅、魅力，如图 3.48 所示。

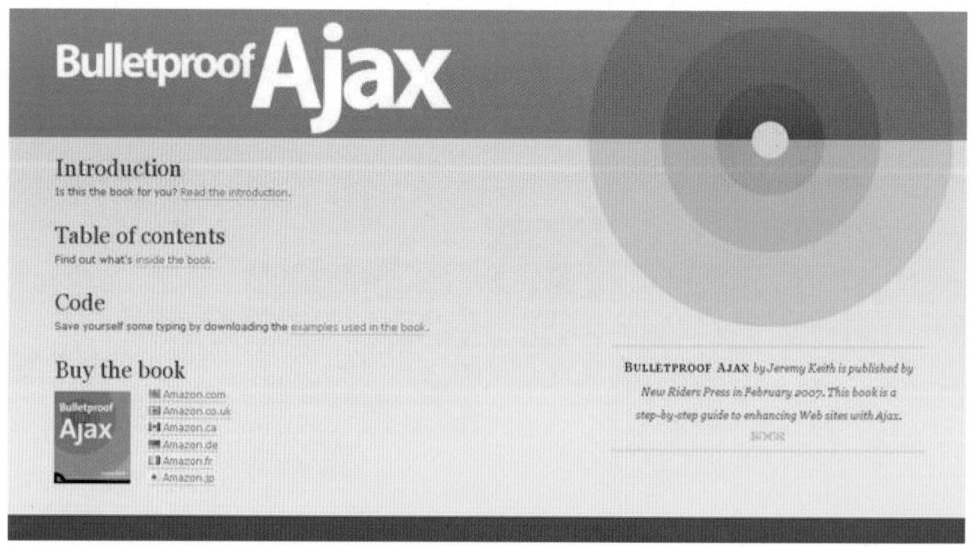

图 3.48　紫色和同色系搭配

- 紫色和红色搭配体现庄严、清雅，如图 3.49 所示。

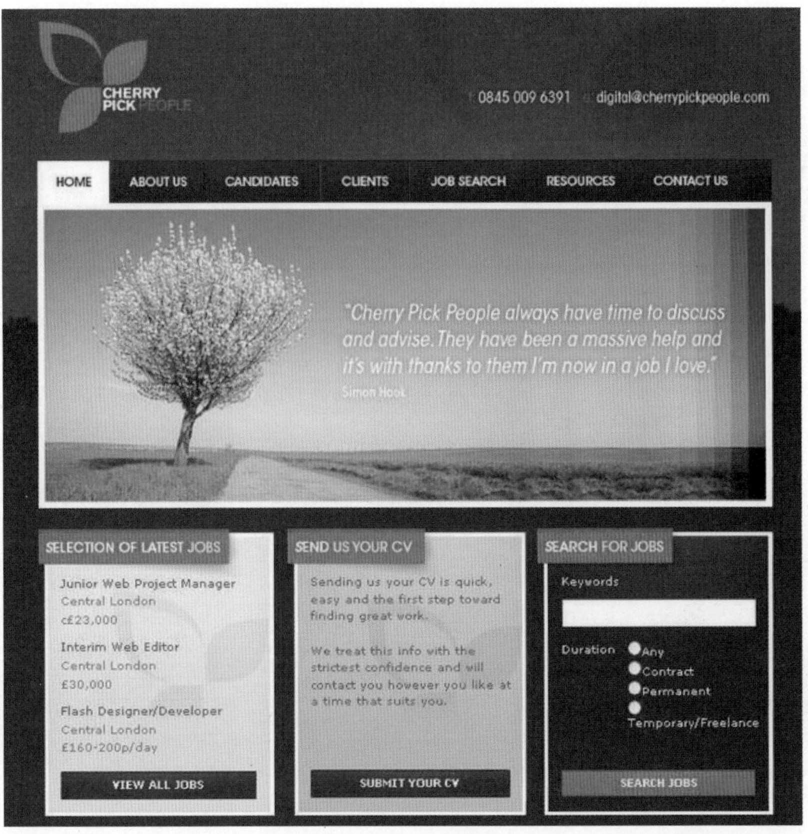

图 3.49　紫色和红色搭配

➢ 紫色和褐色搭配体现含蓄、优雅，如图 3.50 所示。

图 3.50　紫色和褐色搭配

➢ 紫色和红、蓝色搭配体现魅力、梦幻，如图 3.51 所示。

图 3.51　紫色和红、蓝色搭配

➢ 紫色和粉色搭配体现细嫩、清雅，如图 3.52 所示。

图 3.52　紫色和粉色搭配

➢ 紫色和紫红色搭配体现女性化、含蓄，如图 3.53 所示。

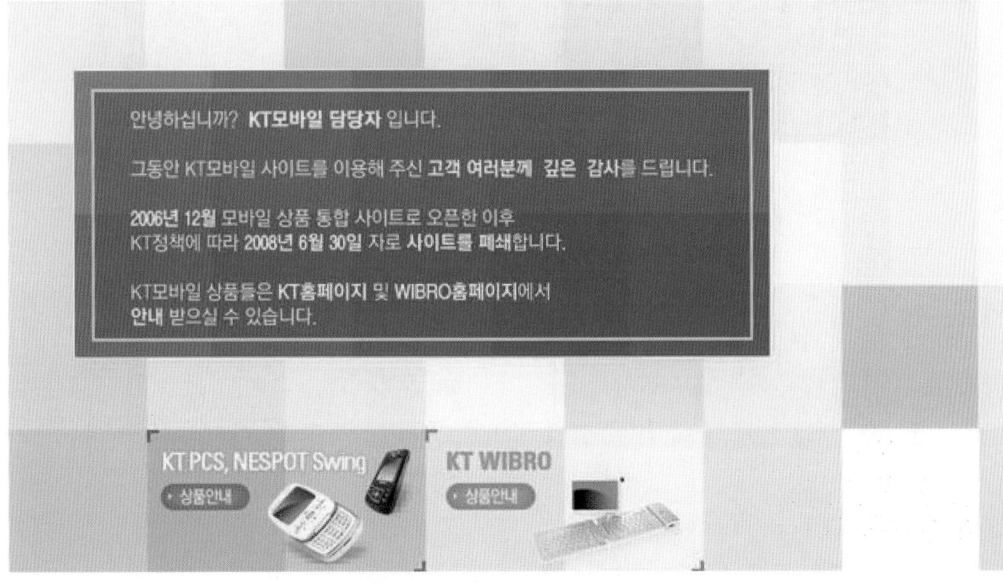

图 3.53 紫色和紫红色搭配

➢ 紫色和红、黄、蓝色搭配体现华贵、温雅，如图 3.54 所示。

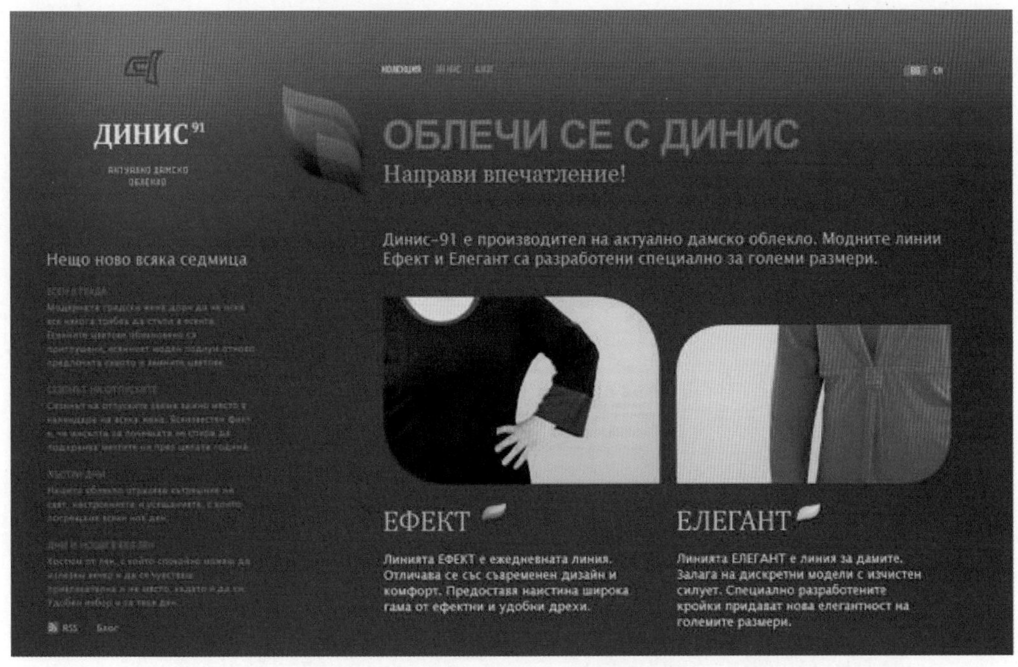

图 3.54 紫色和红、黄、蓝色搭配

➢ 紫色和白色搭配体现热情、聪慧，如图 3.55 所示。

图 3.55　紫色和白色搭配

3.1.8　黑色系配色

黑色是全色相，即饱和度和亮度均为 0 的无彩色。大面积使用黑色比较消极，却能较好地衬托其他色彩。黑色给人的感觉是深夜、死亡、罪恶、恐怖、沉默、绝望、悲哀、严肃、刚正、坚毅、鲁莽等。

较暗色是指亮度极暗、接近黑的色彩。这类色彩的属性几乎脱离色相，接近黑色，却比黑色富有表现力。因此，如果能把握好色相，设计师应尽可能地用较暗色取代黑色，如图 3.56 和图 3.57 所示。

图 3.56　黑色系配色

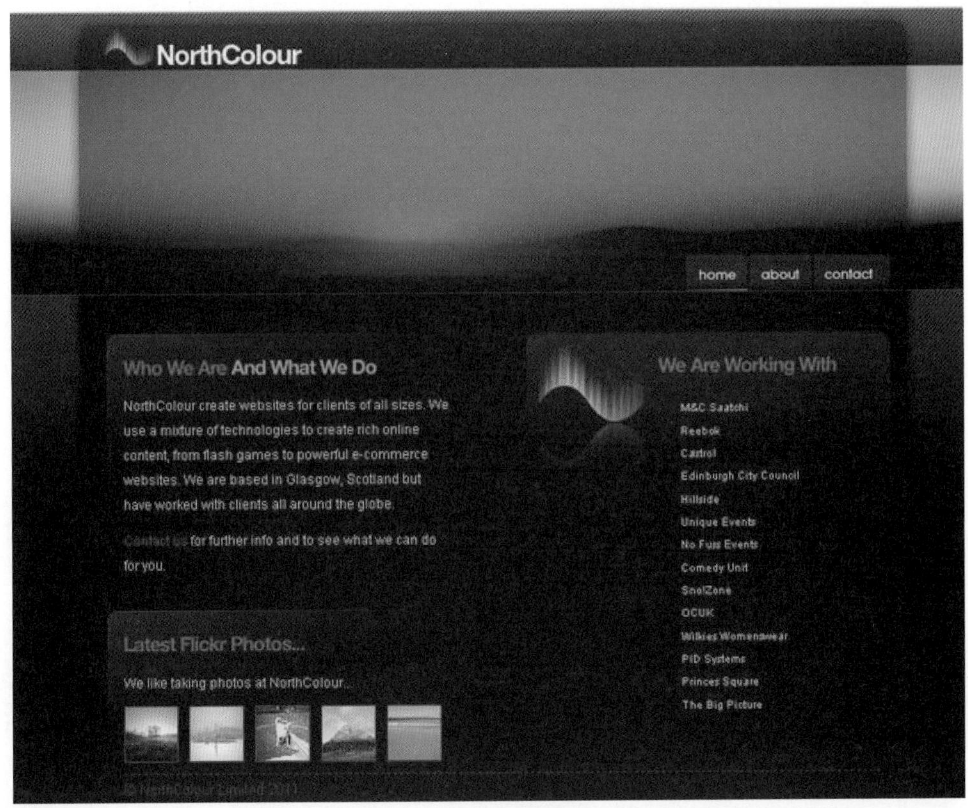

图 3.57　暗色配色

 3.1.9　白色系配色

白色物理亮度最高，但是给人的感觉却偏冷。作为生活中纸和墙的色彩，白色是最常用的网页背景色，在白色的衬托下，大多数色彩都能取得良好的表现效果。白色给人的感觉是洁白、明快、纯粹、客观、真理、纯朴、神圣、正义、光明、失败等。设计时也应该注意以下几点。

- 白色有一定的导致疲劳的作用，作为文字背景未必是最佳色彩。
- 白色过于客观和惨淡，极少表现力，很难对网站主题加以烘托。
- 白色是大多数浏览器和设计工具的默认背景，这是导致白色背景泛滥的主要原因。因此，“勤快”的设计师应该酌情避免。
- 带有色相属性的较亮色是白色的最佳替代色彩。

白色系配色越简单表达越清晰，因此这样的页面是最具风格化的，如图 3.58 至图 3.60 所示。

图 3.58　白色系（1）

图 3.59　白色系（2）

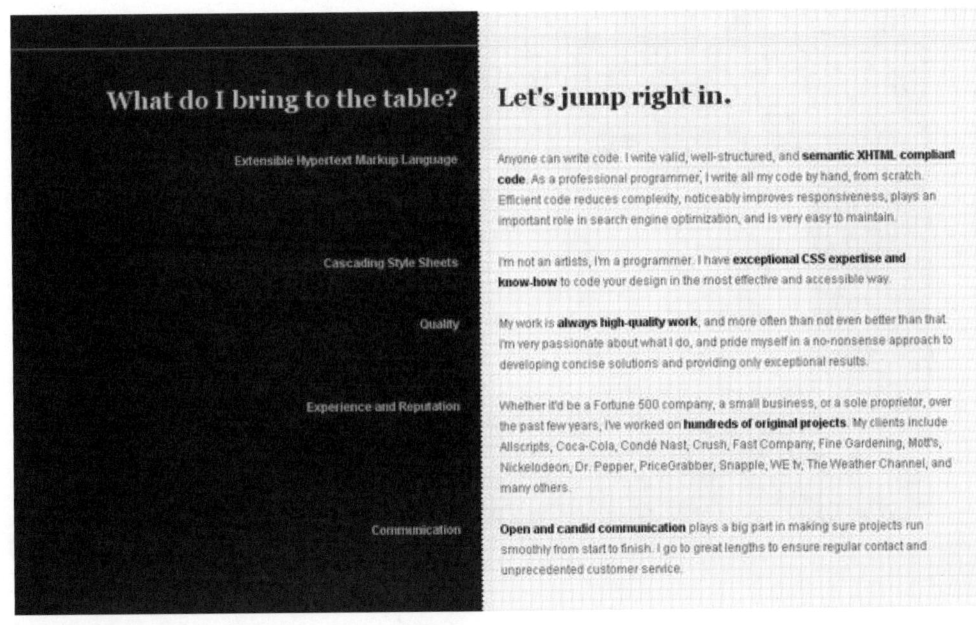

图 3.60　白色系（3）

3.2　网站风格与配色

如果只是画面美观、整洁，有着特定的色调，并不能让网站在众多的网站之中脱颖而出。设计网站需要有独特的风格与韵味。

网页的风格不只是依靠图片、色彩和框架结构的创新，还包括视觉元素的协调统一、保持一致性的识别体系等。接下来将分类讲解各种常见网站风格的配色特点，以方便初学者借鉴与查询。

3.2.1　简约、质朴的配色

简约、质朴的网站没有繁复冗余的元素和色彩，给人一种稳重、干练的感觉，通常以白色或者其他浅色为背景，以有效地分散视野，从而突出主体，如图 3.61 所示。

3.2.2　尊贵、华丽的配色

如果希望推广的产品看起来贵重、高档，可以使用尊贵、华丽的配色。这类网站往往追求震撼的视觉效果，如房地产、珠宝饰品、化妆品、时尚服饰等网页比较适合使用这种风格。繁复的底纹、别致的花边、金碧辉煌的视觉效果往往在此类网站中可以见到。黄色常常让人联想到黄金，所以它是奢华类网站的常用颜色，如图 3.62 所示。

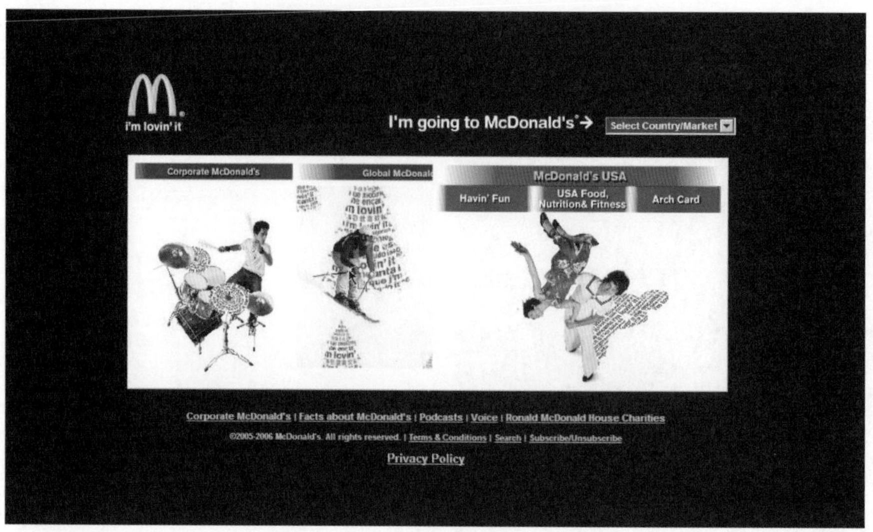

图 3.61　简约的网页设计

图 3.62　尊贵的网页设计

3.2.3　男性化配色

针对男性的色彩，较多使用的是冷色和深沉的颜色，它具有稳定和含蓄的特点。黑色可以表现出男性的刚强，蓝色给人以冷酷、干净的印象。如果想要突出男性的温柔，可以用小局部的暖色来强调，并和冷色形成呼应，如图 3.63 所示。

3.2.4 女性化配色

女性网站在设计的时候要贴近女性的心理，单纯的红色热情洋溢，开朗大方，搭配高明度的柔和暖色系就能自然表现出女性的特点，尤其是高明度的粉红色，如图 3.64 所示。

图 3.63 男性化配色

图 3.64 女性化配色

3.2.5 自然风格配色

自然类型的网站，常常有着明亮、朴素、柔和的色调，给人以强烈的大自然印象。蓝色、绿色都是大自然的象征，这样的色彩很容易表现出自然界的美，同时也能给人以平静、安详的感觉，如图 3.65 所示。

图 3.65 自然风格配色

3.2.6 时尚风格配色

时尚的都市造型更多地传达出冷峻的金属感，而非温暖感。如果用蓝颜色来具体表现这种感觉，明亮的都市造型可以通过在蓝色系里添加红色的低亮度色来表现，暗淡的都市造型可以用低彩度的着色来表现，如图 3.66 所示。

图 3.66 时尚风格配色

3.2.7 生动活泼的配色

产品促销活动网站、儿童网站等气氛热烈或朝气蓬勃的网站，大都采用生动活泼的配色，营造出的是活泼、热闹、欢快的气氛。这类网站的特点通常是使用强烈的对比补色或者高彩度颜色表现出生气勃勃的感觉，用明亮、原色系的色彩配色，可以形成一种独特的风格，如图 3.67 所示。

3.2.8 成熟稳重的配色

代表成熟风格的配色一般由暗淡系列的颜色构成。暗淡且没有明度差的配色较容易描绘出成熟的感觉。低彩度的红色和紫色则能营造出优雅的氛围。同时，褐色系列的颜色显得自然，也能体现出成熟的感觉，如图 3.68 所示。

图 3.67　生动活泼的配色

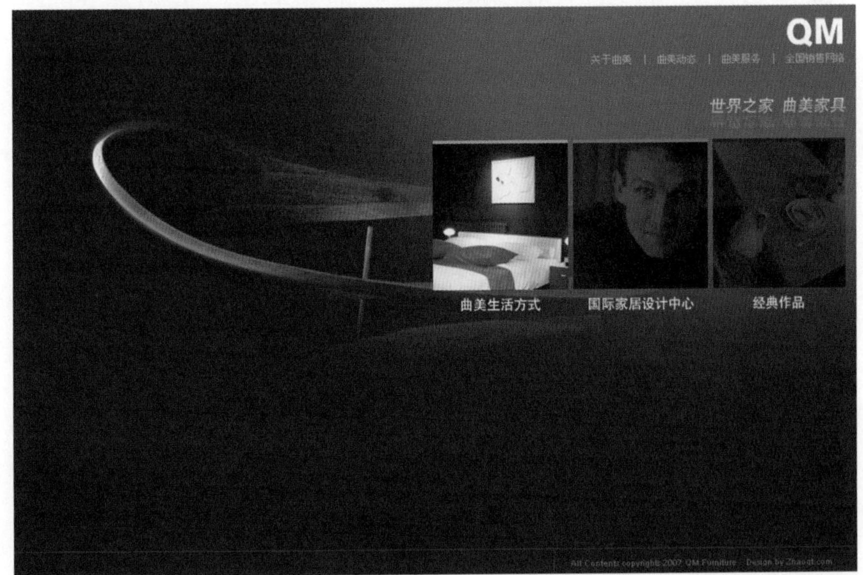

图 3.68　成熟稳重的配色

3.3　根据行业选择配色方案

每个行业都有其合适的代表性颜色，如看到医院就自然的想到白色和蓝色，看到邮局就联想到绿色，看到女性化妆品就马上联想到粉红色和紫色等柔美的颜色……我们也可以将这些颜色移植到网页上，以便更快地建立品牌形象。表 3-1 所示为各色系及其代表行业。

表 3-1　各色系及其代表行业

色系	代表行业
红色系	餐饮行业、服装百货、服务行业、宗教、数码家电、化妆品
橙色系	娱乐行业、餐饮行业、建筑行业、服装百货、工作室等
黄色系	儿童、餐饮行业、房产家居、楼盘、饮食营养、工作室、农业
绿色系	教育培训、水果蔬菜、工业设计、印刷出版、交通旅游、医疗保健、环境保护、音乐、园林、农业
蓝色系	教育培训、公司企业、进出口贸易、航空、冷饮、旅游、航海、工业化工、新闻媒体、生物科技、财经证券
紫色系	女性用品、化妆品、美容保养、爱情婚姻、社区论坛、奢侈品
粉红色系	女性用品、化妆品、美容保养、爱情婚姻
棕色系	电子杂志、博客日记、建筑装潢、工业设计、企业顾问、宠物玩具、运输交通、律师
黑色系	宇宙探索、电影动画、艺术、时尚、赛车跑车、摄影
白色系	财经证券、金融保险、银行、电子机械、医疗保健、电子商务、公司企业、自然科学、生物科技

3.4 网页中色彩的应用

不同特性的颜色在页面中所占的比例不同，页面最终呈现出的感觉也有很大差别，合理掌握页面的色彩层次将会提高页面配色的有效性和艺术性。

3.4.1 网页中的色彩比例

网站页面中的颜色可大致分为：①主要颜色，也称为主色调，可以清楚地表现网页内容性质，是支配整个画面效果的主导性颜色，面积通常较大；②辅助色，协助主要颜色，以丰富画面效果的颜色；③强调色，也称重点色，用于强调配色的重点，通常只占较小的面积。

网页配色最忌讳的就是在页面中漫无目的地堆砌多种颜色，并把每种颜色都做得一样大，页面整体看起来像一只调色盘一样。正常状况下建议一张页面最好不要使用三种以上的颜色。这里我们将要探究一下不同颜色的比列关系。

图 3.69 是一外国网站的截图，这个网站用的色彩不多：白、黑、橙三种颜色。我们从原图中抽象出后面的色彩分布图，便于更直观地查看各种颜色的分布，如图 3.70 所示。

图 3.69　网页中的色彩比例（1）

图 3.70　网页中的色彩比例（2）

从色彩分布图上可以清晰地看出页面的白色最多，黑色其次，橙红色最少；各种颜色的比例目测大致为白色 70%，黑色 22%，橙红色 8%，如图 3.71 所示。但是大家有没有发现，最醒目的不是黑白色，而是橙红色。这证明了：色彩少反而容易吸引注意力。另外也因为黑白色都是无彩色，所以橙红色就会显得更加鲜艳。

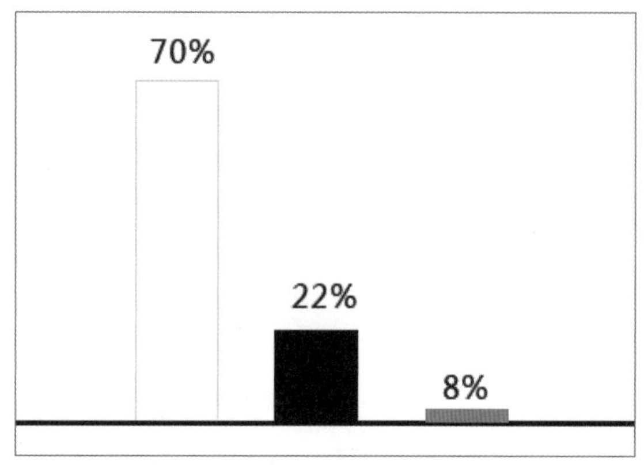

图 3.71　网页中的色彩比例（3）

由此我们得出：红色、橙色、黄色等色彩会给人带来极强的视觉刺激感，适合作为重点小面积使用，用于强调页面中的视觉重点；如果大面积使用，会给浏览者的视觉造成过度的刺激（如果正想表现出这种效果，就另当别论）。

图 3.72 同样是一款比较常见的页面截图，比较具有代表性。后面的颜色分布图直观地列出了每种颜色的具体使用情况，如图 3.73 所示。各种颜色的比例目测大致为白色 + 浅灰色 45%，黑色 + 深蓝色 35%，蓝色 10%，红色 8%，黄色 2%。图 3.74 为目测色彩分布比例图。

图 3.72　网页中的色彩比例（4）

图 3.73　网页中的色彩比例（5）

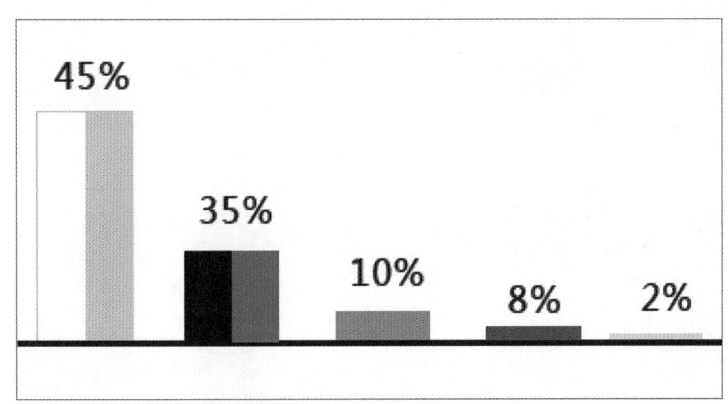

图 3.74　网页中的色彩比例（6）

从分析图可以看到，页面中的黑、白、灰、深蓝色等亚光暗淡的颜色占据了页面的大部分面积，而蓝色、红色、黄色等纯度相对较高的颜色只占了很小的一部分。这是因为低彩度颜色的色感不明显。如果将几个不同颜色的纯度降低，或者将明度提高，就意味着色彩中的黑色或白色在不断增加，即不同颜色的共性在不断提升，所以看起来会比纯色搭配在一起更加协调。

很多外国的成功网站非常乐于使用这种降低纯度或提高明度的方式来协调和过渡对比色，力求使页面色调看起来更协调舒适。

3.4.2　色彩的层次

色彩的层次是指将图像去色之后，有没有表现出从黑到灰到白的存在比例。如果画面中的黑色比较多，那么整体效果就会显得沉重；如果白色很多，就会显得苍白；如果灰色比较多，那么整个画面就会显得很脏。

图 3.75 和图 3.76 是一张页面的原始效果图和去色后的效果图。可以清楚地看到，去色后我们依然能很清晰地分辨出每个元素的面貌，黑白灰的层次非常明显，页面效果的空间感也很好。

图 3.75　色彩的层次（1）

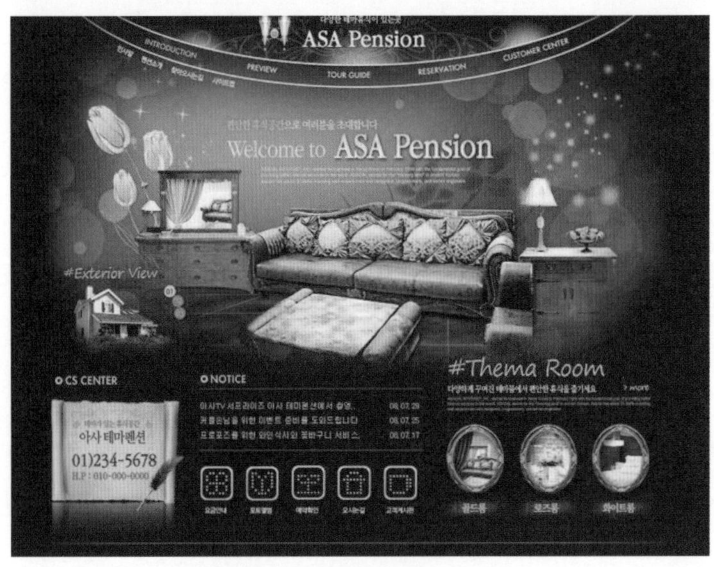

图 3.76　色彩的层次（2）

我们都知道，颜色纯度越高，明度越高，就会显得越活泼，给人一种前进的感觉。反之，纯度越低，明度越低，就会给人感觉越沉静，感觉往后退。有效利用这一点即可构建出良好的层次感。

实战案例

实战案例 1——调整钻石网站

需求描述

调整前的网页设计方案主要存在以下问题。

- 违背网页设计中色彩的整体性原则——需要遵循同一个色系内的搭配。页面主色为暗红色，而页面内容有绿色、蓝色、黄色、紫色等多种色相，整体极不协调。页面色彩不能相互衬托，不能共同组合成有节奏、有韵律、和谐统一的色彩关系。
- 网页色彩不能起到引导主次关系的作用。网页设计色彩和布局是为突出网站主题服务的，这个钻石网站是以展示产品为目的的。而网站页面首先映入眼帘的是颜色花哨的导航等次要性元素，公司产品反而得不到突出。那么，这个网站就起不到它的宣传作用。

所以我们要根据内容来调整表达内容的表现形式，即页面上各部分的色相和色彩面积，使它们按照正确的顺序表达主题。

素材准备

素材如图 3.77 所示。

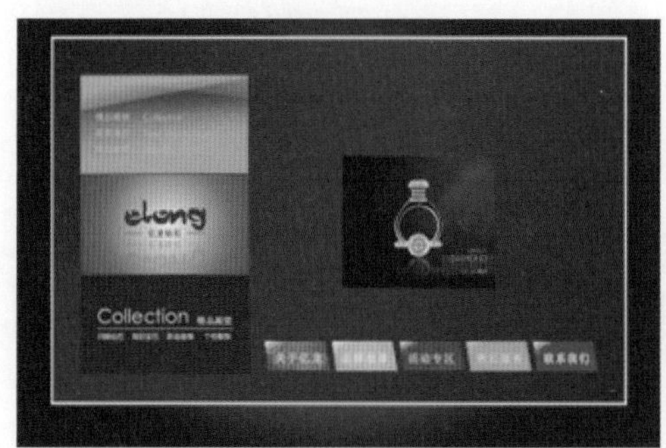

素材 1.psd

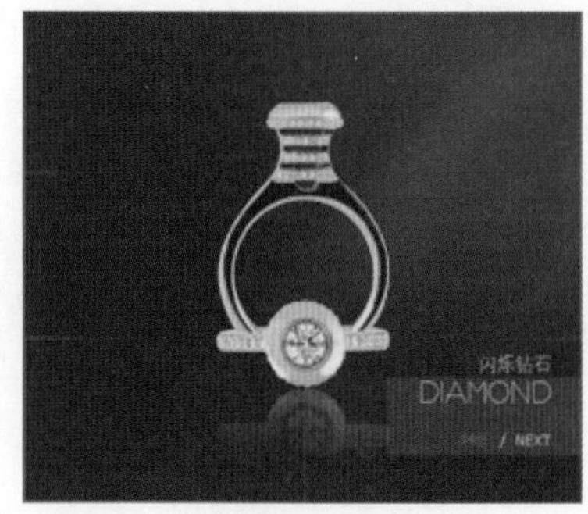

素材 2.psd

图 3.77　案例素材图

完成效果

完成效果如图 3.78 所示。

技能要点

- 学会运用网页设计中色彩的整体性原则对不良网页方案进行调整。

➢ 学会运用网页设计中色彩的引导主次作用对不良网页方案进行调整。

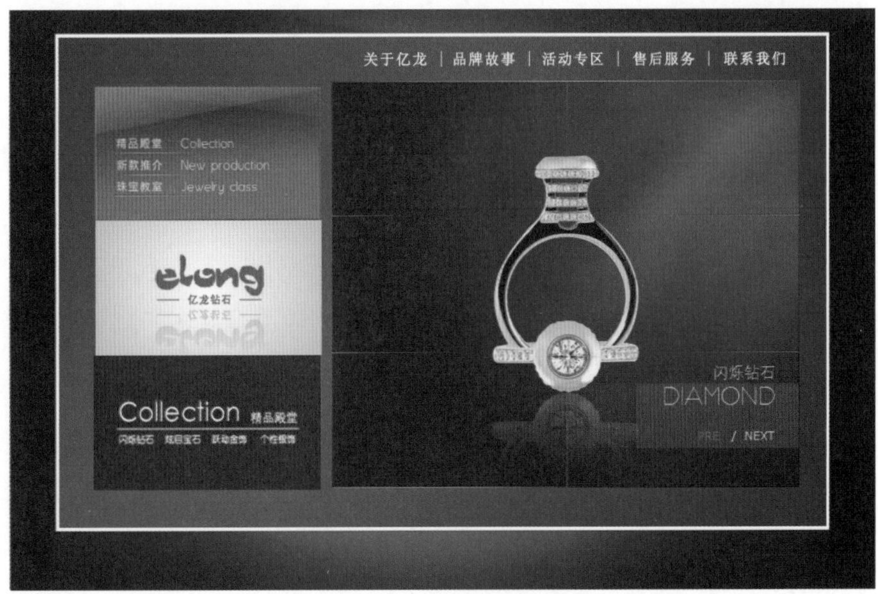

图 3.78 完成效果图

难点提示

1. 页面分区，确定调整方案

如图 3.79 所示，先分析问题网页。

为方便操作，把有问题的页面分成三个区域，分别调整，如图 3.80 所示。

图 3.79 问题网页

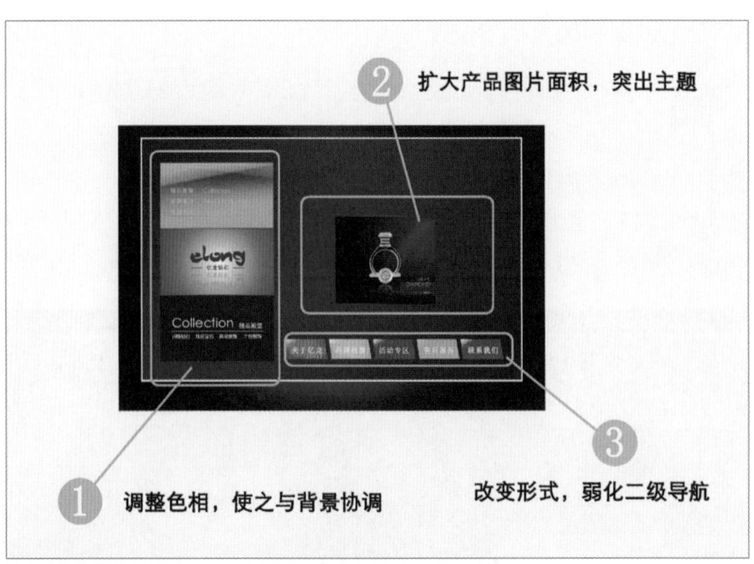

图 3.80　页面分区

2. 调整第一个分区色彩

分别调整三个色块的颜色，方法如图 3.81 所示。

图 3.81　填充底色

调整好这三个色块的颜色，注意及时保存文件。

下面分析一下这三部分色彩的主次关系。上面的主导航放在页面左上角，决定了它的视觉主导地位；中间部分的颜色是页面的点睛色，突出企业 Logo；下部的分类导航底色是页面的辅色。不同的颜色和位置，引导了视觉的主次关系。

3. 调整第二个分区面积的大小与位置

网页是以产品展示为目的的，第二个分区的产品图片是网站主角，而现在的这个网站的产品图片显然不突出。色彩面积的大小是影响视觉主次关系的重要因素，下面增大产品图片的显示面积，使它成为页面的视觉中心。

单击“素材 1.psd”中“图层 1”的图标，隐藏图层，选择菜单“文件”→“打开”命令，打开“素材 2.jpg”，把产品图片复制到网页页面上，调整大小和位置后如图 3.82 所示。

图 3.82　调整产品图片

调整产品图片时不能把图片直接拉大，这样图片质量就会受到影响，所以要从素材中重新复制图片到页面。

4. 调整第三个分区的色彩

第三个分区的网页导航由各种颜色的色块组成，与页面整体不协调。且它仅仅是网站的二级导航，引导进入网站的其他部分，在这个以产品展示为主的网页上传达的信息并不十分重要。它的设计太过吸引人们的眼球，有些喧宾夺主。所以要把它改成一般形式的纯文字导航。

单击“文字工具”按钮 T，文字颜色选择白色，字体为“细圆”，字号为 17 号，输入导航文字“关于亿龙 | 品牌故事 | 活动专区 | 售后服务 | 联系我们”，调整到右上角，最后结果如图 3.83 所示。

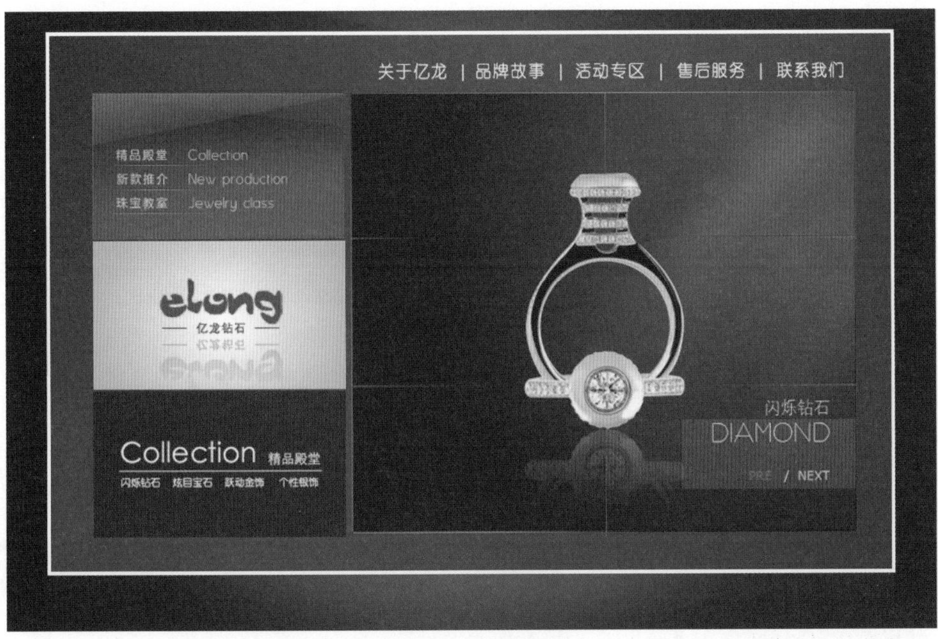

图 3.83 完成效果

经验总结

页面上各部分元素都有各自的角色，所以它们的色彩从色调到比例都应该与它们的角色相符。在实际的网页设计中，要根据页面内容和主题进行相应的选择。例如，先确定一种主色，然后确定辅助色、点睛色，注意色彩的相互衬托、对比和协调关系。

实战案例 2——咖啡主题网页配色

需求描述

由于网络浪潮的影响，时下很多实体小店都开设了网上店铺，以最大化地吸引消费者，本案例将对一个咖啡馆网上店铺进行页面设计。网上店铺属于电子商务类网站，要注意其商业特征。

素材准备

素材如图 3.84 和图 3.85 所示。

完成效果

完成效果如图 3.86 所示。

技能要点

- 根据参考图及行业特征选择主色调。

➢ 填充背景色。
➢ 使用参考线合理排布素材图片。
➢ 修饰细节，使整个页面饱满。

图 3.84　案例素材（1）

图 3.85　案例素材（2）

图 3.86　完成效果

实现思路

- ➢ 首先分析其行业特点，由于是比较典型的休闲类网站，所以配色要轻松，不适合用比较凝重的颜色。
- ➢ 分析设计主体，由于是咖啡，所以配色要和咖啡相呼应。
- ➢ 参考同类网站的设计风格，如图 3.87 至图 3.89 所示。

图 3.87 参考网站（1）

图 3.88　参考网站（2）

图 3.89　参考网站（3）

难点提示

- 先确定整体色调，如图 3.90 所示。
- 填充大色块，如图 3.91 所示。

图 3.90　整体色调

图 3.91　填充色块

➢ 继续深入填充背景颜色，并增加细节修饰，让其色彩感更加商务化。完成效果如图 3.92 所示。

➢ 增加其他细节修饰、文字及素材，如图 3.93 所示。

图 3.92　修饰细节

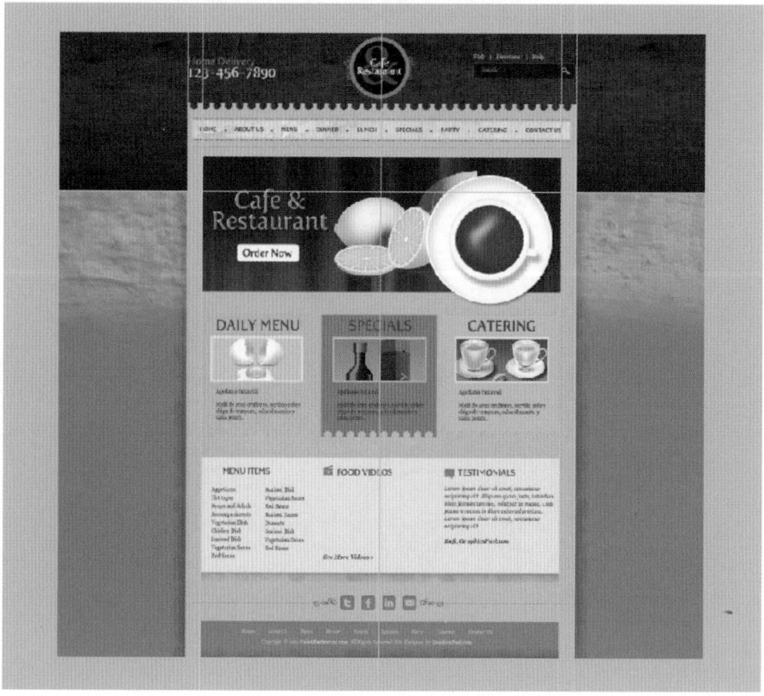

图 3.93　增加文字及素材

本章总结

- 不同的网站有不同的色调设计。
- 网站的网色和其风格有直接关系。
- 简约、质朴的网站没有繁复冗余的元素和色彩，给人一种稳重、干练的感觉。
- 科学合理地选择网页的主色调和辅助色可以保证页面的视觉印象和视觉气氛不出太大的偏差。
- 网页配色最好不使用三种以上的颜色。
- 网页中的留白也是页面的一个组成部分，应该与图片、文本和动画等元素一同进行设计。
- 有效利用色彩属性知识构建良好的层次感。

学习笔记

本章作业

选择题

1. 以下适合做红色系网页的是（　　）。
   A. 国庆时候的新闻网首页
   B. 芝加哥公牛队的官网主页
   C. 清明时节的在线扫墓网站
   D. 婚庆网页
2. 女性化配色风格常用于（　　）网站。
   A．游戏　　B．新闻
   C．社区　　D．化妆品
3. （　　）可以体现出尊荣华贵之感。
   A. 金黄色　　B. 深紫色
   C. 天蓝色　　D. 浅绿
4. 以下说法正确的是（　　）。
   A. 主色调是支配整个画面效果的主导性颜色，面积较大
   B. 辅助色可以丰富画面效果
   C. 强调色用于强调配色的重点，通常只占较小的面积
   D. 网页配色就是在页面中漫无目的地堆砌多种颜色，并把每种颜色都做得一样大
5. 对于一个环保类型的网站，以下比较适宜作为主色调的是（　　）。
   A. 黄色　　B. 红色
   C. 绿色　　D. 蓝色

简答题

1. 白色系网站有哪些缺陷?
2. 成熟稳重风格的网站有什么特点。
3. 如图3.94所示，分析此类网站的配色风格特点，并说明其色系。
4. 如果要为自己设计一个网站，你会选什么颜色作为主色和辅助色，并说明为什么。

图 3.94　效果图

作业讨论区

访问课工场UI/UE学院：kgc.cn/uiue（教材版块），欢迎在这里提交作业或提出问题，你将有机会跟课工场的专家以及共同学习本书的小伙伴一起探讨切磋！

网页布局基础

● 本章目标

完成本章内容以后，你将：

- 了解网页布局的概念。
- 掌握一般网页的组成元素特点。
- 了解布局设计的方法。
- 掌握网页布局设计的一般步骤。
- 了解如何综合运用布局法及布局的步骤。

● 本章素材下载

- 请访问课工场UI/UE学院：kgc.cn/uiue（教材版块）下载本章需要的案例素材。

本章简介

网页设计是近些年兴起的新兴行业，在网络产生以后应运而生。小到个人主页，大到企业、集团、政府部门及国际组织等，在网络上无不以网页作为自己的门面。网页可以说是网站构成的基本元素。当我们轻点鼠标，在网海中遨游，一幅幅精彩的页面会呈现在我们的面前，那么网页精彩与否的因素是什么？色彩的搭配、文字的变化、图片的处理等，这些当然是不可忽略的因素，除了这些，还有一个非常重要的因素——网页的布局。好的布局能吸引浏览者的眼球，使其有看下去的欲望，合理的布局应该且必须将想要传达的信息快速高效地提供。本章将学习网页布局的基础知识和网页布局的方法和步骤。

理 论 讲 解

参考视频
网页布局基础

4.1 布局的概念

4.1.1 布局的概念

1. 网页设计中布局的重要性

在美术的各门类中，无论是服装、雕塑、工艺、建筑，还是工业等设计艺术都面临着一个如何布局、塑造形象的问题。在网页设计中，布局同样非常重要。布局不仅仅是设计网站的第一步，网页的布局贯穿了网站的主旨，合理的布局才能良好地展示出网站的类别、功能等特性。

有些人始终认为，网页最主要的是内容，不需要再搞些门面上的东西。其实，让页面漂亮起来是很有必要的，就像把商店布置得光线良好，会让所有的商品看起来更好一样。初学者如果能够了解一些布局的知识，那么设计的页面就不会显得乱，用户看了也开心，何乐而不为呢？

页面上的构成，如果要让用户一眼望去感觉很漂亮，这里面实际是有很大学问的。

首先，先来看一些网页的效果图，如图 4.1 至图 4.6 所示。

上面这些优秀的网页设计，不难看出它们的页面都非常整齐、干净、重点突出。

2. 网页设计的概念

设计网站之初，它就好像一张白纸，需要设计师发挥设计才思。在这张白纸上，设计师可以控制一切所能控制的东西，在明白了网页布局的基本概念后，则会带来很多方便。

图 4.1　网页截图（1）

图 4.2　网页截图（2）

图 4.3　网页截图（3）

图 4.4　网页截图（4）

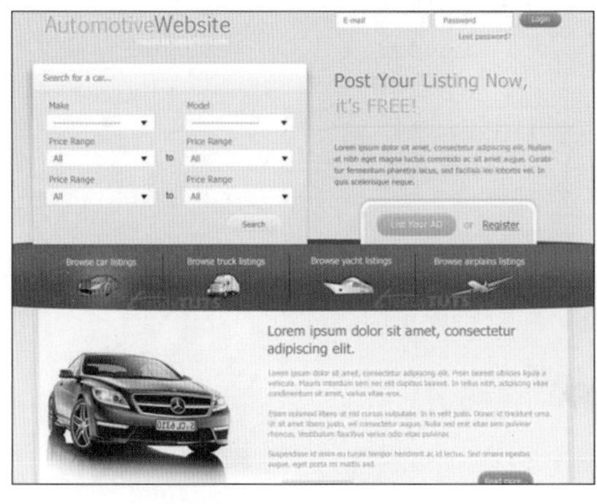

图 4.5　网页截图（5）

图 4.6　网页截图（6）

1）页面尺寸

由于页面尺寸和显示器大小及分辨率有关系，设计网页时，网页的尺寸就要根据显示器和分辨率来设计。一般显示器分辨率在 640×480 的情况下，页面的显示尺寸为

620×311 像素；分辨率在 800×600 的情况下，页面的显示尺寸为 780×428 像素；分辨率在 1024×768 的情况下，页面的显示尺寸为 1003×600 像素。从以上数据可以看出，分辨率越高，页面尺寸越大。

浏览器的工具栏也是影响页面尺寸的原因。一般目前的浏览器的工具栏都可以取消或者增加，当显示全部的工具栏和关闭全部工具栏时，页面的尺寸是不一样的。

在网页设计过程中，向下拖动页面是唯一给网页增加更多内容的方法。通常页面长度不要超过三屏。如果需要在同一页面显示超过三屏的内容，就应该在页面中设计页面内部链接，以方便访问者浏览。

设计网站时，在考虑到大多数用户显示器分辨率的同时，还要根据企业的性质，网站的需求等特性来考虑采用多少的宽度，不能任何一种类型的网站都统一用一种宽度。譬如门户类型的网站，通常网页宽度为 960 ~ 980 像素；企业网站可控性比较大，根据不同的产品和需求，为 780 ~ 1003 像素都是可行的；Flash 站一般都是比较炫的动画展示，为了最大化的吸引视觉，一般尺寸都以 1003 像素为准，满屏显示。

2）整体造型

造型是指页面的整体形象，这种形象应该是一个整体，图形与文本的结合应该是层叠有序的。页面的造型可以充分运用自然界中的其他形状及其组合，如矩形、圆形、三角形、菱形等。

对于不同的形状，它们所代表的意义是不同的。例如，矩形代表着正式、规则，很多政府网页都以矩形为整体造型；圆形代表着柔和、团结、温暖、安全等，许多时尚站点喜欢以圆形为页面整体造型；三角形代表着力量、权威、牢固、侵略等，许多大型的商业站点为显示它的权威性常以三角形为页面整体造型；菱形代表着平衡、协调、公平，一些交友站点常运用菱形作为页面整体造型。虽然不同形状代表着不同的意义，但目前的网页制作多数是结合多个图形加以设计的，在这其中某种图形的构图比例可能占得多一些，如图 4.7 至图 4.10 所示。

图 4.7　矩形为整体造型

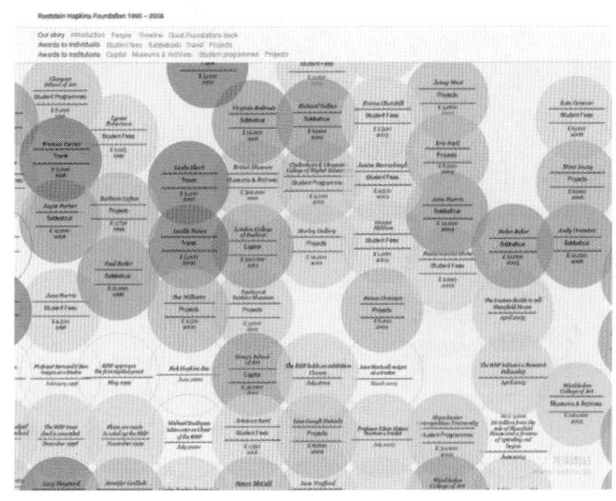

图 4.8　圆形为整体造型

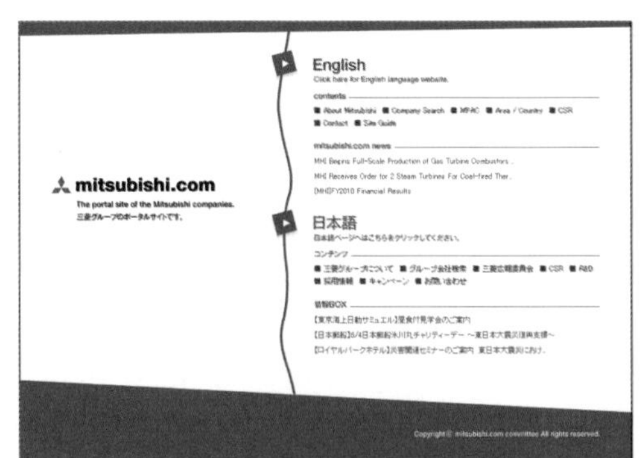

图 4.9　三角形为整体造型

图 4.10　菱形为整体造型

3）页头

页头又可称为页眉，页头的作用是定义页面的主题。例如，一个站点的名字多数都显示在页头里。这样，访问者就能很快知道这个站点是什么内容。页头是整个页面设计的关键，它牵涉到下面的更多设计和整个页面的协调性。页头常放置站点名称的图片和公司标志以及旗帜广告，如图 4.11 所示。

图 4.11　页头

4）文本

文本在页面中多数以行或者块 (段落) 的形式出现，它们摆放的位置决定着整个页面布局的可视性。在过去，因为页面制作技术的局限，文本的放置位置灵活性非常小，而随着编程技术的不断提高，已经可以按照设计者的要求将文本放置到页面的任何位置，如图 4.12 所示。

5）页脚

网页的最底端部分被称为页脚，页脚部分通常被用来介绍网站所有者的具体信息和联络方式，如名称、地址、联系方式、版权信息等。其中一些内容被做成标题式的超链接，引导浏览者进一步了解详细的内容，如图 4.13 所示。

6）图片

图片和文本是网页的两大构成元素，缺一不可，处理好图片和文本的位置是整个页面布局的关键，如图 4.14 所示。

图 4.12　文本

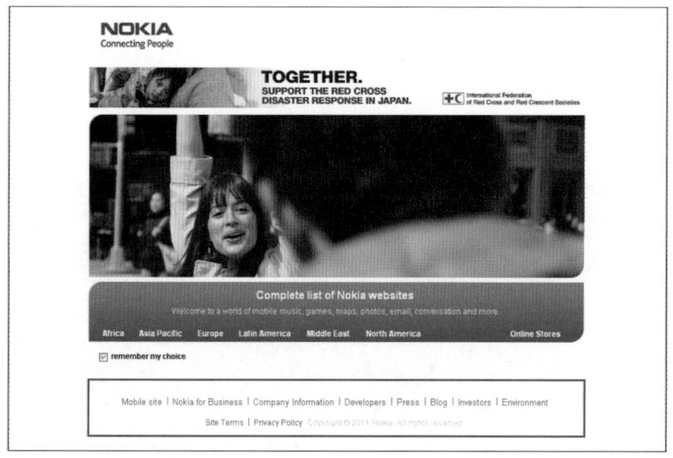

图 4.13　页脚

图 4.14　图片和文字的布局

7）多媒体

除了文本和图片，还有声音、动画、视频等其他媒体。虽然它们不是经常能被利用到，但随着动态网页的兴起，它们在网页布局上也将变得越来越重要，如图 4.15 所示。

图 4.15　多媒体

设计一个网页时，了解网页布局的基本概念将为设计网页打下扎实的基础。图 4.16 所示是著名的 SGS 公司的页面布局。

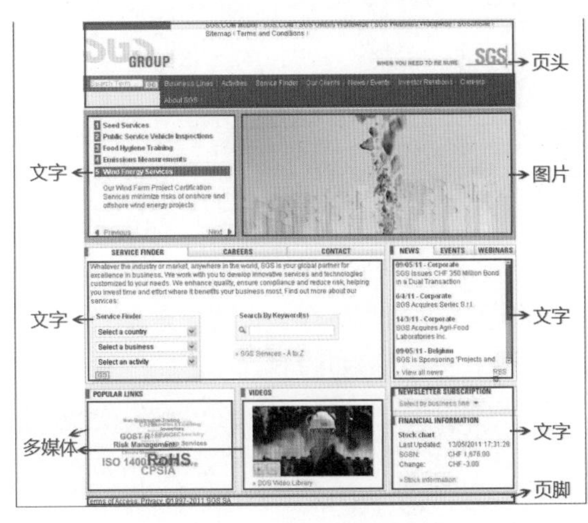

图 4.16　SGS 公司页面布局

SGS 公司网站页面宽度为 780 像素，整体形象以矩形为主，栏目清晰，页头部分放置公司 Logo 及一些相关信息链接；图片区以幻灯片的形式展示公司图文信息；文字部分按不同内容分为几个版块；左下是多媒体区，有一个体验区入口和一个视频；最下方是页脚，注明公司名称及备案号等。

以下是根据知名站点收集的数据得出的结论。

- 基本上用户的显示器分辨率绝大部分都是1024×768像素或更高，从全球情况来看，800×600像素的分辨率会越来越少。

3. 关于第一屏

第一屏是指到达一个网站在不拖动滚动条时能够看到的部分。那么第一屏有多“大”呢？其实这是未知的。一般来讲，在 1024×768 像素的屏幕显示模式下，在 IE 安装后默认的状态下（工具栏、地址栏等没有改变），IE 窗口内看到的部分为 1003×600 像素，以这个大小为标准就可以了，如图 4.17 所示。

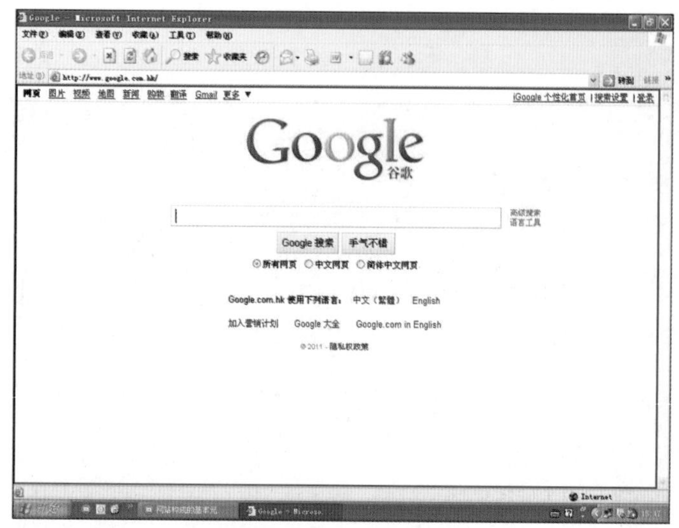

图 4.17　第一屏的大小

第一屏要放最主要的内容，这就需要对第一屏能显示的面积有个估计，而不要仅仅以自己的机器为准。

一个好的网站对第一屏的规划是十分精细的，第一屏的空间可谓是“寸土寸金”。下面是著名企业松下公司的网站，看看它们的第一屏是如何表现的。

松下公司是一个跨国性公司，在全世界设有 230 多家分部，员工总数超过 290 493 人。松下公司创建于 1918 年，创始人是被誉为“经营之神”的松下幸之助先生。创立之初仅仅是由 3 人组成的小作坊，经过几代人的努力，如今松下公司已经成为世界著名的国际综合性电子技术企业集团。松下公司的所有产品都极尽精细，其网站也不例外，松下公司的产品很多，网页也比较长，它们是如何设计第一屏、引导用户耐心浏览整个页面的呢？如图 4.18 所示，详细介绍如下。

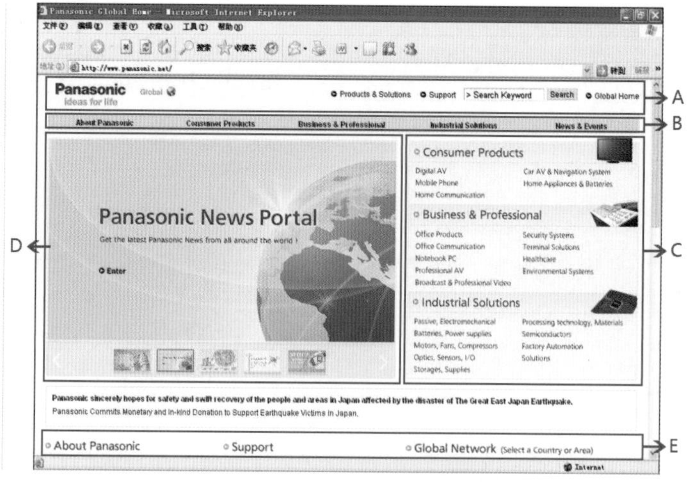

图 4.18　松下公司网站的第一屏

A．顶部：松下公司网站顶部非常简单，左边是Logo，右边是搜索、快速通道等常用功能。

B．导航栏：偌大的松下公司，导航栏只有五个按钮，将复杂众多的内容分类压缩到这五个按钮里，让用户浏览时不会因为看到许多导航按钮而无心久留。

C．文字：第一屏的文字并不多，文字区按不同的产品分为了三块。

D．图片：松下公司的第一屏中，图片占用了很大的面积，这并不是浪费空间，这几张图片是松下公司最重要、最新的信息，以图片方式展示出来。用户访问时第一眼便能被这些精美的图片吸引。

E．关键的第一屏下方：大家看到松下网站第一屏的最下方是几个版块的标题，为什么在第一屏中不放其他重要信息，而让下面这几个版块的按钮露出来呢？这是精心研究过的用户体验。当用户看完了第一屏的内容后，视线落到了最下方，而最下方的这几个按钮就恰好成为了引导用户往下看的“引子”。虽然用户向下滚一下鼠标滚轮是很简单的事，但是如果没有这几个按钮做“引导”，用户就很有可能意识不到下面还有更多的内容。

设计网站时，有一个最常用的指导性原则，就是页面长度原则上不超过三屏，宽度不超过一屏。这个原则是从用户的体验出发的，特别是宽度不超过一屏，其最基本的表现是浏览器不出现横向滚动条。

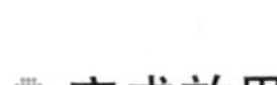

4.1.2 实现案例1——“解剖”魔兽世界网站

完成效果

完成效果如图 4.19 所示。

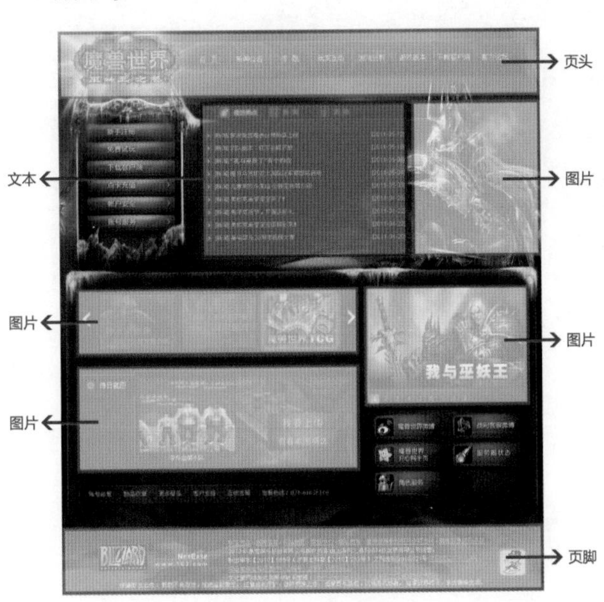

图 4.19　完成效果

思路分析

- 根据网页的框架结构分析素材。
- 将网页框架结构分别标出。

操作步骤

步骤 1 分析素材

在 Photoshop 中打开“素材 1”。根据前面讲的知识，网站设计的概念中包含页头、文本、页脚、图片、多媒体等，在该网站中找出它们。

步骤 2 找出页头

经过分析，发现页面的最上部分就是页头部分，该网站的页头部分包含了左边的 Logo 和与 Logo 并排的导航栏，如图 4.20 所示。

图 4.20 页头部分

新建图层。用矩形选区工具在页头部分绘制一个矩形选框，填充颜色，透明度为 60%。混合样式颜色叠加为黄色，描边内部 6 像素。

步骤 3 找出页脚

页脚和页头是相互呼应的，处于页面的最下端，页脚包含网站所有者及联系方式等信息。用同样的方法将页脚区域标出来，如图 4.21 所示。

图 4.21　页脚部分

步骤 4 找出文本区域

该网站的文本区处于页头下方的中部，该网站将“最近热点”、“新闻”、“活动”这三块文本区域合并在一处，在程序上采用了切换的方式，节省了大量空间。用同样的方法标记文本区域，文本区域标记颜色用红色，如图 4.22 所示。

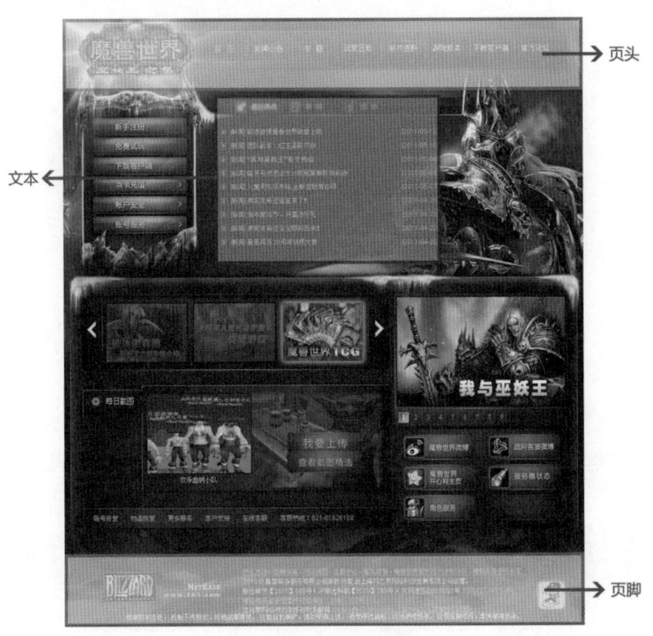

图 4.22　文本部分

步骤 5 找出图片区域

图片在该站中出现的地方不止一处，通过仔细观察，可以看到文本区域的右边是一块图片区域，网站左下有两块图片区域，右边中间也有一块图片区域。用同样的方法标记出来，图片区域标记颜色使用白色，如图 4.19 所示。

4.2 网页的组成元素

4.2.1 网页的组成元素

无论是初次领略 Internet 风光的新手，还是经常上网冲浪的老手，在初次设计网页之前，都必须先认识一下构成网页的基本元素。只有这样，才能在真正的设计工作中得心应手，根据需要合理地组织和安排网页的内容，从而达到期望的目标。

设计网页的目的主要是发布信息，因此作为信息主要载体的文本和图像自然就成了网页的基本组成部分。超链接是 Web 的核心，它将无数的网页链接在一起。此外构成网页的元素还有哪些呢？下面讲解网页的组成元素。

1. 顶部

一个网站的顶部是用户打开网站时看到的第一个东西——第一印象很重要，所以，一个网站的顶部也是非常重要的。如果一个用户不喜欢页面的顶部设计，他很可能就会在浏览内容之前就离开这个站点网站，如图 4.23 至图 4.25 所示。

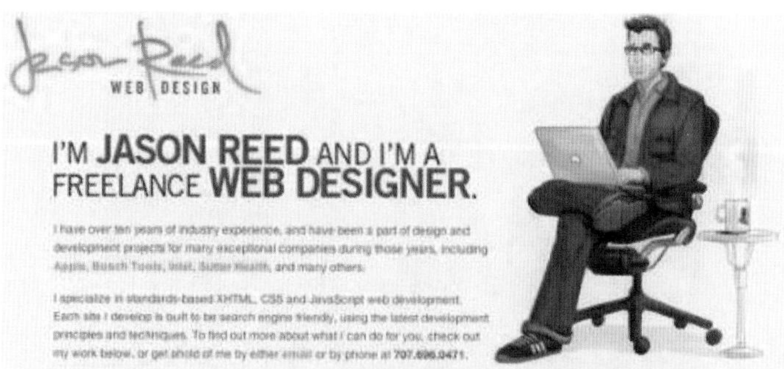

图 4.23 网站顶部（1）

图 4.24 网站顶部（2）

图 4.25　网站顶部（3）

2. Logo

Logo 是网站所有者对外宣传自身形象的工具。Logo 集中体现了这个网站的文化内涵和内容定位。可以说，Logo 是一个网站最为吸引人、最容易被人记住的标志。如果网站所有者已经导入了 VI 系统，那么 Logo 的设计就要符合 VI 的设定。Logo 在网站中的位置都比较醒目，目的是使其突出，容易被人识别与记忆。在二级网页中，页头位置一般都留给 Logo。另外，Logo 往往被设计成为可以回到首页的超链接，网站 Logo 如图 4.26 至图 4.28 所示。

图 4.26　网站 Logo（1）

图 4.27　网站 Logo（2）

图 4.28　网站 Logo（3）

3. 导航

如果说网站顶部的设计很重要，那么导航的重要性也与其不相上下，甚至导航的设计可以成为一种独立的设计，与网页布局设计分庭抗礼。之所以说导航重要，是因为其所在位置左右着整个网页布局的设计。导航区一般分为四种位置，分别是左侧、右侧、顶部和底部。一般网站使用的导航都是单一的，但是也有一些网站为了使网页更便于浏览者操作，增加可访问性，往往采用了多导航技术，如Yahoo网站采用了左侧导航与底部导航相结合的方式。但是无论采用几个导航，网站中每个页面的导航位置均是固定的，如图4.29至图4.33所示。

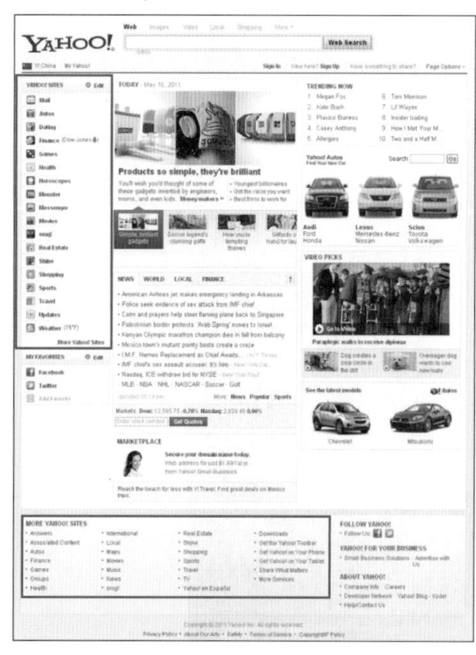

图 4.29　网站导航（1）

图 4.30　网站导航（2）

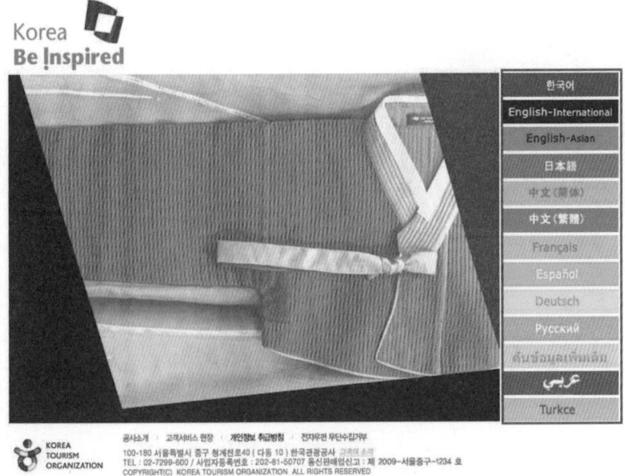

图 4.31　网站导航（3）

图 4.32　网站导航（4）

图 4.33　网站导航（5）

4. 内容

主体内容是网页中最重要的元素。主体内容往往并不是完整的，而是由下一级内容的标题、内容提要、内容摘编的超链接构成。主体内容借助超链接，可以利用一个页面高度概括几个页面所表达的内容，而首页的主体内容甚至能在一个页面中高度概括整个网站的内容。

主体内容一般由图片和文档构成，现在的一些网站的主体内容还加入了视频、音频等多媒体文件。由于人们的阅读习惯是由上至下、由左至右，所以主体内容的分布也是按照这个规律，依照从重要到不重要的顺序安排内容。在一般网站中，左上方的内容是最重要的，如图 4.34 和图 4.35 所示。

5. 工具条

工具条是在页面中放置功能性按钮的区域，通常工具条放置可能会用到的工具，如图 4.36 和图 4.37 所示。

图 4.34　网站内容（1）

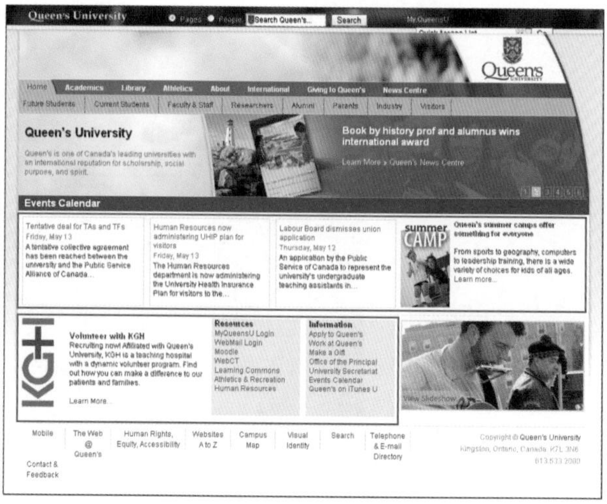

图 4.35　网站内容（2）

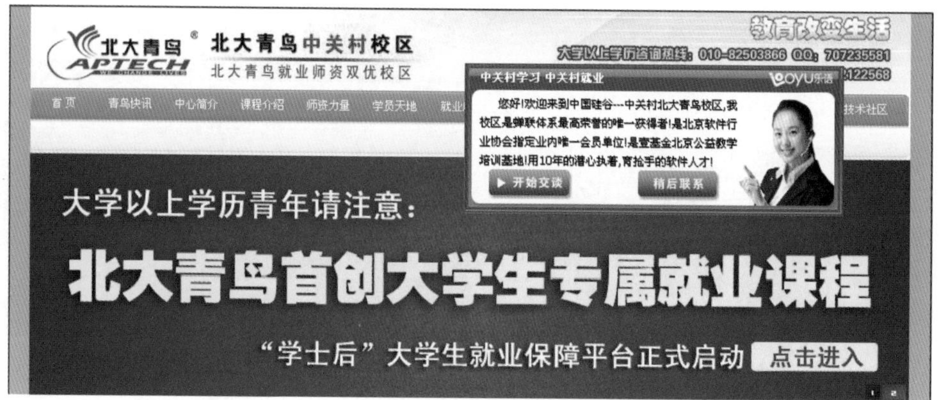

图 4.36　工具条（1）

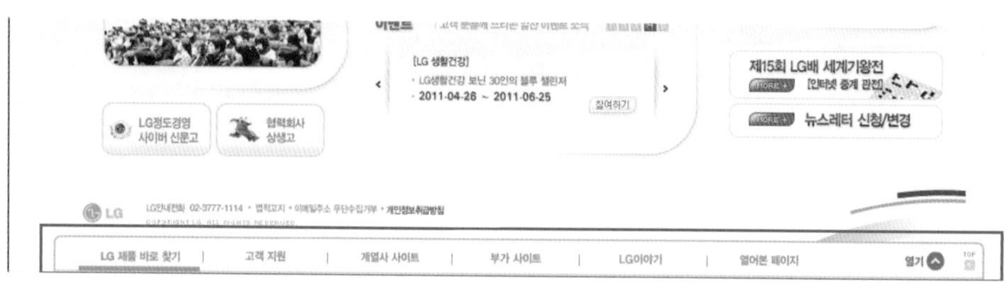

图 4.37　工具条（2）

6. 页脚

页脚和页头相呼应。页头是放置站点主题的地方，而页脚是放置制作者或者公司信息的地方。页脚的设计要整齐干净。好网站的页脚通常制作得都很细致，否则会给人一种虎头蛇尾的感觉，如图 4.38 和图 4.39 所示。

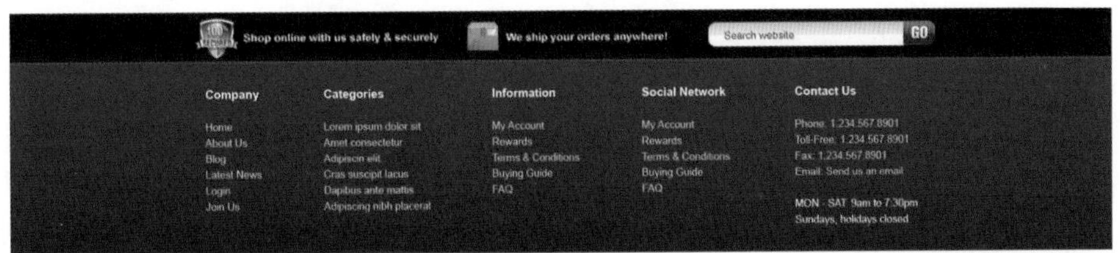

图 4.38　页脚（1）

图 4.39　页脚（2）

7. 空白区

在国画中，有一句描述谋篇布局的话比较经典，叫作“计白当黑”，就是说空着的地方和着了墨的地方一样，都是整体的组成部分。对于网页设计，又何尝不是如此呢？网页上的留白部分同其他页面内容，如文本、图片、动画一样，都是设计者在制作网页时需要通盘斟酌的。网页中通过留白使整个内容排布得松紧有度，给人以跌宕起伏之感，如图 4.40 和图 4.41 所示。

很多时候，网页两边的留白在需要时可以放置浮动广告或流媒体。

图 4.40　空白区（1）

图 4.41　空白区（2）

4.2.2　广告也精彩

广告区域是网站实现盈利或自我展示的区域，一般位于网页的页头、两侧、底部或穿插在网页中间，也有流媒体等一些浮动广告以流媒体形式出现。广告区内容以文字、图像、Flash 动画为主。通过吸引浏览者单击链接的方式达到广告的效果。广告区的设置要达到明显、合理、引人注目，这对整个网站的布局很重要。

许多网站，尤其是门户类网站、新闻类网站、社交类网站等，在广告位和广告形式上采用了很好的方式，既让广告与网站本身融为一体，又不会觉得很烦琐。

1. 尽量避免大幅广告出现在网站首页的第一屏

除了广告位之外的空间，这些网站会在其他页面包含广告。下面看看 Reader's Digest 网站“摆放”广告时注意了什么。

- Reader's Digest 网站的首页避免任何广告出现在页面上方，如图 4.42 所示。
- 在单独的文章页面中，页头之上有 728×90 像素的广告，一个 300×250 像素广告位于右栏最上方，一个 135×600 像素的长条广告位于左边栏，加上一些额外的广告在页面的底部，如图 4.43 所示。

2. 常见的广告尺寸

浏览一些网站时，会发现广告在网页中所占的比例不同，但其中大部分都有标准的尺寸。

博客通常会使用 125×125 像素的尺寸，也有的使用其他尺寸。Daily Blog Tips 网站就是一个典型例子，六个 125×125 像素尺寸的广告放在右侧栏，其他唯一的广告就是左侧栏底下的长条幅，如图 4.44 所示。

另一个常用尺寸是 300×250 像素，很多新网站都会在侧栏使用这个尺寸，如图 4.45 所示。

图 4.42　Reader’s Digest 网站页面（1）

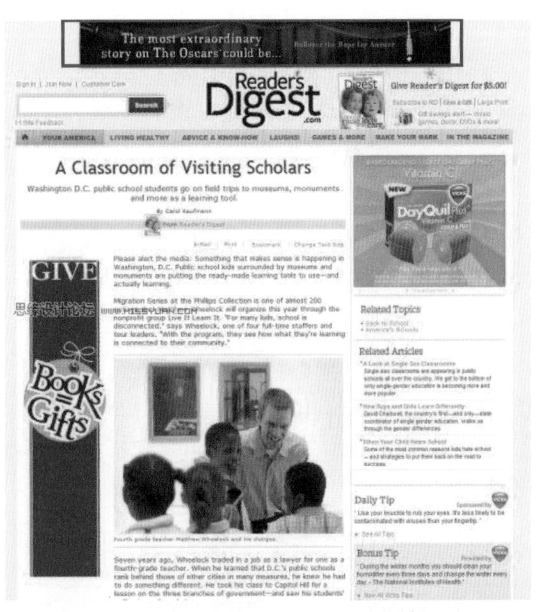

图 4.43　Reader’s Digest 网站页面（2）

图 4.44　网站广告（1）

图 4.45　网站广告（2）

3. 设计网站广告位的思考方法

1）满足用户需求

设计师最终是要对客户负责的，必要时设计师应该给客户建议，最终网站是要让客户满意才行。虽然设计师可能不同意客户在网站上使用广告的需求，但如果客户确定要这样做，就要考虑如何做到最好。

2）合理布局网站以使广告成为设计的一部分

看上去很自然、标准的带广告的网站，通常是设计时就把广告考虑在内的。广告一般非常适合放在侧栏的某一特定位置。合理布局广告位置可以实现网站的最佳视觉效果，而把广告随意地放在不适合的位置上，将会压到其他精心设计的布局。

3）考虑将来的需求

设计网站时广告并不是重点，但是以后可能成为盈利的来源。很多网站开始时几乎没有广告，一旦用户群建立起来就需要提供更多广告位。最理想的是设计过程中将这种情况考虑在内，并计划将来新的广告位放在哪里。侧栏通常是增加广告数量的同时不影响布局以及内容的最佳位置，但是页头广告就相对比较困难了。

最好在初期就试着和客户讨论长期计划，以避免这样的情况发生。如果在新改版之后，不久就会需要更多的广告位，则可以在一些位置放暂时性的内容，直到植入广告。例如，某个区域可以被用来展示网站本身的内容，一旦想提高广告收入则可以去掉这块内容，用广告位来代替。

4.3 网页布局设计的方法

演示案例 1——使用 Photoshop 完成服装类网站页面布局

完成效果

完成效果如图 4.46 所示。

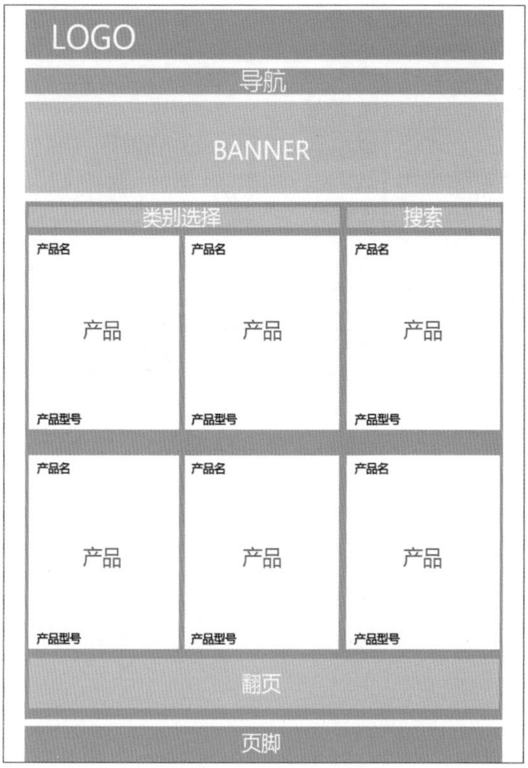

图 4.46　完成效果

案例分析

IT 时代几乎没有哪一个行业能与网络脱离关系，因此网站的规划与建设已经成为一项专门职业。在网站规划建设中，网页布局设计是至关重要的一环，它关系到网站能否吸引更多人的眼球，其直接反映是网站的点击率，而点击率正是网站的生命所在。所以越来越重视网页布局设计是否美观、规范、合理。

要设计网页的布局，将要用到以下知识点。

- 软件布局法。
- 先画出大致布局，再细化局部。

相关理论讲解如下。

4.3.1 网页布局的方法

网页布局的方法有两种：第一种为纸上布局法；第二种为软件布局法。下面分别加以介绍。

1. 纸上布局法

许多网页设计师不喜欢先画出页面布局的草图，而是想到哪做到哪。这种不打草稿的方法是不能设计出优秀的网页的。所以在开始制作网页时，要先在纸上画出页面的布局草图来。

准备若干张白纸和一只铅笔，设计一个时尚站点。

1）尺寸的选择

目前一般 1024×768 像素的分辨率为约定俗成的浏览模式。所以为了照顾大多数访问者，页面的尺寸以 1024×768 像素的分辨率为准。

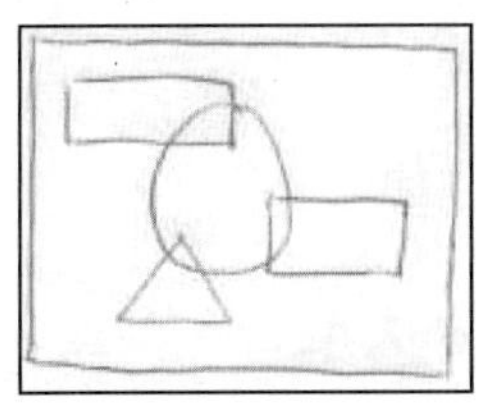

图 4.47　纸上布局法（1）

2）造型的选择

先在白纸上画出象征浏览器窗口的矩形，这个矩形就是布局的范围。选择一个形状作为整个页面的主题造型。选择圆形，因为它代表柔和，和时尚流行比较相称。然后在矩形框架里随意画出来，可以试着再增加一些圆形或者其他形状。这样画下来，会发现很乱，如图 4.47 所示。

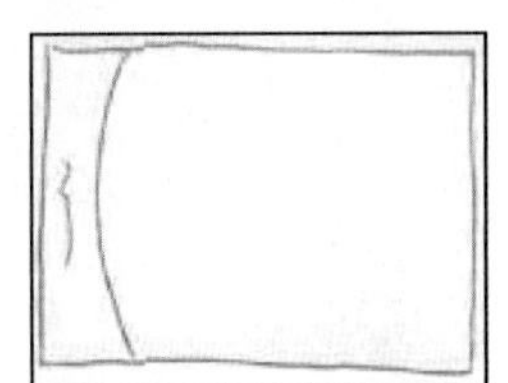

图 4.48　纸上布局法（2）

其实，如果一开始就想设计出一个完美的布局来是比较困难的，而要在这看似很乱的图形中找出隐藏在其中的特别造型。还要注意一点，不用担心设计的布局是否能够实现。事实上，只要能想到的布局都能靠现今的 HTML 技术来实现，如图 4.48 所示。

考虑到左边的弧线，为了取得平衡我们在页面右边增加了一个矩形（也可以是一条线段），如图 4.49 所示。

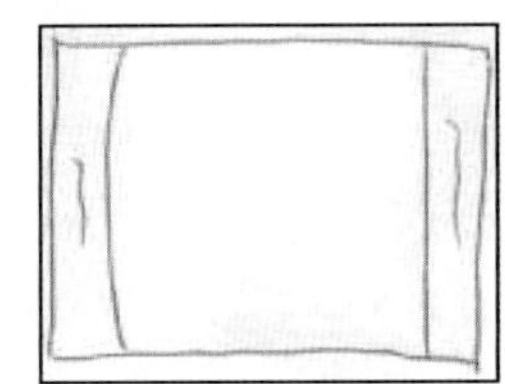

图 4.49　纸上布局法（3）

3）增加页头

一般页头都位于页面顶部，为图4.49增加一个页头，为了与左

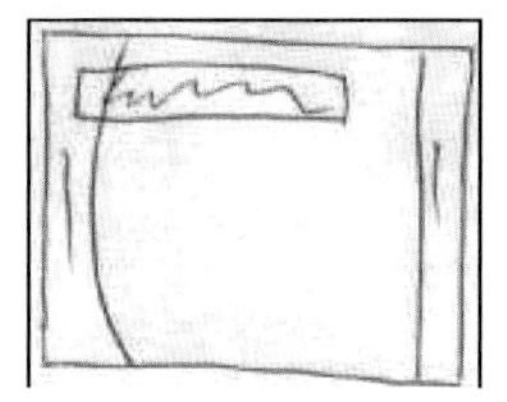
图 4.50　纸上布局法（4）

图 4.51　纸上布局法（5）

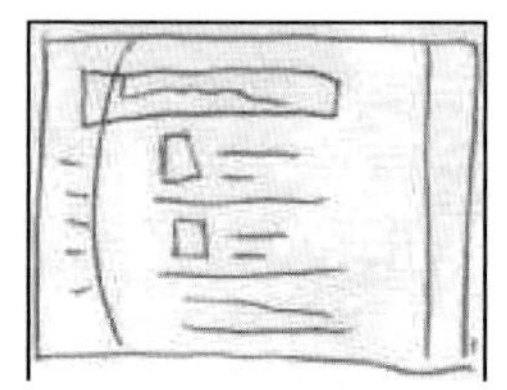
图 4.52　纸上布局法（6）

边的弧线和右边的矩形取得平衡，我们增加了一个矩形页头，并让页头与左边的弧线相交，如图4.50所示。

4）增加文本

页面的空白部分分别加入文本和图形。因为在页面右边有矩形作为陪衬，所以文本放置在空白部分不会因为左边的弧线而显得不协调，如图 4.51 所示。

5）增加图片

图片是美化页面和说明内容必需的媒介。在这里把图片加入适当的地方，如图 4.52 所示。

经过以上的几个步骤，一个时尚页面的大概布局就出现了。当然，这不是最后的结果，而是以后制作时的参考依据。

经验总结

圣人云“笔比剑更强大”。在设计网站之前，应用笔画一个网站的框架，以显示所有网页的相互关系。

2. 软件布局法

如果不喜欢用纸来画出布局草图，也可以利用 Photoshop 等设计软件来完成这些工作。Photoshop 所具有的对图像的编辑功能用到设计网页布局上更得心应手。利用 Photoshop 可以方便地使用颜色、图形，并且可以利用层的功能设计出用纸张无法实现的布局意念。

设计网页布局的软件有很多，其中 Photoshop 在网页规划布局中有着非常重要的作用。初学者知道 Photoshop 是图像处理软件，所以只是用它来裁切、调整、优化一般图像，而忽视它在网页布局设计中的重要作用。

1）Photoshop 在网页布局设计中的作用

开始设计网页之前，先在 Photoshop 上绘制出网页的布局，对后期设计页面很有帮助。绘制布局时先画出网站的大致布局，如图 4.53 所示。

然后再对大致布局框架进行细化，分出小模块，如图 4.54 所示。

通过绘制布局后设计出的页面，风格简约、页面布局规范、有章可循、栏目放置有序、主次关系分明、浏览速度很快，其实从专业角度看这些都是 Photoshop 的功劳，如图 4.55 所示。

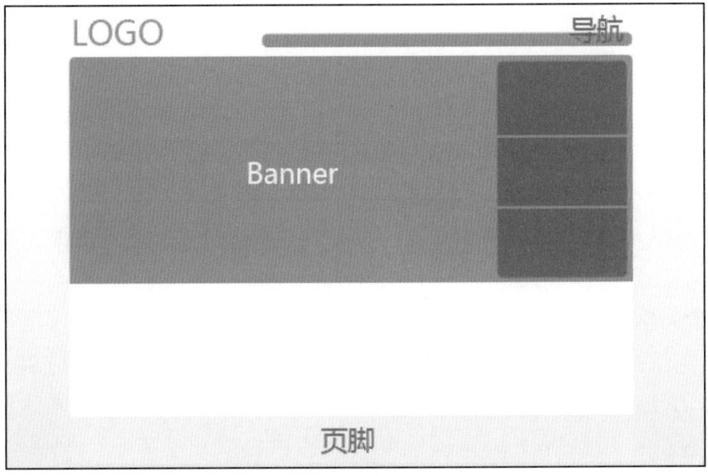

图 4.53　软件布局法（1）

图 4.54　软件布局法（2）

图 4.55　软件布局法（3）

2）Photoshop 在网页布局规划中的作用

- 布局灵活。Photoshop 的灵魂是图层。每层可以放置不同的元素；图层之间可以相互链接，也可单独存放；每个图层上的图像位置可以随意挪动而不影响其他图层的图像位置；每个图层上的图像大小、色阶、亮度、饱和度及透明度等可单独设置而不影响其他图层上的图像。
- 修改方便。在 Photoshop 中做出的网页效果图经常需要修改，利用 Photoshop 的强大功能能方便地进行修改和优化，直到满意为止。

3）用 Photoshop 设计网页布局应注意的几个问题

- 网页文档尺寸与分辨率。网页文档一般为 1003×600 像素和 780×428 像素，分辨率为 72 像素，这是屏幕分辨率，太高的分辨率并不能增强效果，反而会降低下载速度。一般情况下，网站长度不要超过三屏。
- 颜色。网站背景颜色与页面颜色要统一协调，一般不要超过两种。一些网站被批评为脏、乱、差，其要害就是颜色搭配不合理，或者太多，给人一种不舒服的感觉。
- 字体、标题。导航字体一般用黑体，正文一般用宋体，其他字体浏览器不兼容，可能造成调试时出错，给工作带来麻烦。
- 图文搭配。一个好的网站是图片多好还是文字多好，这要视网站的功能、行业、目的而定，但有个原则就是图文合理配置，而图片则要按一定的空间分布进行和谐分布。另外，图片大小要合乎美学原则，不能太大，一般用缩略图较好。
- 科学使用参考线。参考线是设计页面布局的有效辅助工具，可以先用横参考线将网页布局分成几大版块，然后用竖参考线将每个板块按设计思路分为几个小板块，最后再整体观察一下。

4.3.2 实现案例2——使用Photoshop完成服装类网站页面布局

完成效果

完成效果如图 4.46 所示。

思路分析

- 使用软件布局法。
- 从整体布局到局部细化进行布局。

操作步骤

步骤 1 整体布局

本案例制作的是服装在线购买类网站的页面，首先构思整体框架。服装类网站是以服装为产品，页面的大部分区域以产品展示和产品信息为主，为了最大化地展示服装产品，选择将网页顶部以下的整个内容区域作为产品展示区。

（1）建立参考线。

新建文件，宽为 1044 像素、高为 1416 像素。在横向 42 像素、1002 像素处建立两条取向为垂直的参考线，如图 4.56 所示。

（2）绘制整体布局。

根据之前学过的内容，网页的组成元素有顶部、Logo、导航、工具条、内容、页脚等，将这些组成元素在页面中排布出来。

页头部分包括顶部、Logo、导航、Banner，如图 4.57 所示。

内容部分包括工具条和内容，如图 4.58 所示。

最后绘制页脚，如图 4.59 所示。

图 4.56　新建参考线

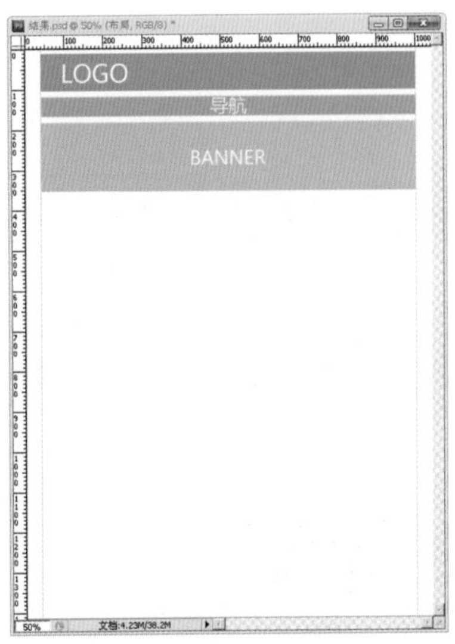

图 4.57　页头

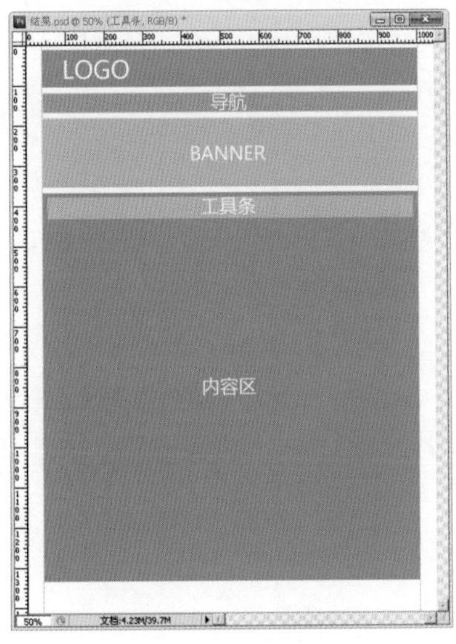

图 4.58　内容区

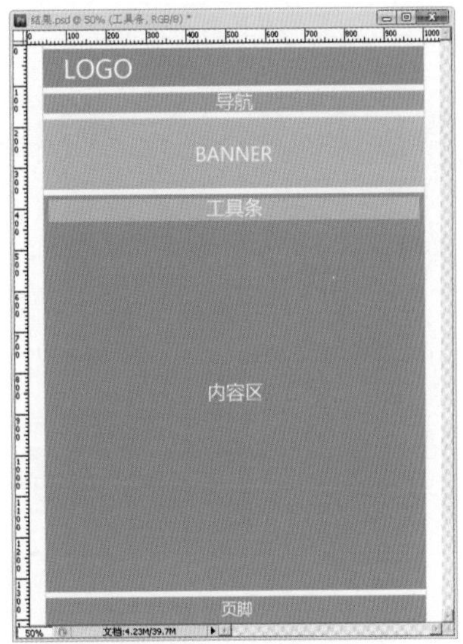

图 4.59　页脚

步骤 2 细化网页布局

（1）细化工具条区。

服装在线购买类网站通常会有类别选择栏和搜索栏，在工具条区中将这两部分绘制出来，如图 4.60 所示。

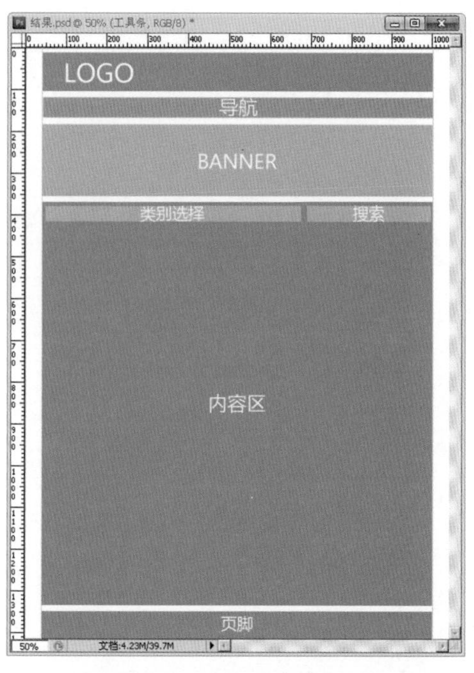

图 4.60 类别选择栏和搜索栏

（2）细化产品发布区。

产品发布区是购物类网站最重要的部分，占据内容区的绝大部分面积。服装产品发布区通常需要有产品名称、产品图片、产品型号等内容，如图 4.61 所示。

（3）添加页码条。

通常购物类网站的产品在一页内是放置不下的，需要分页显示，因此，添加页码条是必不可少的，如图 4.62 所示。

（4）保存文件。

之后将利用绘制好的页面布局制作这个服装类网站。

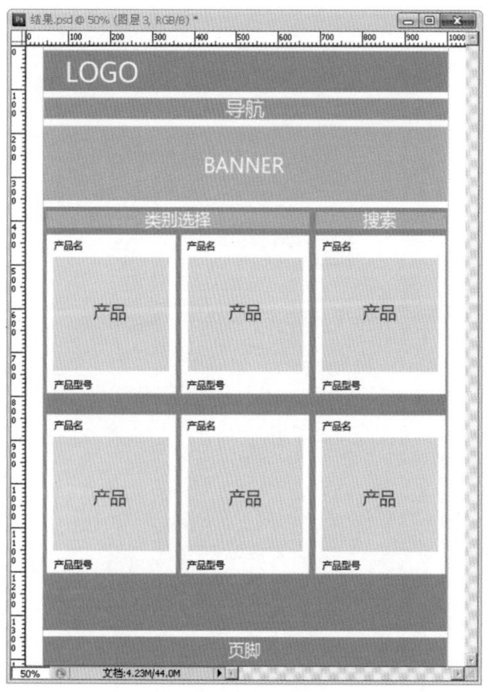

图 4.61 产品发布区

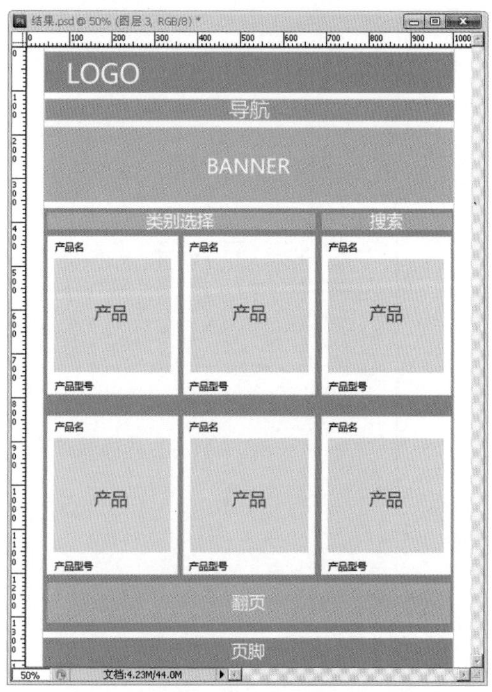

图 4.62 添加页码条

4.4 布局的原理、步骤和设计原则

演示案例 2——根据页面布局制作服装类网站页面

素材准备

素材如图 4.63 所示。

图 4.63 素材

完成效果

完成效果如图 4.64 所示。

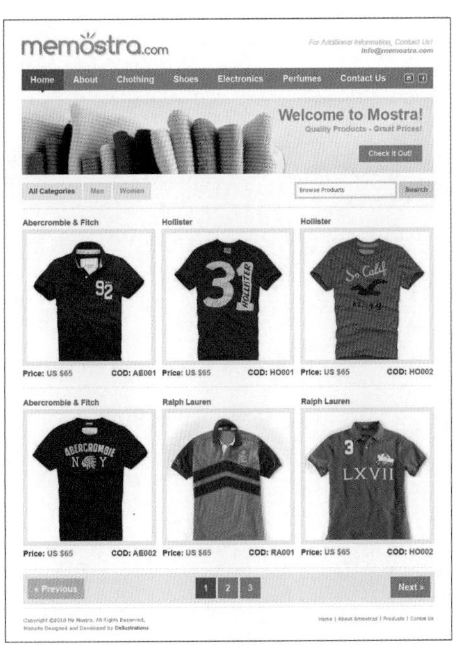

图 4.64 完成效果

案例分析

前一个案例绘制好了服装类网站的页面布局，本案例将根据绘制好的页面布局来制作一个服装类网站页面。

要根据页面布局来制作该页面，将用到以下知识点。

- 分析页面布局。
- 布局的步骤为画出草案→粗略布局→定案。

相关理论讲解如下。

4.4.1 布局的步骤

设计首页的第一步是设计页面布局。

就像传统的报刊杂志编辑一样，网页也可被看作一张报纸或一本杂志来进行排版布局。虽然动态网页技术的发展使得网站开始趋向于场景编剧，但是固定的网页页面设计基础依然是必须学习和掌握的。它们的基本原理是共通的，这需要在学习中领会要点，举一反三。

因为每个人的显示器分辨率不同，所以同一个页面的大小可能出现 640×480 像素、800×600 像素、1024×768 像素等不同尺寸。

布局，就是以最适合浏览的方式将图片和文字排放在页面的不同位置。其实，“最适合”是一个不确定的形容词，什么才是最适合的呢？这需要在学习和实践中慢慢领会。就好比有人希望知道成功的秘诀是什么，成功者只能建议用什么方法、什么途径才最可能获得成功，而不可能有一步成功的秘诀。

页面布局是一个创意的问题，但要比站点整体的创意容易、有规律得多。先来了解一下页面布局的步骤。

1. 画出草案

新建页面就像一张白纸，没有任何约定俗成的东西，可以尽可能地发挥设计师的想象力，将想到的景象画上去，这属于创造阶段，不讲究细腻工整，不必考虑细节功能，只用粗陋的线条勾画出创意的轮廓即可。尽可能多画几张，最后选定一个满意的作为继续创作的脚本即可，如图 4.65 所示。

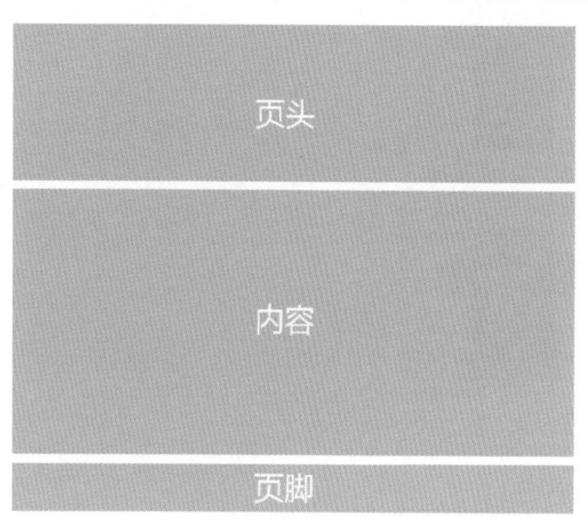

图 4.65　草案

2. 粗略布局

在草案的基础上，将需要放置的网页组成元素安排到页面上。网页组成元素主要包含网站标志、导航栏、新闻、搜索、友情链接、广告条、邮件列表、计数器、版权信息等。注意，这里必须遵循突出重点、平衡协调的原则，将网站标志，导航栏等最重要的模块放在最显眼、最突出的位置，然后再考虑次要模块的摆放，如图 4.66 所示。

3. 定案

将粗略布局精细化、具体化。充分发挥设计师的智慧和经验，多方联想，才能做出具有创意的布局，如图 4.67 所示。

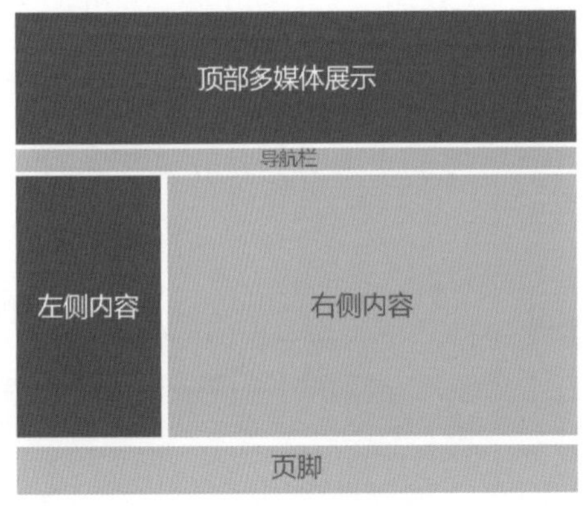

图 4.66 粗略布局

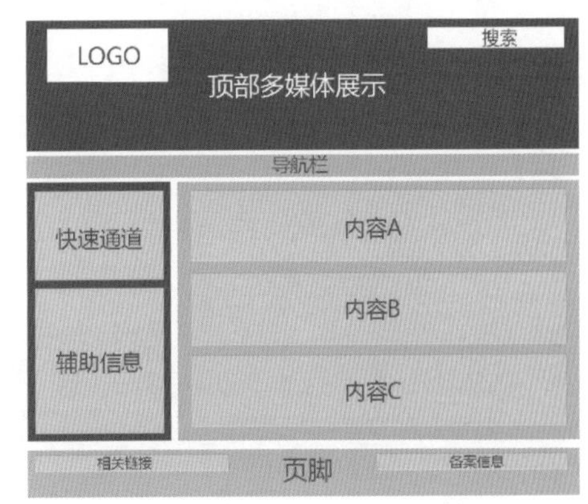

图 4.67 定案

4.4.2 布局的设计原则

网页布局的设计原则是指简洁、一致性、好的对比度。页面设计需要遵循这三条原则。

1. 简洁

设计并不再现具体的物象和特征，它要表达的是一定的意图和要求，在适当的环境里为人们所理解和接受。它与绘画有内在联系，但又不同于绘画，它以满足人们的实用和需求为目标，因而它比绘画更单纯、清晰和精确。页面设计属于设计的一种，同样要求简练、准确。

从人的记忆能力角度来说，由于人的大脑一次最多可记忆五到七条信息，因此如果希望人们在看完你的网页后能留下印象，最好也应该用一个简单的关键词语或图像吸引他们的注意力，如天极网的“yesky”，醒目易记，如图 4.68 所示。

图 4.68 天极网

- 保持简洁的常用做法是使用一个醒目的标题，这个标题常常采用图形来表示，但图形同样要求简洁。
- 另一种保持简洁的做法是限制所用的字体和颜色的数目。一般一个页面中使用的字体不超过三种，一个页面中使用的颜色少于三种。页面上所有的元素都应当有明确的含义和用途，不要试图用无关的图片把页面装点起来。初学者容易犯的一个错误是把页面搞得花里胡哨，却不能让别人明白他到底要突出表达什么内容、主题和意念。

2. 一致性

一致性是表现一个站点的独特风格的重要手段之一。

- ➢ 要保持一致性，可以从页面的排版下手。
  - ◆ 各个页面使用相同的页边距，文本、图形之间保持相同的间距。
  - ◆ 主要图形、标题或符号旁边留下相同的空白。
  - ◆ 如果在第一页的顶部放置了公司标志，那么在其他各页面都应放上这一标志。
  - ◆ 如果使用图标导航，则各个页面应当使用相同的图标。
- ➢ 一致性还包括页面中的每个元素与整个页面以及站点的色彩和风格上的一致性。所有的图标都应当采用相同的设计风格，如全部采用图像的线条剪辑画或全部使用写实的照片等。
- ➢ 另一个保持一致性的办法是字体和颜色的使用。文字的颜色要同图像的颜色保持一致并注意色彩搭配的和谐。一个站点通常只使用一到两种标准色，为了保持颜色上的一致性，标准色应一致或相近。例如，站点的主题色彩如果为褐色，可能就需要将超链接的色彩也改为褐色，如图 4.69 所示。

图 4.69　一致性

3. 对比度

使用对比是强调突出某些内容的最有效的办法之一。好的对比度使内容更易于辨认和接受。实现对比的方法很多，如下所示。

- ➢ 最常用的是使用颜色的对比。例如，内容提要和正文使用不同颜色的字体，内容提要使用蓝色，而正文采用黑色。
- ➢ 可以使用大的标题，即面积上的对比。
- ➢ 还可以使用图像的对比。题头的图像明确地向浏览者传达本页的主题，这里同样需要注意的是链接的色彩，在设计页面时我们常常会只注意到未被访问的链接的色彩，而容易忽视访问过的链接色彩将使得链接的文字难以辨认的问题，如图 4.70 所示。

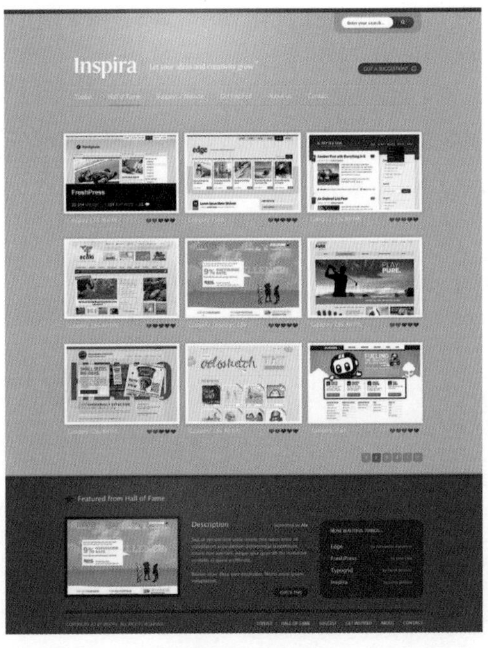

图 4.70　对比度

4.4.3　实现案例3——根据页面布局制作服装类网站页面

素材准备

素材如图 4.63 所示。

完成效果

完成效果如图 4.64 所示。

思路分析

- 分析页面布局。
- 运用布局步骤。
- 逐个细化局部。

操作步骤

步骤 1　绘制页头部分

（1）分析布局结构。

打开之前绘制好的网页布局结构图。页头部分由 Logo、导航和 Banner 构成，如图 4.71 所示。

（2）建立参考线。

新建文件，宽为 1044 像素、高为 1416 像素。在横向 42 像素、1002 像素处建立两条取向为垂直的参考线。在纵向 113 像素、194 像素处建立两条取向为水平的参考线。

（3）排列页头元素。

打开本章“素材 1”、“素材 2”、“素材 3”，将素材按 Logo、导航、Banner 的顺序排列，排列时结合参考线的位置来进行排布，如图 4.72 所示。

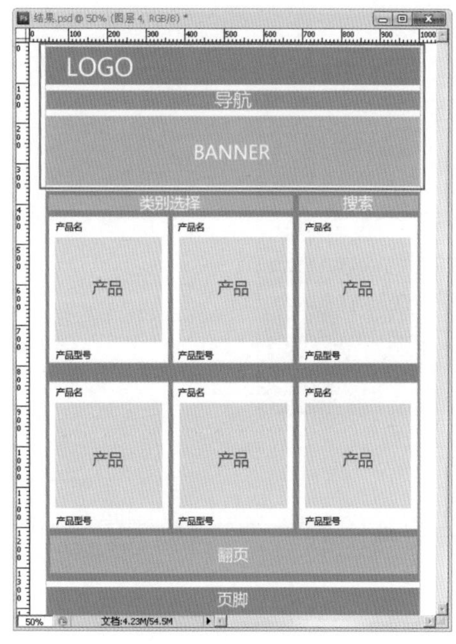

图 4.71　页头部分

图 4.72　页头元素的排布

步骤 2　绘制内容区

（1）排列工具条。

① 在纵向 373 像素处建立取向为水平的参考线。

② 打开本章“素材 4”、“素材 5”，将“素材 4”左边对齐左边参考线，上边对齐新建立的参考线；将“素材 5”右边对齐右边参考线，上边对齐新建立的参考线。

（2）排列产品区。

① 在纵向 431 像素处绘制一条长 960 像素的虚线。

② 在纵向 477 像素处建立取向为水平的参考线。

③ 设置前景色为 #E0EDF5，选择矩形工具，绘制一个高宽为 310 像素的矩形，填充前景色；再绘制一个高宽为 290 像素的矩形，填充白色。选中这两个图层，选择“图层”→“对齐”→“垂直居中”命令，再选择“图层”→“对齐”→“水平居中”命令。

选中这两个图层，移动位置，左边对齐左边参考线，上边对齐纵向 431 像素处的参考线，如图 4.73 所示。

④ 打开“素材 6”，将衣服图片置于画好的产品框中。

在产品框上方输入产品名称，在产品框下方输入产品型号等信息，如图 4.74 所示。

⑤ 用同样的方法绘制其他的产品区，如图 4.75 所示。

（3）排列页码条。

① 在纵向 1250 像素处建立取向为水平的参考线。

② 打开“素材 12”，将页码条素材放置在与左边参考线和纵向 1250 像素处参考线对齐处。

图 4.73　绘制产品区（1）

图 4.74　绘制产品区（2）

图 4.75　绘制产品区（3）

步骤 3　绘制页脚

打开“素材 13”，将页脚素材放置在页面底部，并与左边参考线对齐，最终效果如图 4.76 所示。

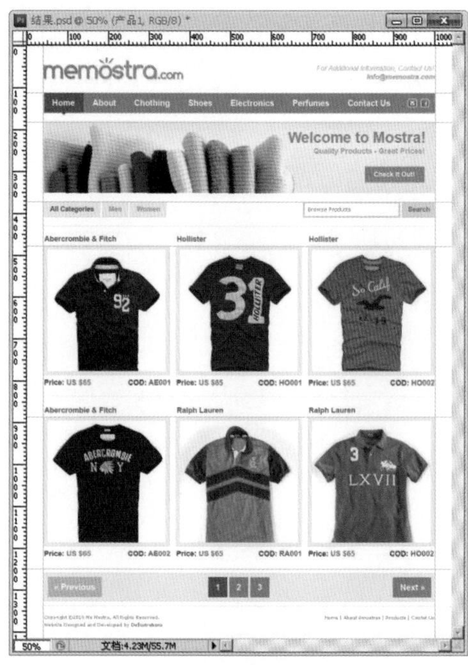

图 4.76　最终效果

经验总结

留意所有的事情，对最不相关的东西的观察可以得到最好的灵感。观察一个站点的结构和设计，理解站点结构的关键元素，确保设计是围绕站点进行的。

实 战 案 例

实战案例 1——使用 Photoshop 绘制企业页面布局

需求描述

本案例将使用 Photoshop 绘制一个商务休闲类企业页面布局。商务休闲类企业的网站通常不会很复杂，但是需要展示其简单大方且不乏活力的一面，所以页面的内容不宜塞得太满。商务休闲类企业网站通常选择比较简单的结构，简单的结构能带给用户一种清新的感觉。完成的效果如图 4.77 所示。

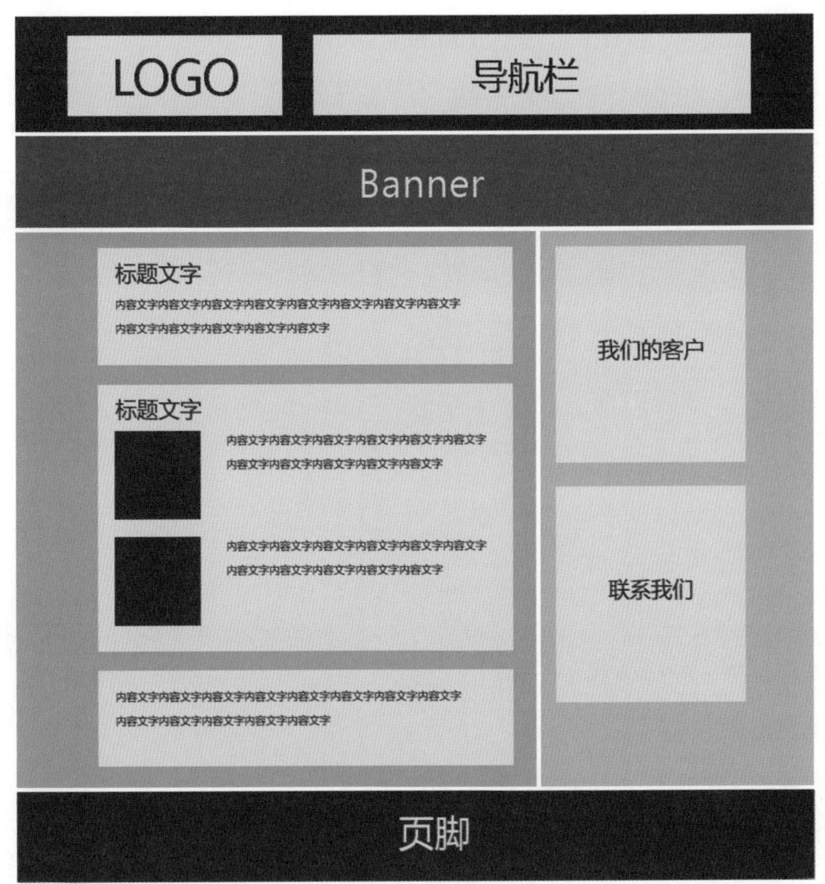

图 4.77　完成效果

技能要点

- 布局的步骤。
- 网页组成元素。

实现思路

根据理论课讲解的技能知识，完成图 4.77 所示的案例效果，应从以下几点予以考虑。

- 根据版面规划网页布局。
- 按照布局的步骤绘制网页。

难点提示

1. 规划网页布局

根据网页组成元素，设置页面高、宽为 1033×1094；在横向 46 像素、995 像素处建立两条取向为垂直的参考线，如图 4.78 所示。

2. 规划页头

页头部分包括顶部、Logo、导航、Banner，如图 4.79 所示。

图 4.78　建立参考线

图 4.79　页头部分

3. 规划内容区

内容部分包括工具条、内容等，如图 4.80 所示。

4. 添加页脚

在页面底部添加上页脚部分，如图 4.81 所示。

5. 保存文件

之后将利用绘制好的页面布局制作这个企业类网站。

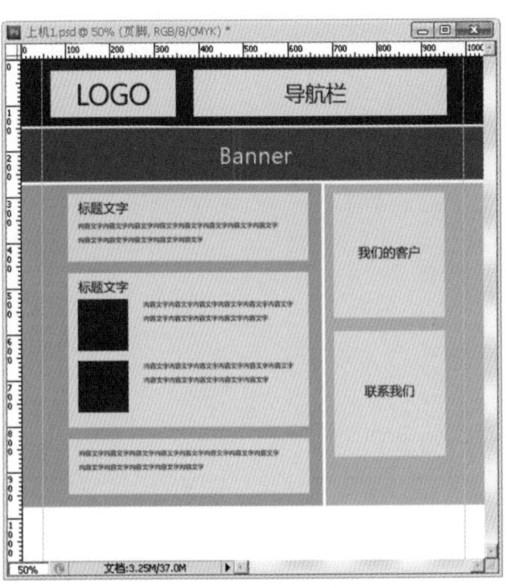

图 4.80　内容区部分

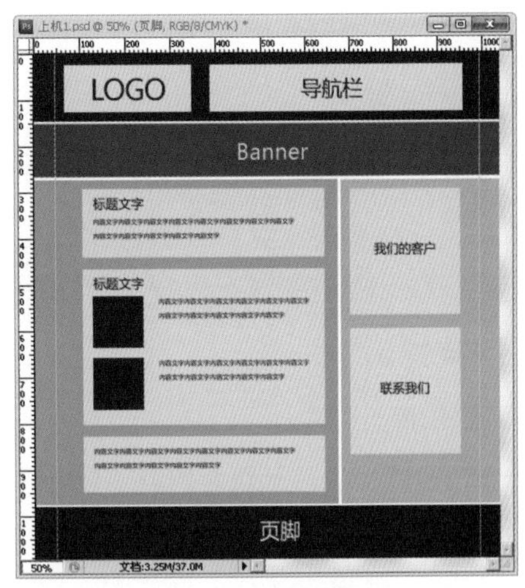

图 4.81　页脚部分

实战案例 2——根据页面布局制作企业类网站页面

需求描述

本案例将根据之前绘制的企业类网站页面布局，制作一个企业类网站页面。

素材准备

素材如图 4.82 所示。

完成效果

完成效果如图 4.83 所示。

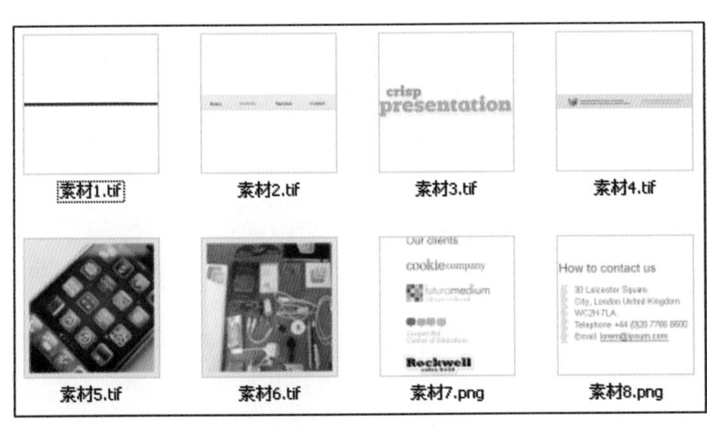

图 4.82　素材整合

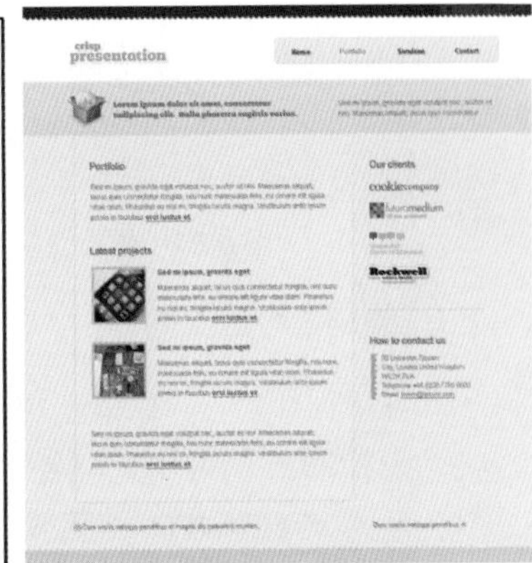

图 4.83　完成效果

技能要点

➢ 布局的步骤。

➢ 网页组成元素。

实现思路

根据理论课讲解的技能知识，完成图 4.83 所示案例效果，应从以下几点予以考虑。

➢ 建立合理的参考线。
➢ 根据绘制好的网页布局安排各元素。

难点提示

1. 制作页头

打开本案例素材“素材 1.tif”、“素材 2.tif”、“素材 3.tif”、“素材 4.tif”，将素材按顶部、Logo、导航、Banner 顺序逐个排布，如图 4.84 所示。

2. 绘制内容区背景

先添加整体背景和内容区左侧的背景，如图 4.85 所示。

图 4.84 排布页头

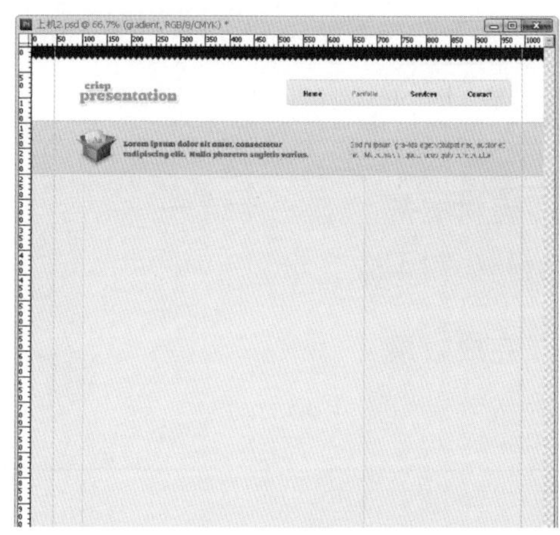

图 4.85 添加背景

3. 绘制内容区左侧

根据页面布局图划分的结构绘制页面内容区左侧。

首先绘制左侧顶部的内容。输入文字标题和正文，标题文字颜色为 #523C2F，正文文字颜色为 #7B5A47，如图 4.86 所示。

打开“素材 5.tif”、“素材 6.tif”，绘制左侧内容中间部分和下边部分，如图 4.87 所示。

4. 绘制内容区右侧

打开素材“素材 7.png”、“素材 8.png”，将“我们的客户”素材（素材 7.png）放在右侧上半部分，将“联系我们”素材（素材 8.png）放在右侧下半部分，如图 4.88 所示。

5. 绘制页脚

最后在页面底部添加页脚，利用“素材 1.tif”，改变透明度制作页脚。最终效果如图 4.89 所示。

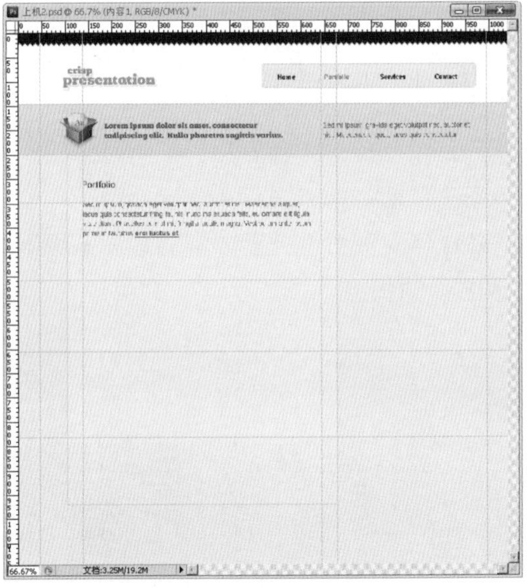

图 4.86 左侧内容（1）

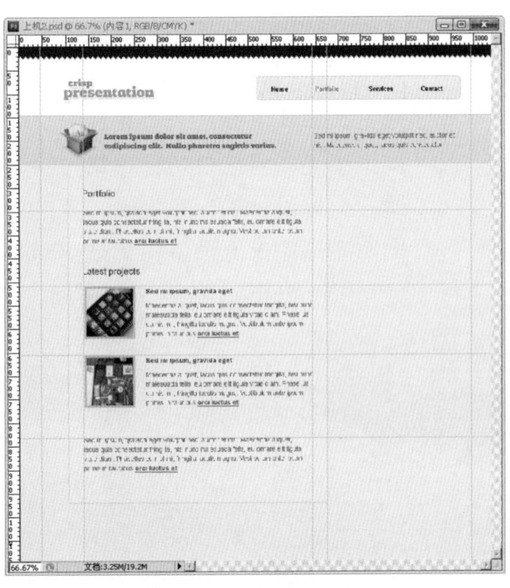

图 4.87 左侧内容（2）

图 4.88 右侧内容

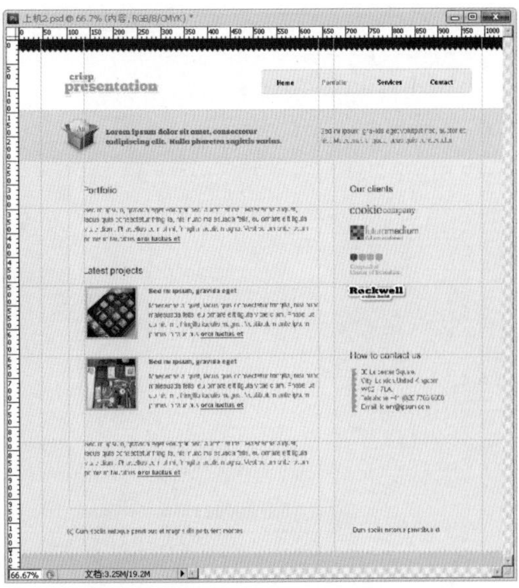

图 4.89 最终效果

本章总结

- 网页的框架结构，首先要关注页面的尺寸和整体造型，网页的框架结构包括页头、文本、页脚、图片和多媒体。
- 网页的组成元素包括框架、顶部、Logo、导航、内容、工具条、页脚和空白区。
- 通常页面长度原则上不超过三屏，宽度不超过一屏。
- 网页布局的方法有两种，第一种为纸上布局，第二种为软件布局。
- 网页布局设计的一般步骤，大的方向分为画出草案→粗略布局→定案。
- 网页布局设计原则是指简洁、一致性、好的对比度。页面设计需要遵循这三条原则。
- 使用 Photoshop 布局具有布局灵活、修改方便的优点。

学习笔记

本 章 作 业

选择题

1. 分辨率在 1024×768 的情况下，页面的第一屏显示尺寸为（　　）。
   A. 640×480　　B. 780×428　　C. 1003×600　　D. 1024×768
2. 不属于网页组成元素的是（　　）。
   A. 图片　　B. LOGO　　C. 导航　　D. 空白区
3. 布局设计的方法有（　　）。
   A. 软件布局法　　B. 直指布局法　　C. 纸上布局法　　D. 斜指布局法
4. 通常设计出的大概布局（　　）。
   E. 是网页的最终结果
   F. 是设计网页时的重要参考依据
   G. 是应付领导检查的
   H. 是随便画画的
5. 布局设计的原则是（　　）。
   A. 简洁　　B. 一致性　　C. 相似性　　D. 对比度

简答题

1. 简述网站的组成元素都有哪些?
2. 简述纸上布局法和软件布局法。
3. 简述网页布局设计的一般步骤。

操作题

1. 根据所学知识，组合SamsungCard网站，完成效果如图4.90所示。

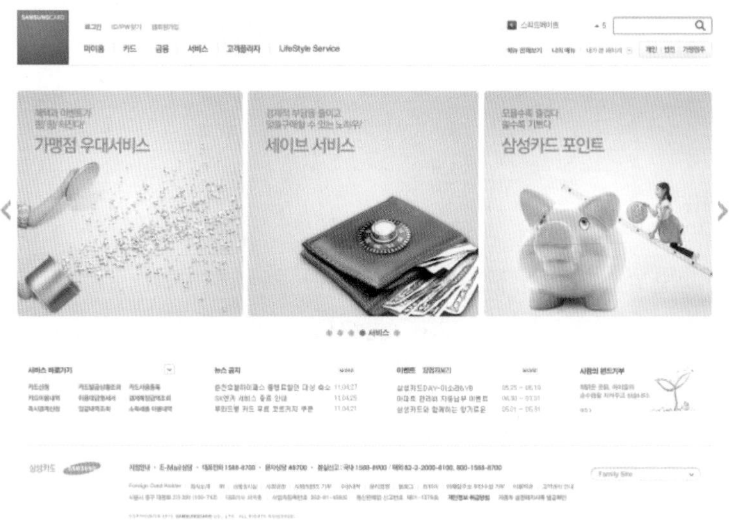

图 4.90　完成效果

素材如图4.91所示。

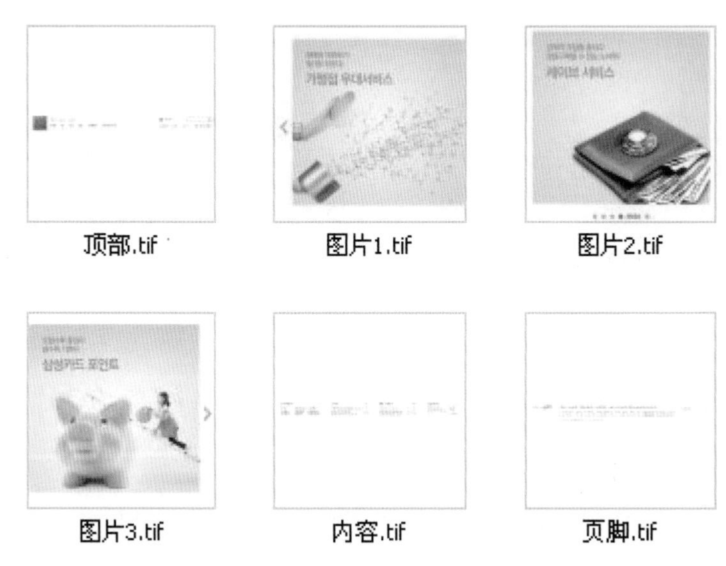

图 4.91　作业素材

> ➢ 根据网页的组成元素分析素材。
> ➢ 将素材按网页的组成元素顺序排布在页面里。

2. 根据图4.92所示的手机网站页面布局，设计一个手机网站的页面。

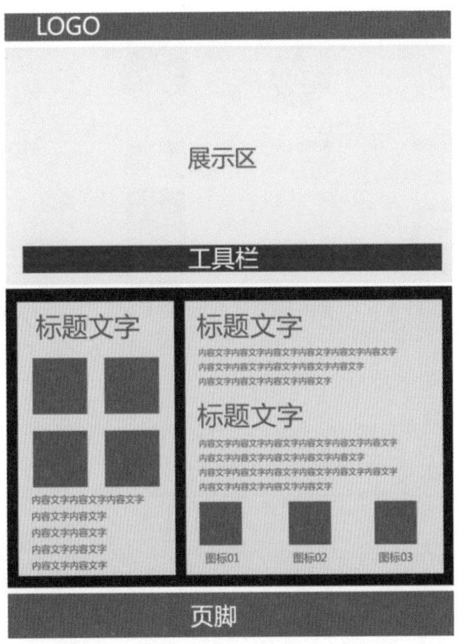

图 4.92 手机网站页面布局

完成效果如图4.93所示。

图 4.93 完成效果

素材如图4.94所示。

图 4.94　素材整合

- 分析之前画好的页面布局。
- 建立合理的参考线。
- 从整体到局部，先整体框架，再局部细化。

作业讨论区

访问课工场UI/UE学院：kgc.cn/uiue（教材版块），欢迎在这里提交作业或提出问题，你将有机会跟课工场的专家以及共同学习本书的小伙伴一起探讨切磋！

网页布局制作

● 本章目标

完成本章内容以后，你将：

- ▶ 了解网页布局的制作工具。
- ▶ 学会使用黄金分割法。
- ▶ 掌握网页布局的一般分类形式。
- ▶ 了解不同形式的布局应用。
- ▶ 了解网页结构的综合运用。

● 本章素材下载

▶ 请访问课工场UI/UE学院：kgc.cn/uiue（教材版块）下载本章需要的案例素材。

本章简介

前面学习了网页的组成元素及网页的布局方法。要设计出精美的网站页面，应该如何分配这些元素的大小、位置呢？布局的形式又有哪些？

网站就像人一样，有骨、有血、有肉。在网站中，网页的框架结构就是网站的骨架，是基础；功能模块就是血液，有功能应用的网页才鲜活；网站的内容就是肉，使网站丰富多彩。网站的框架结构可以使浏览者更清楚、更快速地了解网站要传达的信息内容，使网页处于一个整体布局之下。

网页版面布局以导航位置为界，大致可分为上下结构式、左右结构式、上左右结构式、上左中右结构式、不规则结构式、少见结构式。好的框架结构能充分体现网站的个性，使网站的信息能更迅速地传递给浏览者。

本章将讲解黄金分割法和网页的布局形式，并以实例形式讲述网站的框架结构。让学员对网页的布局有更深的认识。

理 论 讲 解

5.1 网页布局的制作工具

参考视频
网页布局制作和应用

演示案例 1——使用黄金分割法给网页添加标题

素材准备

素材如图 5.1 所示。

网页标题文字如下所示。

- 主标题：上海内奥米设计。
- 副标题：Website design、Planar design。
- 辅助文字：CRSES SERVICES。

完成效果

完成效果如图 5.2 所示。

案例分析

设计网页的时候，总会遇到这样那样的布局问题，大到版面的宏观划分，小到图标的放置位置，标志文字的位置等。本案例将利用黄金分割法为一家设计公司的网页加上它们的标志文字。

要使用黄金分割法给网页添加标题，将用到以下知识点。

➢ 黄金分割法。

➢ 文字工具。

本案例通过使用黄金分割法给网页添加标题，来学习黄金分割法的运用。相关理论讲解如下。

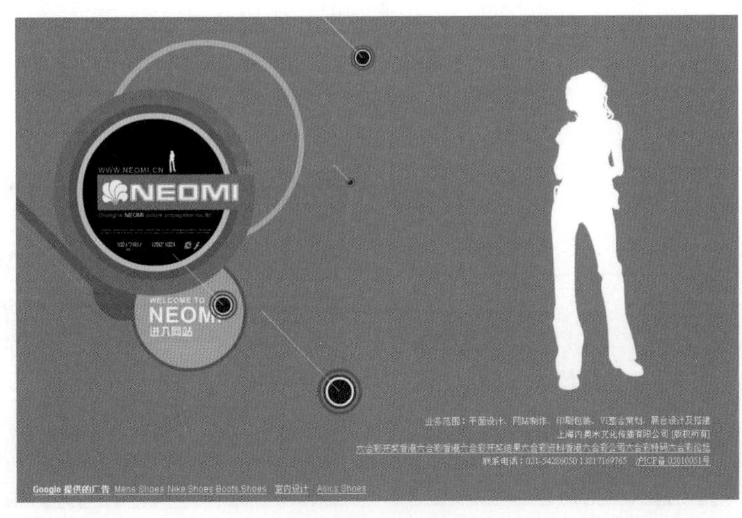

图 5.1　案例素材

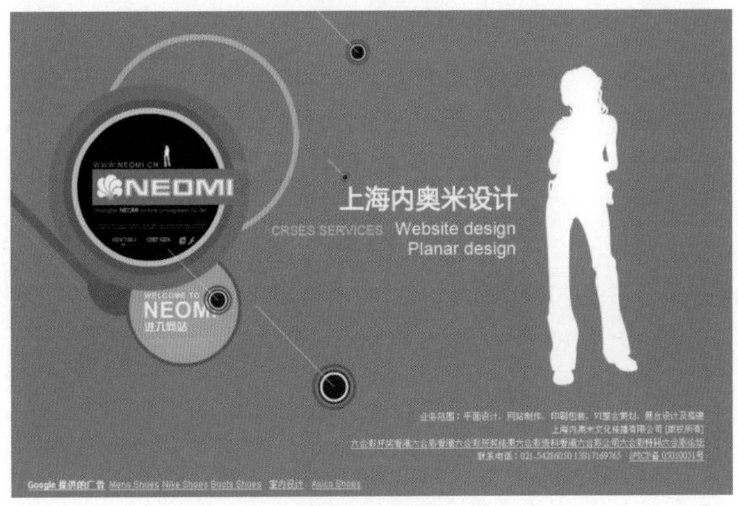

图 5.2　完成效果

5.1.1　九宫格构图和网页布局

1. 九宫格构图

九宫格是中国用以临写碑帖的一种隔界纸。基本形是把一个长方形等分为九个。在

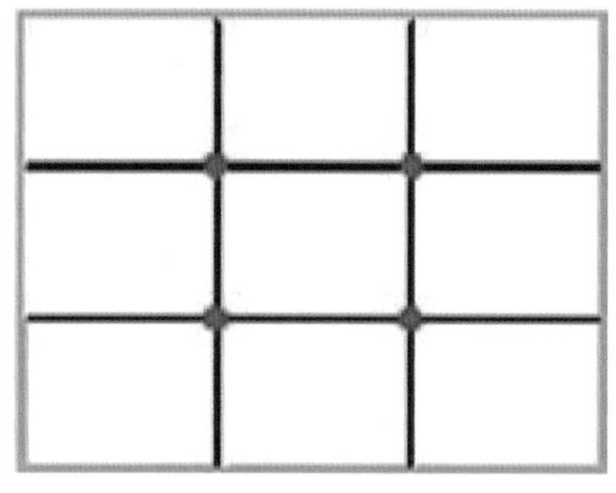
图 5.3　九宫格

这个九宫格中，中间部分就产生了四个交叉点，这四个交叉点就是视觉中心点。在国外的摄影理论里把这四个点称为“趣味中心”。顾名思义，被反复证明的是当主体物处于这四个点附近时最容易得到“眼球”，如图 5.3 所示。

在构图时，我们一般是把重点放在图片的九宫格的交汇点，这样图片看起来就不会死板，而让人印象深刻，如图 5.4 和图 5.5 所示。

图 5.4　老人

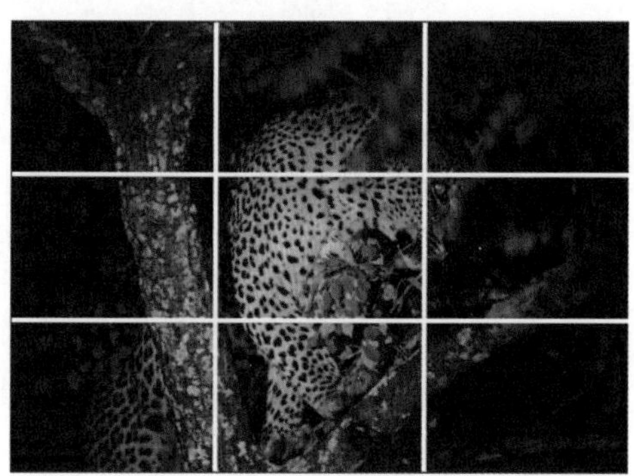
图 5.5　美洲豹

2. 九宫格构图法在网页中的运用

网页设计师开始一个项目时经常会考虑到网页的布局。下面剖析一个网站的布局，从而探讨如何将黄金分割理论运用到网页设计中，涉及的大部分技术也同样适用于其他的设计类工作，当然主要还是针对网站设计布局。在网页组成元素及元素之间使用黄金分割理论，能使网页看起来非常舒服。

1）网页框架

这些是页面的主要元素，有很多不同的方法去组织它们，但是这种布局是最常用的，如图 5.6 所示。

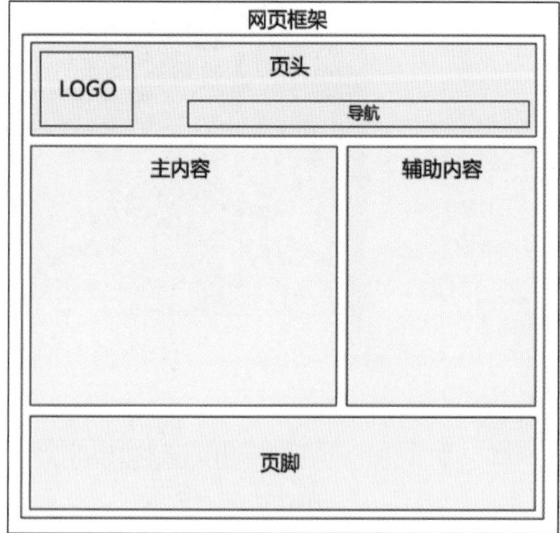

图 5.6　网站框架

2）页头

页头通常包含网站 Logo、导航、快速链接区等，如图 5.7 所示。

3）Logo 与导航

Logo 是网站的身份和品牌。最常用的是把 Logo 放在页头的左上角。我们的阅读习惯是从左往右，从上至下，所以 Logo 应该放在访问者第一眼能看到的地方。

页面导航是网站最重要的元素之一，访问者需要用它来浏览网站。导航应该容易被找到且是易用的，这就是为什么大多数人把它放在页头部分，至少也是在页面顶端附近的原因，如图 5.8 所示。

图 5.7　页头部分

图 5.8　Logo

4）内容区

大家都知道，网站是基于内容才出现的，可见内容的重要性。当用户访问网站时，内容是他们想看的主要元素。内容部分应该是页面的焦点，这样用户才能快速找到他们想看的内容。

除了主内容区，还有辅助内容区。辅助内容区放置次要内容的元素，像一些广告、站点搜索、订阅链接（RSS、Email 等）、联系方法等。这个元素不是必需的。辅助内容区大多数放在右边，但是也能把它放在左边或者两边，只要不扰乱主要内容的浏览就行，如图 5.9 所示。

5）页脚

页面的尾部总会有一个页脚，让用户知道他已经到达了页面的结束部分。页脚里包含版权、法律声明及主要的联系方式等，还可包含一些重要的链接。有些网站用这个区域提供一些相关材料或者其他重要信息，如图 5.10 所示。

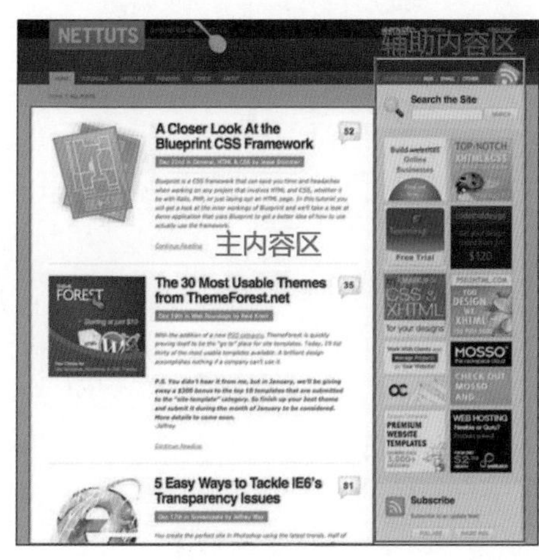

图 5.9　内容区部分

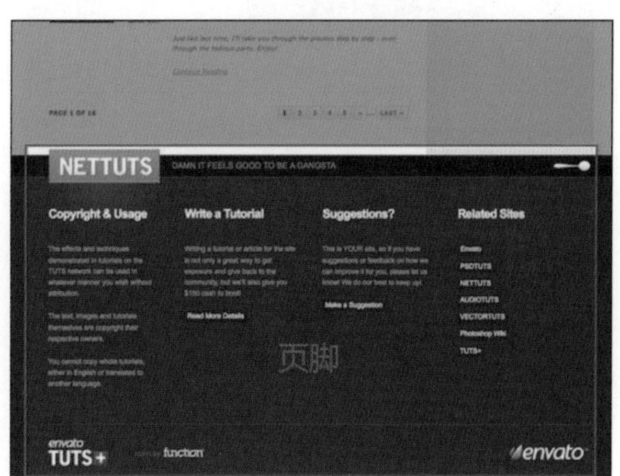

图 5.10　页脚部分

6）九宫格构图

九宫格构图法是用两条水平线和垂直线将构图在水平和垂直方向上三等分。这四条线交叉会形成四个点，这四个点称为关键点。重要的设计元素最好放置在这四个地方。也可以继续三等分，产生更多的关键点。很多网页设计已经在不知不觉中运用了九宫格构图法，如网站的重要信息（Logo、导航栏）会放置在左上角，右上角可能会放置重要性稍微低一点的内容。在考虑放置标题、按钮和链接的位置时，就可以考虑用九宫格构图法来做参考，如图 5.11 所示。

上面介绍的 Net Tuts 网站很好地遵循了九宫格构图法。顶端三分之一的网页再次分成了三份，非常接近黄金分割率。

下面的三个页面也是根据九宫格的分法将页面划分为三等份，如图 5.12 至图 5.14 所示。

图 5.11　九宫格构图法（1）

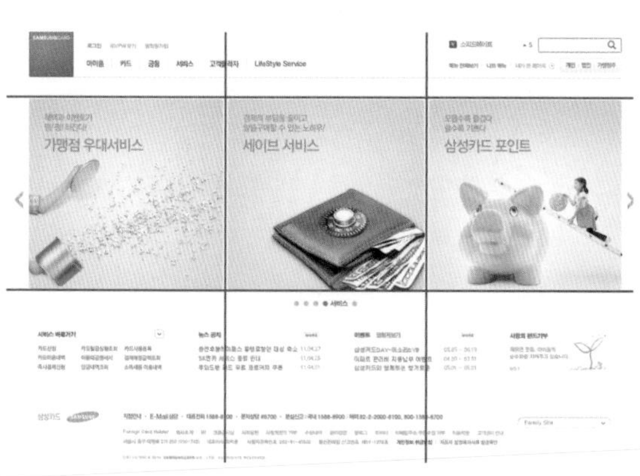

图 5.12　九宫格构图法（2）

图 5.13　九宫格构图法（3）

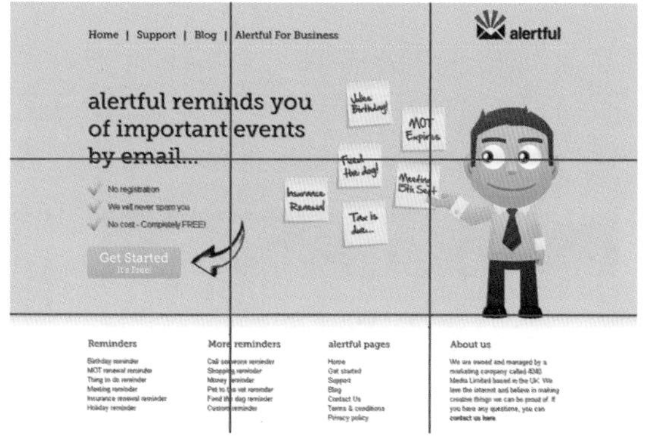

图 5.14　九宫格构图法（4）

5.1.2　黄金分割法和网页布局

1. 黄金分割法

黄金分割讲的是矩形的长宽比，符合黄金分割比例的矩形有一种特殊的视觉愉悦感。图 5.15 包含了多种比例的矩形，大家可以选出最感兴趣的，或者说看上去最舒适的一个来。

究竟哪个矩形看起来最舒适呢？答案是 B。为什么这么说呢？因为 B 图的矩形正是以“黄金分割”为比例绘制的。

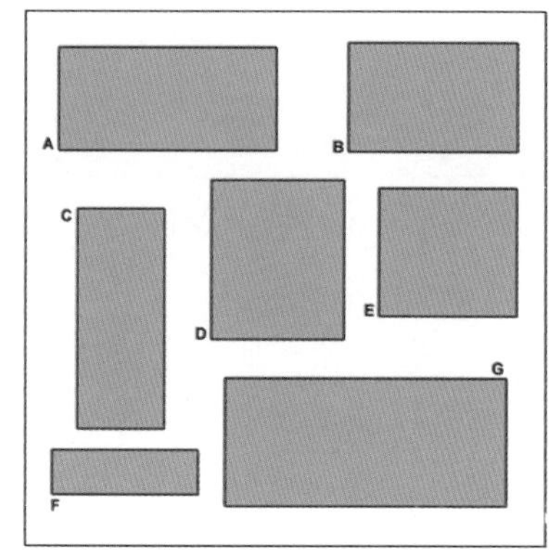

图 5.15　矩形

黄金分割率源于一个数学公式，这个比例大概是 1 ：1.618，如图 5.16 所示。

在一个矩形中的每个边上找出它的黄金分割点，将相对的点连线，相交的四个点就是视觉的“视觉中心”，如图 5.17 所示。

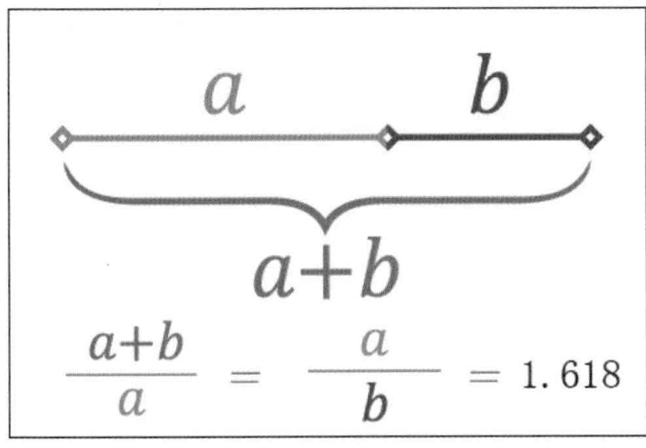

图 5.16 黄金分割点

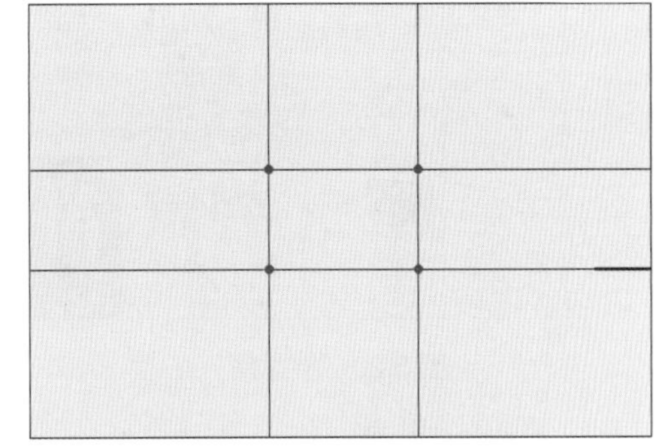

图 5.17 黄金分割线的交点

2. 黄金分割法在网站中的运用

在被艺术与设计影响的世界里，追逐美感成为每一个时代必不可少的潮流趋势，对于网站排版设计同样也不会例外。无论是企业网站建设、大型门户论坛，还是个人博客设计，可爱的设计师们和艺术家会想尽一切办法将美的东西融入其中，尽管大多数用户根本不会知道设计师为何如此排版。让我们一起来看都有哪些网站采用了黄金分割比例，这其中不乏大家都熟知的网站，只是平时没有留意而已，部分是采用九宫格分割，因为它与黄金分割惊人地接近。

- 豆瓣社区首页的设计左栏宽度是 590 像素，整体版面的宽度是 950 像素，两者之间的比例是 0.621，非常接近黄金分割，如图 5.18 所示。
- 腾讯网首页的设计右栏宽度是 600 像素，整体版面的宽度是 960 像素，两者之间的比例是 0.630，如图 5.19 所示。

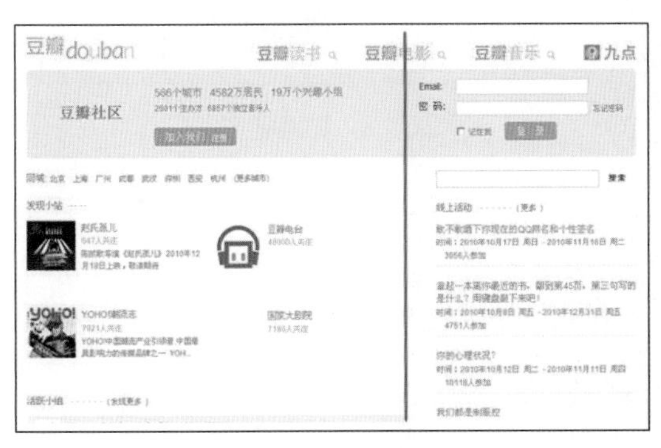

图 5.18 豆瓣网

图 5.19 腾讯网

- 搜狐门户首页的设计右栏宽度是 626 像素，整体版面的宽度是 950 像素，两者之间的比例是 0.659，这个比例几乎是九宫格的排版，如图 5.20 所示。
- 香港最著名的陈幼坚设计公司网站，整体版面的宽度是 648 像素，左侧主要内容占的宽度是 408 像素，两者之间的比例是 0.63，如图 5.21 所示。

图 5.20　搜狐网

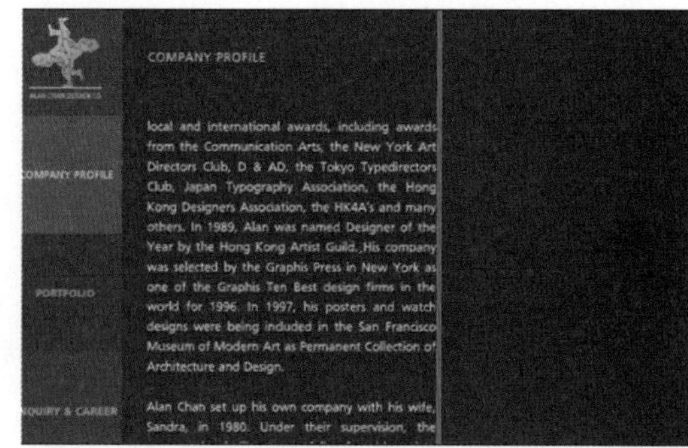

图 5.21　陈幼坚设计公司网站

- Twitter 是国外的一个社交网络及微博服务的网站。Twitter 的网页设计将黄金分割使用到了极致，完全是按照黄金矩形来布局的，如图 5.22 所示。
- 现在不少的博客在比例分配上面也采用了黄金分割。德意博客的主体宽度是 900 像素，左侧主栏宽度是 580 像素，两者之间的比例是 0.64，如图 5.23 所示。

思考

观察你偶像的博客布局之间的比例是怎样的。

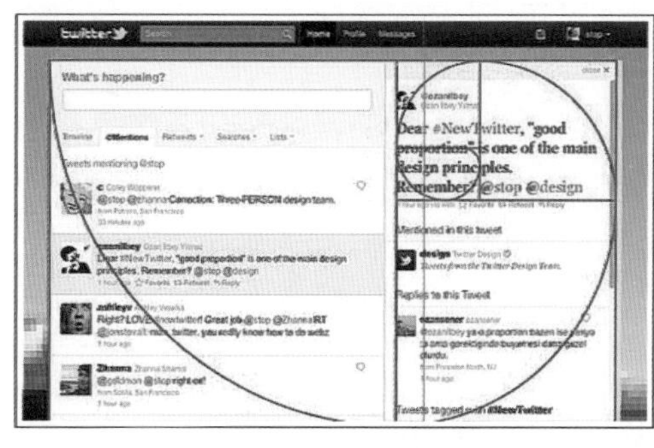

图 5.22　Twitter 网

图 5.23　德意博客

经验总结

在网页设计布局时，根据功能的不同将网页分成几个矩形，这些矩形的大小参照黄金分割比例，这样就形成了很多黄金矩形。这些矩形可以解决在网页设计布局中碰到的大部分困惑，如可以通过这些黄金矩形来决定 Flash 或者图像该放在首页的什么地方，也可以决定侧边栏、网站底部内容的位置。一些电子商务网站在设计产品的展示时尤其可以参考一下黄金矩形。

讨论

如果要做一个新的设计，推荐找一些流行的站点，评价它们的布局以及它们是如何应用黄金分割比例的。然后花一些时间去实践使用黄金分割。

5.1.3 网格的运用

目前顶尖设计的大网站，几乎都会利用网格来进行布局。网格可以给网页布局带来稳定性和结构性，给设计师提供一个可在此基础上搭建网站的便利模板，如图 5.24 所示。

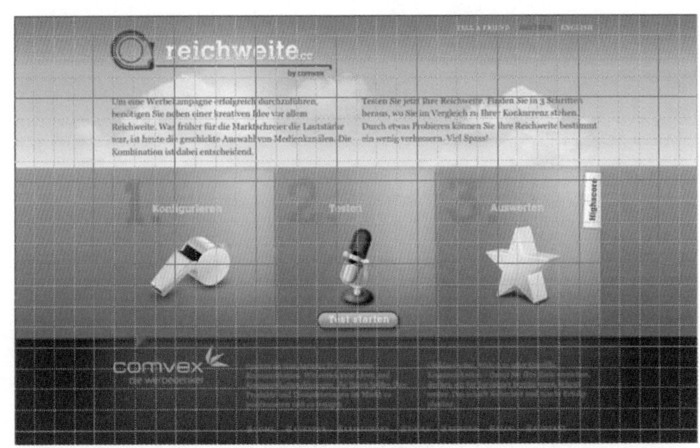

图 5.24 网格

1. 网格基础知识

网格是用竖直或水平分割线将布局进行分块，把边界、空白和栏包括在内，以提供组织内容的框架。

网格常用在传统印刷中，但它对网页设计也是非常合适的。网格可以在设计页面时辅助制作，并保持布局的统一。网格只是一个辅助设计工具，不是限制设计创造性的障碍。

2. 理解并遵循规则

设计页面时应该按照网格，让所有的设计元素对齐。在设计中使用网格可以给内容带来结构性。

3. 建立网格模板的两种途径

1）自己创建网格系统

建立网格是在 Photoshop 里新建一个空文件，将其按照数学原理分割成奇数栏或偶数栏，而且通常要把栏之间的空白考虑在内。

图 5.25 网格（1）

网格可以很复杂也可以很简单。网格越复杂，就拥有越多的自由发挥空间；网格越简单，留出的空白就越多。下面是一些用 Photoshop 制作的例子。它们可以在 Photoshop 中用网格来查看，如图 5.25 和图 5.26 所示。

2）Photoshop 中自带的网格系统

Photoshop 中也有自带的网格系统，具体操作是选择“视

图 5.26 网格（2）

图”→“显示”→“网格”命令（快捷键为 Ctrl+‘），如图 5.27 所示。

Photoshop 中的网格系统默认情况下网格线间隔 25mm。通过选择“编辑”→“首选项”→“参考线、网格和切片”命令可进行网格的设置，如图 5.28 所示。

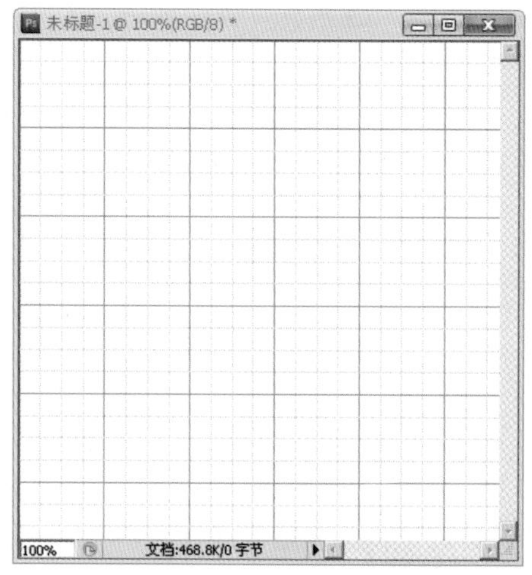

图 5.27　Photoshop 自带网格

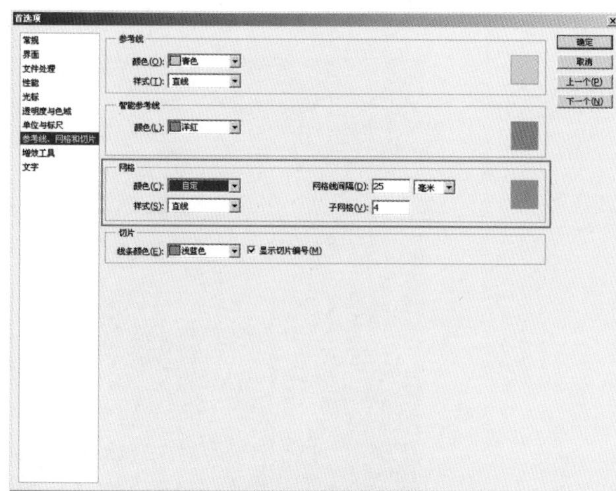

图 5.28　设置网格

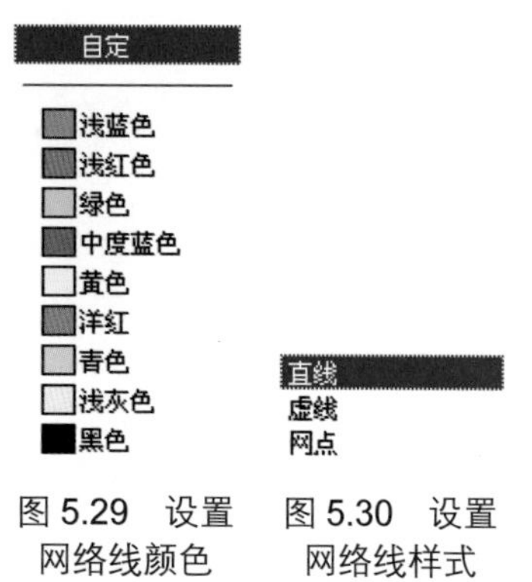

图 5.29　设置网络线颜色

图 5.30　设置网络线样式

在“颜色”下拉列表中可以设置网格线的颜色，如图 5.29 所示。

在“样式”下拉列表中可以设置网格线的样式，如图 5.30 所示。

在“网格线间隔”下拉列表中可以设置网格线的单位，还可以输入数字设置网格线间隔，如图 5.31 所示。

通过设置“子网格”的单位可以设置子网格的数量。

4. 下载现成的网格模板

网上也有标准的网格模板可供下载，下载模板可以节省制作网格的时间。

图 5.32 就是一个下载的网格系统，可以直接用来辅助设计整齐而且清爽的站点。

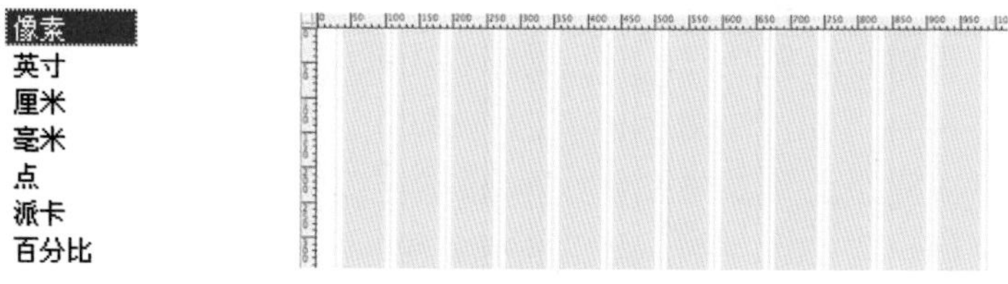

图 5.31　设置网格线间隔

图 5.32　下载的网格系统

5. 基于网格系统的设计实例

下面是一些应用网格系统的设计作品，它们非常整齐而且界面友好。其中一些是严格按照网格布局的，另一些则打破了网格的某些边界。所有这些都说明，应用网格系统并不意味着枯燥的外观设计，如图 5.33 和图 5.34 所示。

图 5.33　Help Your Habitat

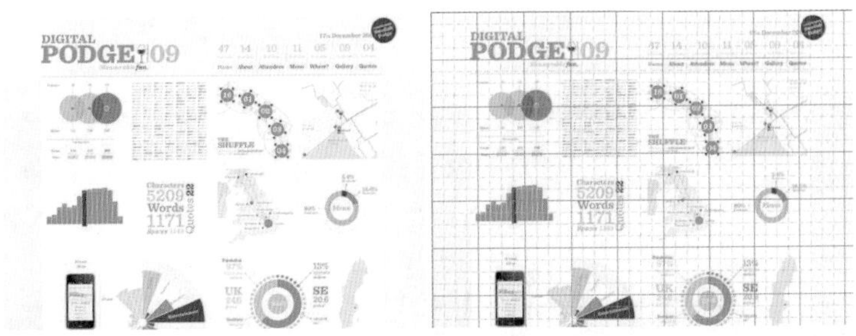

图 5.34　Digital Podge 2009

6. 网格不是万能的

网格并不是设计问题的一切解决方案，也不一定适用于所有人。但网格的确为那些需要结构感和平衡感，而且需要稳定和清爽设计的站点提供了很好的切入点。在设计网站时尝试使用网格，并体会网格结构漂亮而且独特的设计。

5.1.4　实现案例1——使用黄金分割法给网页添加标题

素材准备

素材如图 5.1 所示。

网页标题文字如下所示。

- 主标题：上海内奥米设计。
- 副标题：Website design、Planar design。
- 辅助文字：CRSES SERVICES。

完成效果

完成效果如图 5.2 所示。

思路分析

- 借助参考线来划分黄金分割线。
- 使用不同的字体、颜色来区别主标题、副标题、辅助文字。

操作步骤

步骤 1　划分黄金分割线

（1）分析网页高、宽。

在 Photoshop 中打开本案例素材，按 Ctrl+A 组合键全部选取，按 F8 键显示“信息”框，显示页面宽度为 1003 像素，高度为 654 像素，如图 5.35 所示。

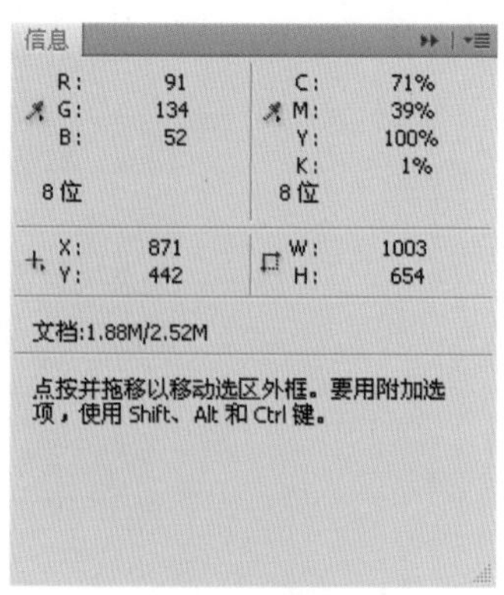

图 5.35　“信息”框

（2）分析素材。

素材的中间部分是空白区域，比较适合放置标志文字，如图 5.36 所示。

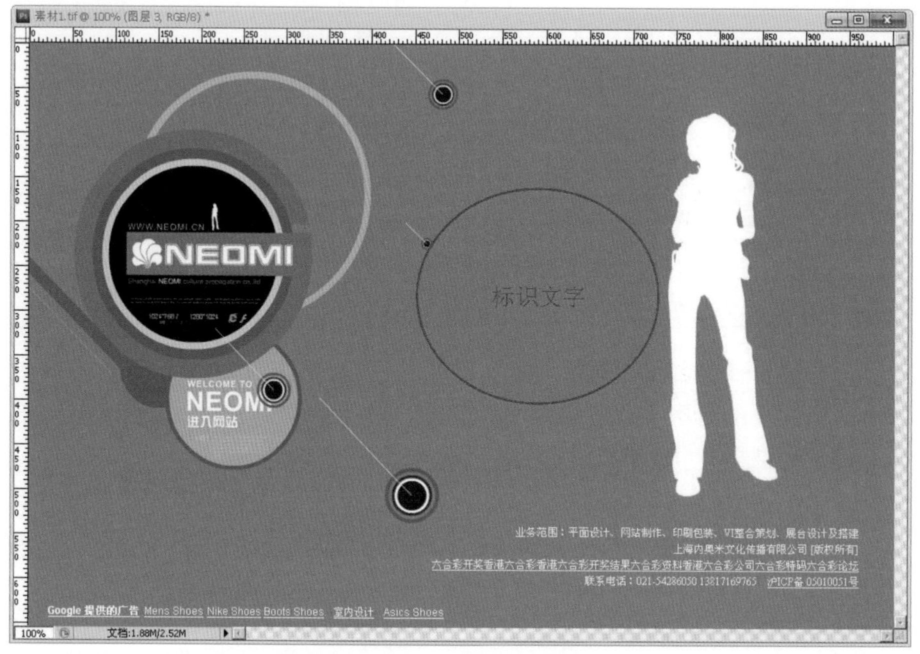

图 5.36　标志文字范围

（3）用参考线来添加黄金分割线。

按 Ctrl+R 组合键显示标尺。黄金分割的比例约为 1 ∶ 1.618，宽 1003 像素的页面黄金分割点应该是 1003×0.618 像素，约为 620 像素。在页面自左向右 620 像素处建立一条参考线。

用同样的方法，高 654 像素的黄金分割线约在 404 像素处，自下而上 404 像素处建立一条参考线，如图 5.37 所示。

这两条参考线都是依据高、宽的黄金分割比建立的，这两条“黄金分割线”的交点是视觉的趣味中心，所以应该将标志性的文字放在该交点附近，以符合人们的视觉焦点。

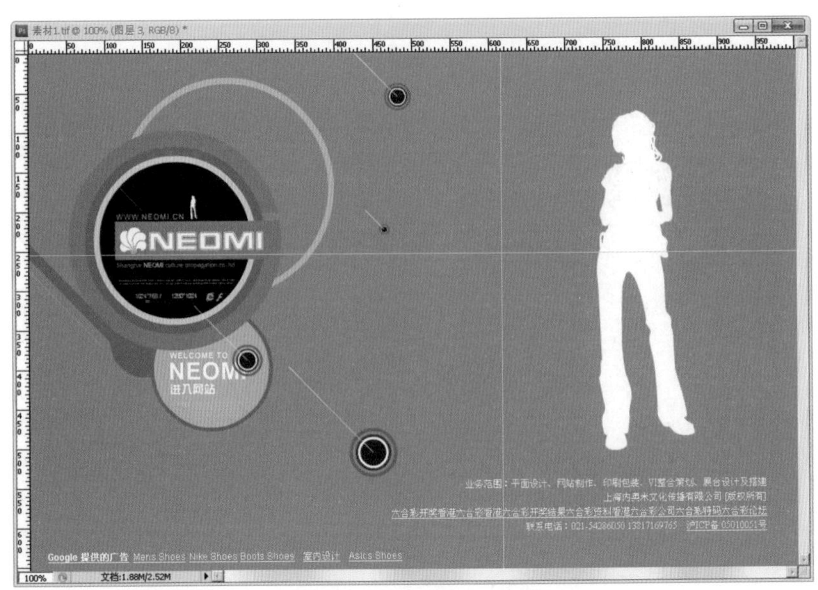

图 5.37　黄金分割参考线

步骤 2　输入文字

（1）输入主标题。

选择文字工具，字体为微软雅黑，颜色为白色，输入主标题“上海内奥米设计”，调整其位置到两条参考线的交点附近，如图 5.38 所示。

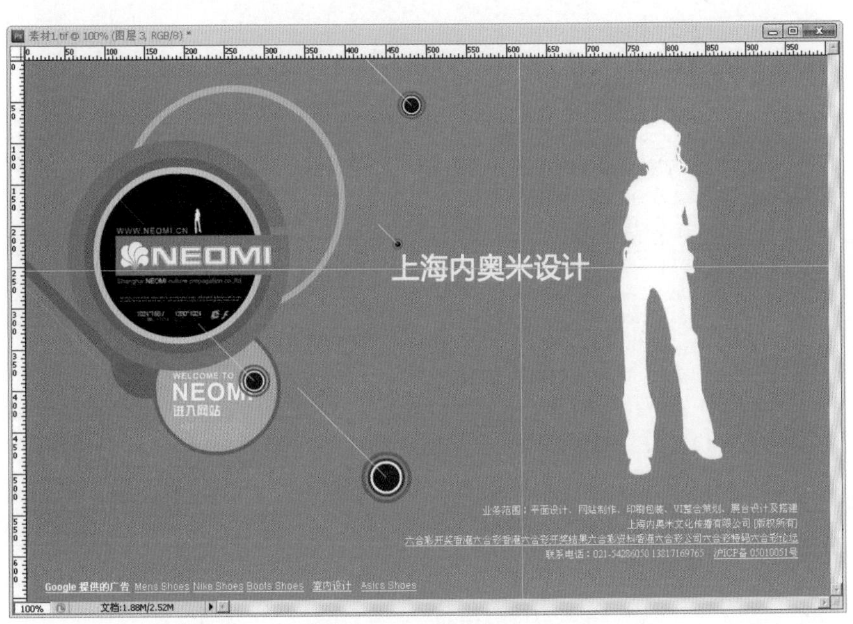

图 5.38　输入主标题

（2）输入副标题。

副标题通常在主标题下面，字号略小于主标题，如图 5.39 所示。

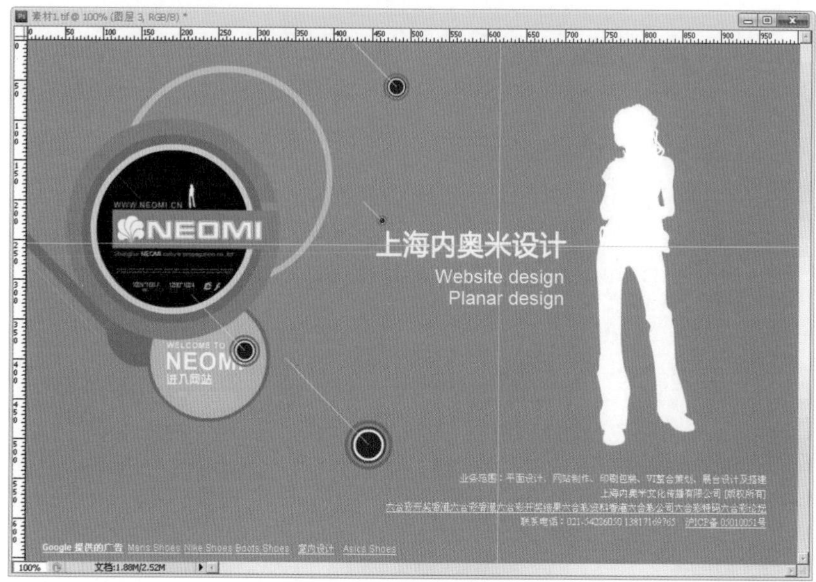

图 5.39　输入副标题

（3）输入辅助文字。

用同样的方法输入辅助文字，辅助文字的颜色不需要很醒目，如图 5.40 所示。

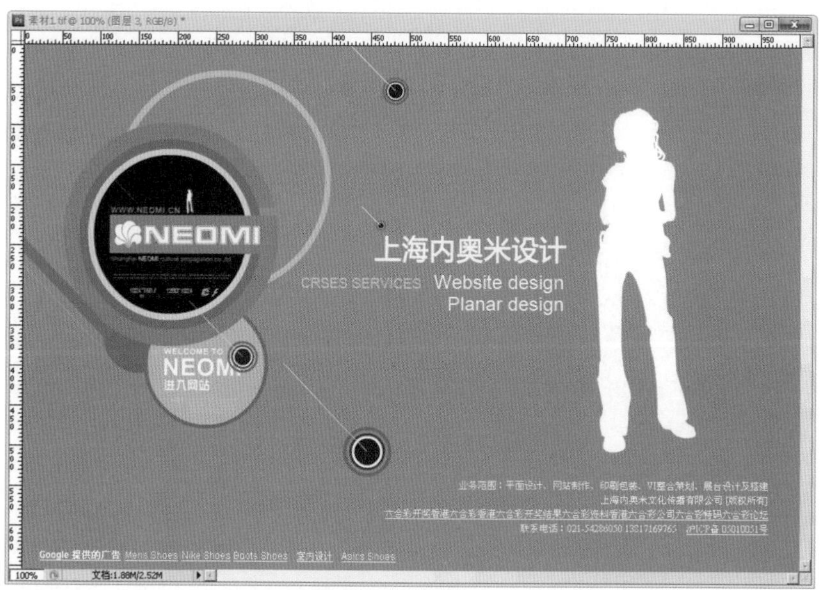

图 5.40　最终效果

经验总结

无论是网页设计还是其他设计，在使用文字时，文字就和图形一样，合理地搭配文字的摆放，包括字体、大小、颜色等，会让整个设计大放异彩。

5.2 网页的布局形式

演示案例 2——拼贴“T”形结构网页

素材准备

素材如图 5.41 至图 5.46 所示。

图 5.41 网页结构图

图 5.42 Logo

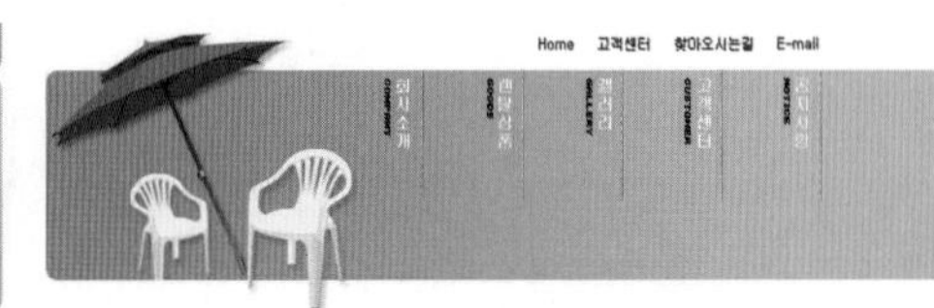

图 5.43 顶部导航

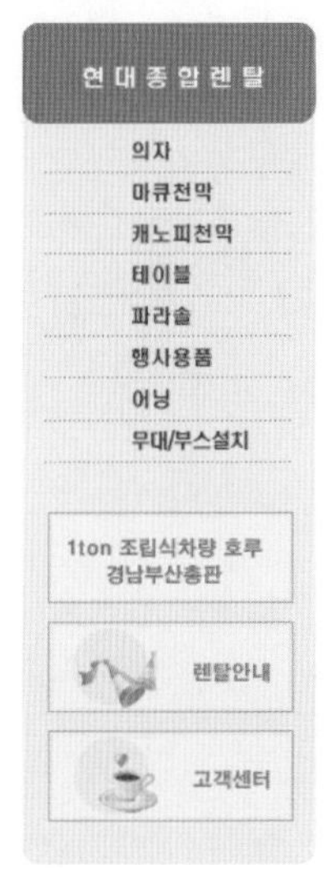

图 5.44 左侧导航

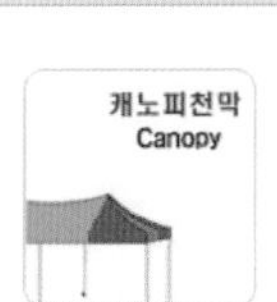

图 5.45 右侧内容

Copyright (c) htr.co.kr. All rights reserved. TOP

图 5.46 页脚

完成效果

完成效果如图 5.47 所示。

案例分析

网页的布局设计变得越来越重要。访问者不愿意再看到只注重内容的站点。虽然内容很重要，但只有当网页布局和网页内容成功结合时，这种网站才受欢迎。本案例就通过拼贴一个“T”形结构布局的网页来学习网页布局的形式。

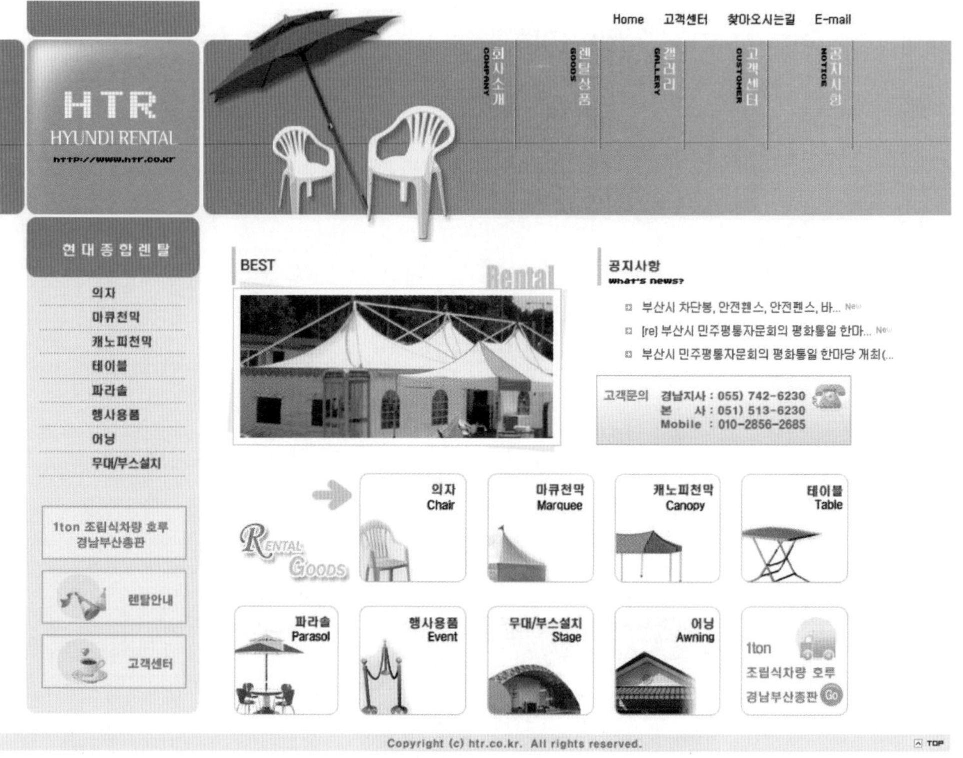

图 5.47　完成效果

要拼贴这个“T”形结构网页，将用到以下知识点。

- “T”形结构布局。
- 网页组成元素。

相关理论讲解如下。

5.2.1　布局形式分类分析

设计版面布局是设计网站的第一步，下面看看设计网页经常会用到的版面布局形式。

1. “T”形结构布局

所谓“T”形结构，就是指页面顶部为横条网站标志 + 广告条，下方左边为主菜单，右边显示内容的布局，因为菜单条背景较深，整体效果类似于英文字母“T”，所以我们称为“T”形布局。这是网页设计中使用最广泛的一种布局方式。

这种布局的优点是页面结构清晰、主次分明，是初学者最容易掌握的布局方法；缺点是规矩、呆板，如果细节色彩上不注意，很容易让人感觉“看之无味”，如图 5.48 所示。

“T”形布局网站展示如图 5.49 和图 5.50 所示。

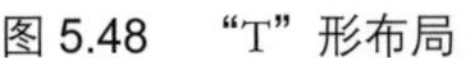
图 5.48 “T”形布局

图 5.49 “T”形布局网站（1）

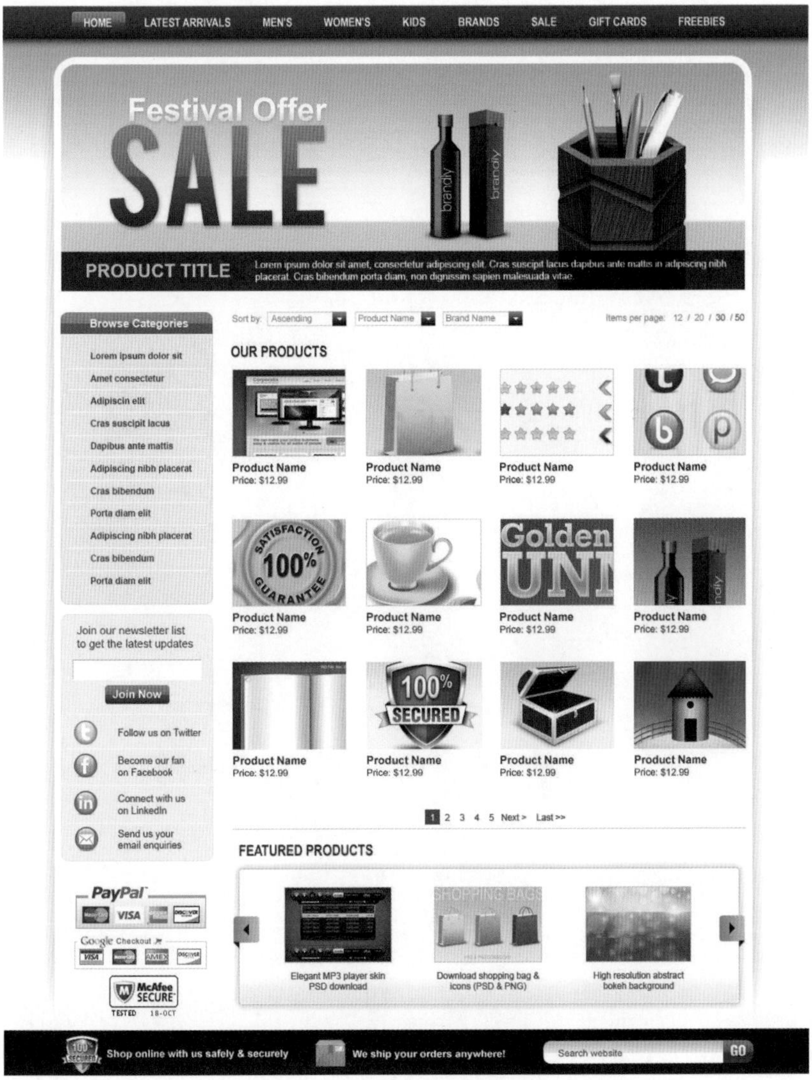

图 5.50 “T”形布局网站（2）

2. “口”形布局

这是一个象形的说法，就是页面一般上下各有一个广告条，左边是主菜单，右边放友情链接等，中间是主要内容。

这种布局的优点是充分利用版面、信息量大；缺点是页面拥挤、不够灵活。也有将四边空出，只用中间的口形布局设计，如图 5.51 所示。

“口”形布局网站展示如图 5.52 和图 5.53 所示。

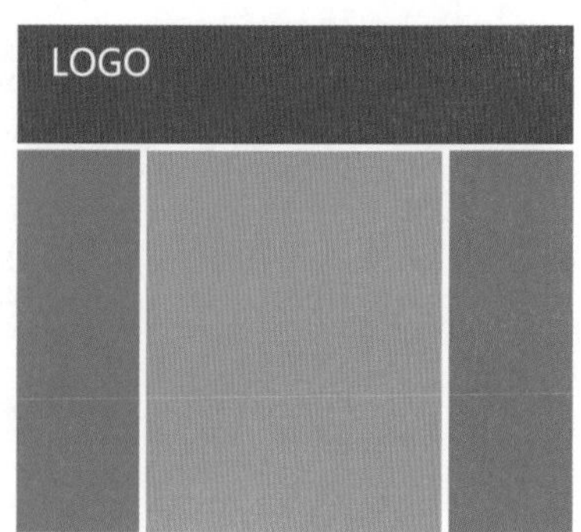

图 5.51 “口”形布局

图 5.52 “口”形布局网站（1）

图 5.53 “口”形布局网站（2）

3. “三”形布局

“三”形布局多用于国外站点，国内用的不多。

这种布局的特点是页面上横向两条色块，将页面整体分割为三部分，色块中大多放广告条，如图 5.54 所示。

“三”形布局网站展示如图 5.55 所示。

图 5.54　“三形”布局

图 5.55　“三”形布局网站

4. 对称对比布局

对称对比布局顾名思义，采取左右或者上下对称的布局，一半深色，一半浅色，一般用于设计类网站。

这种布局的优点是视觉冲击力强；缺点是将两部分有机地结合起来比较困难，如图 5.56 所示。

对称对比布局网站展示如图 5.57 和图 5.58 所示。

图 5.56　对称对比布局

图 5.57　对称对比布局网站（1）

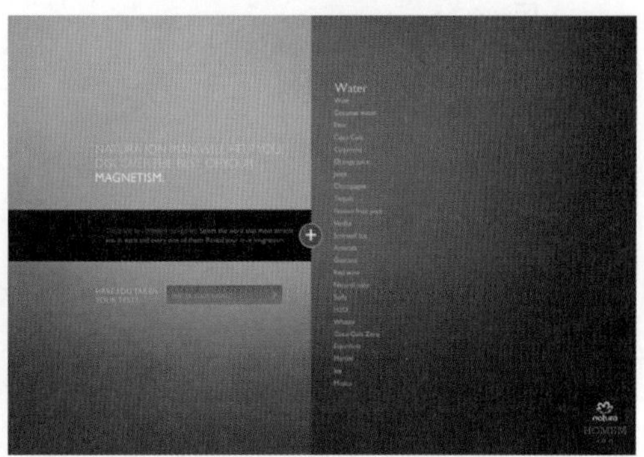

图 5.58　对称对比布局网站（2）

5. POP 布局

POP 引自广告术语，就是指页面布局像一张宣传海报，以一张精美图片作为页面的设计中心。

此种布局的优点显而易见，漂亮吸引人；缺点就是由于内容丰富，显示速度慢。作为版面布局还是值得借鉴的，如图 5.59 所示。

POP 布局网站展示如图 5.60 和图 5.61 所示。

图 5.59　POP 布局

图 5.60　POP 布局网站（1）

图 5.61　POP 布局网站（2）

5.2.2　实现案例2——拼贴“T”形结构网页

素材准备

素材如图 5.42 至图 5.46 所示。

完成效果

完成效果如图 5.47 所示。

思路分析

- 分析“T”形结构布局。
- 根据“T”形结构布局，结合网页组成元素的知识，将各元素拼贴起来。

操作步骤

步骤 1 分析网页结构图

打开本案例素材“网页结构图 .tif”，如图 5.41 所示。

根据结构图所示，页头部分由 Logo 和顶部导航构成，页头下面分为“左侧导航”和

"右侧内容"两部分，页头部分和图中所示"左侧导航"、"右侧内容"部分构成了"T"形结构布局。

接下来，将素材按照"T"形结构布局拼贴。

步骤 2 拼贴元素

打开本案例的其他素材。

选择文件"Logo.tif"，按 Ctrl+A 组合键全部选择，按 Ctrl+C 组合键复制，选择文件"网页结构图"，按 Ctrl+V 组合键粘贴 Logo，调整位置到左上角，如图 5.62 所示。

用同样的方法将"顶部导航 .tif"复制到"网页结构图"文件中，调整位置，如图 5.63 所示。

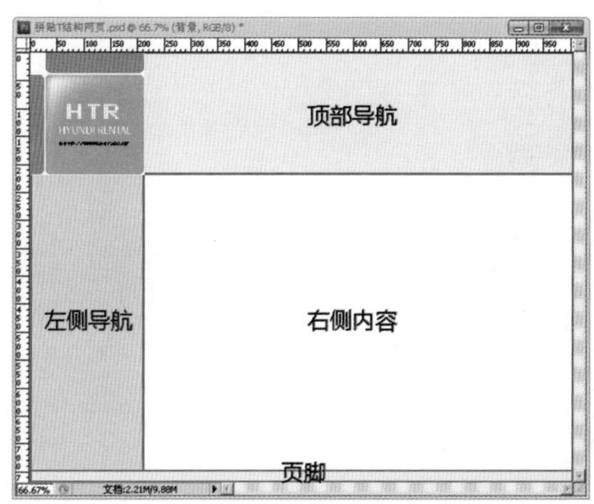

图 5.62　粘贴 Logo

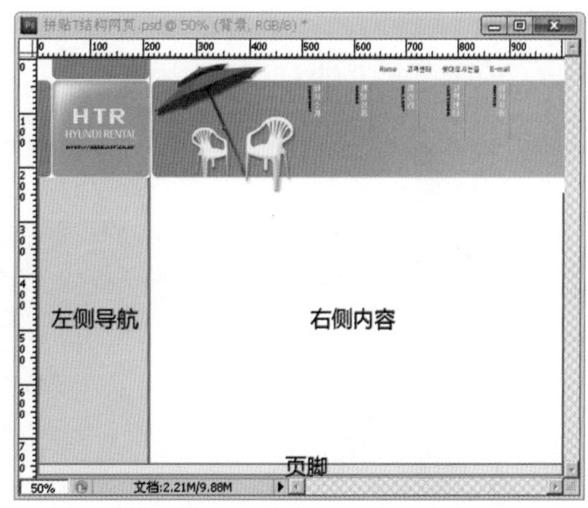

图 5.63　粘贴顶部导航

用同样的方法将"左侧导航 .tif"、"右侧内容 .tif"、"页脚 .tif"复制到"网页结构图"文件中，调整位置，如图 5.64 所示。

图 5.64　最终效果

5.3 网页布局的常见结构

网站的框架结构可以使浏览者更清楚、更快速地了解网站要传达的信息内容，使网页处于一个整体布局之下。

网页版面布局以导航位置为界，大致可分为上下结构式、左右结构式、上左右结构式、上左中右结构式、不规则结构式及少见结构式。

这里主要介绍几种常见的布局方式。

1. 上下结构式

通常上方为导航条或者动态的公司企业形象、广告区域，下方为正文、内容部分。此类结构在内容较少的企业网站或者个人网站常出现。有时只在首页使用，二级页面另换相应的结构，如图 5.65 至图 5.69 所示。

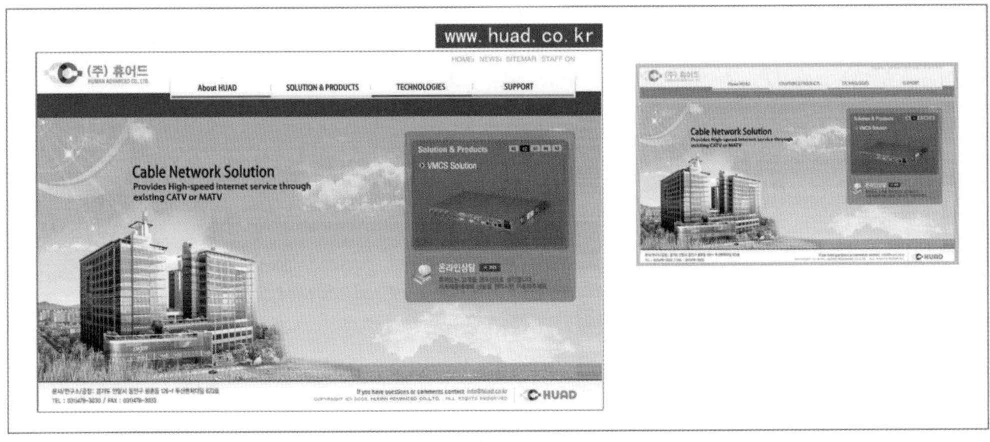

图 5.65　上下结构式——国外企业网站

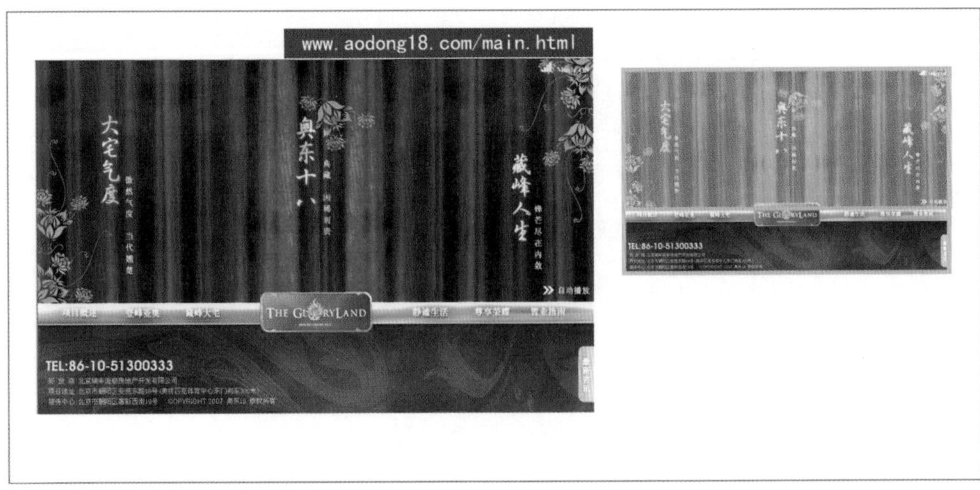

图 5.66　上下结构式——房地产专题网站

图 5.67　上下结构式——汽车专题网站

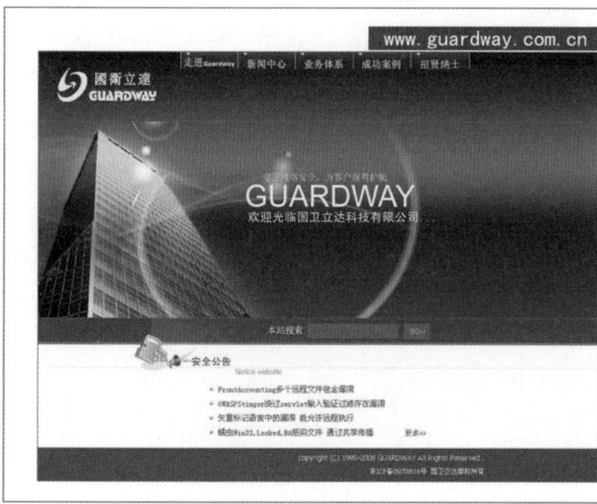

图 5.68　上下结构式——国内企业网站

图 5.69　上下结构式——个人网站

2. 左右结构式

左右结构式又称为二分栏式，该结构式清晰地将框架结构分成两列。一般左侧是导航条，有时最上方会有一个小的标题和标志，右侧是正文、内容部分或者企业形象展示。不少企业网站喜欢采用这种结构，如图 5.70 至图 5.72 所示。

图 5.70　左右结构式——房产专题网站

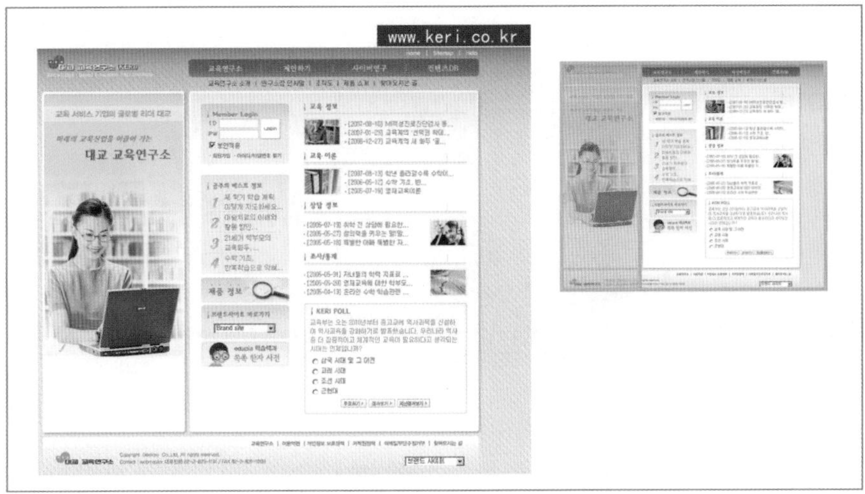

图 5.71　左右结构式——企业网站

由于网站内容较少，因此多数企业网站都使用上下结构式和左右结构式，展示区域添加大的图片作为公司形象。

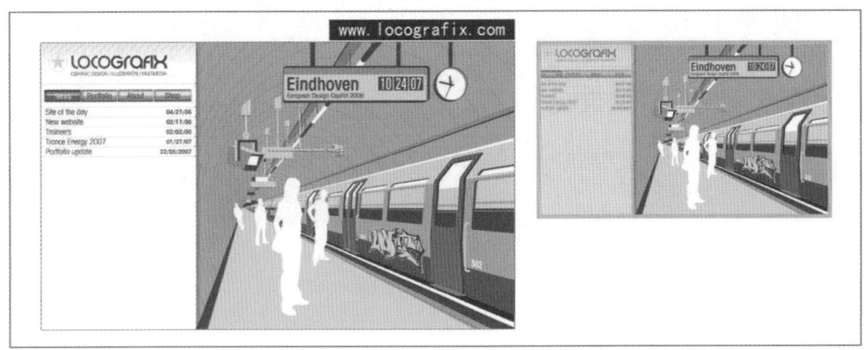

图 5.72　左右结构式——设计公司网站

3. 上左右结构式

上左右结构式是大中型企业较喜欢的框架式。通常上方多数为菜单导航条，下方多数为栏目及小广告等，右侧为内容区域，如图 5.73 和图 5.74 所示。

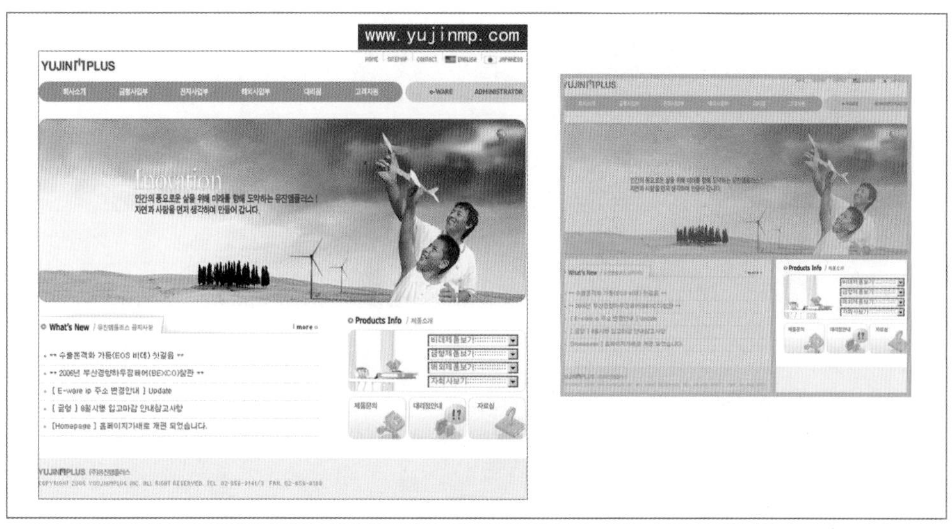

图 5.73　上左右结构式——企业网站

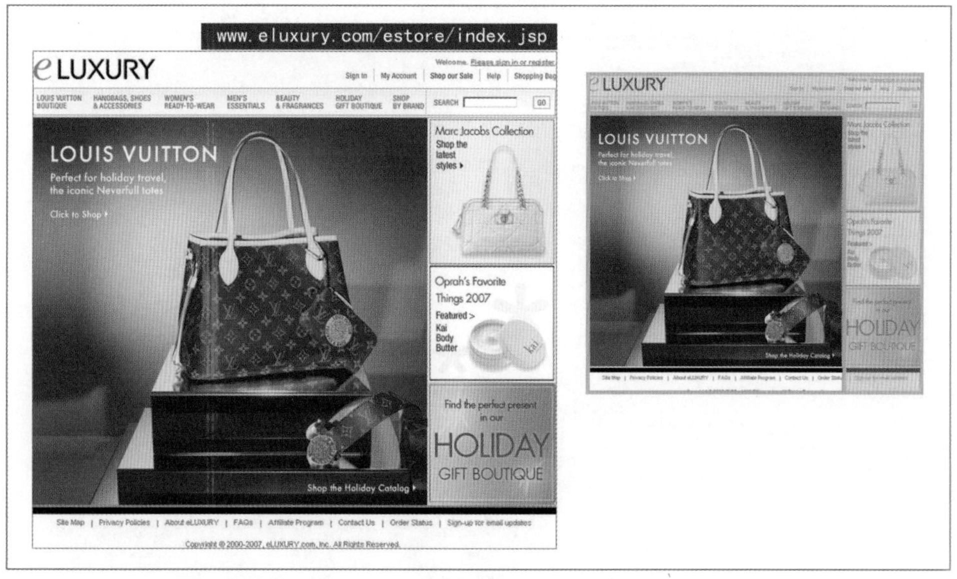

图 5.74　上左右结构式——电子商务网站

4. 上左中右结构式

上左中右结构式又称为三分栏式，是大型企业、电子商务、政府网站、教育机构较喜欢的框架式，也是较常见的结构式。同上左右框架式稍有区别的是中间部分为内容区域，右侧则是该网站较重要的内容导航区域，或是登录、搜索区域、小广告等，如图 5.75 至图 5.77 所示。

图 5.75　上左中右结构式——企业网站（1）

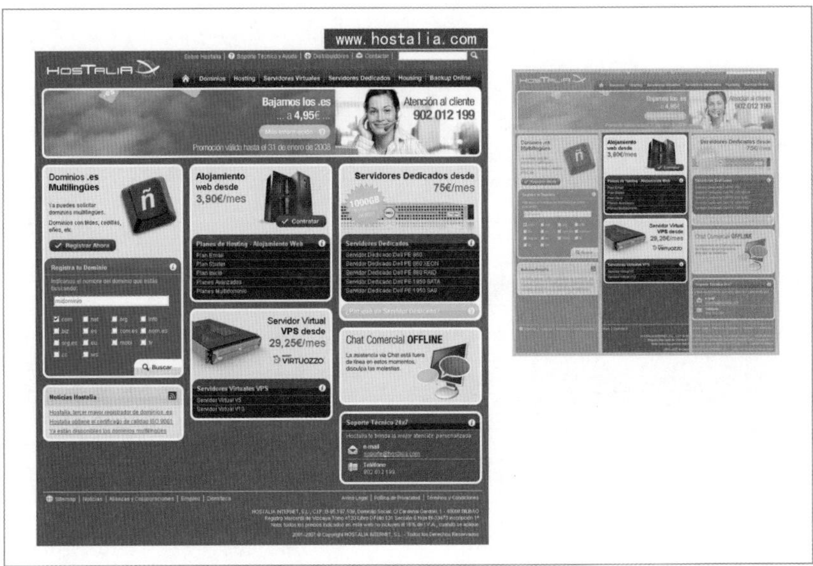

图 5.76　上左中右结构式——企业网站（2）

图 5.77　上左中右结构式——企业网站（3）

5.4 少见结构式和不规则结构式

1. 少见结构式

通常使用这类结构式的网站有两种情况，一是为了放置更多的信息栏目和内容；二是追求个性的企业、组织或者个人网站。这类结构式可以形成独特的风格特色，如图 5.78 和图 5.79 所示。

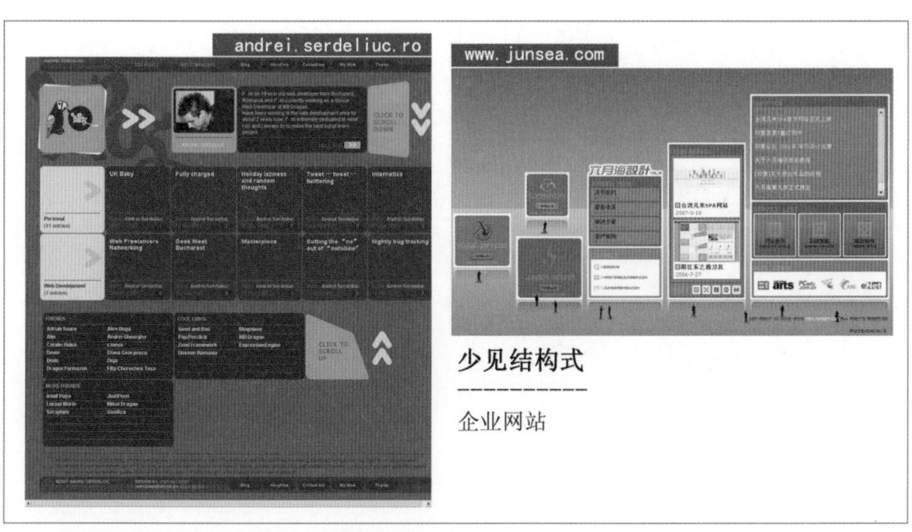

图 5.78 少见结构式（1）

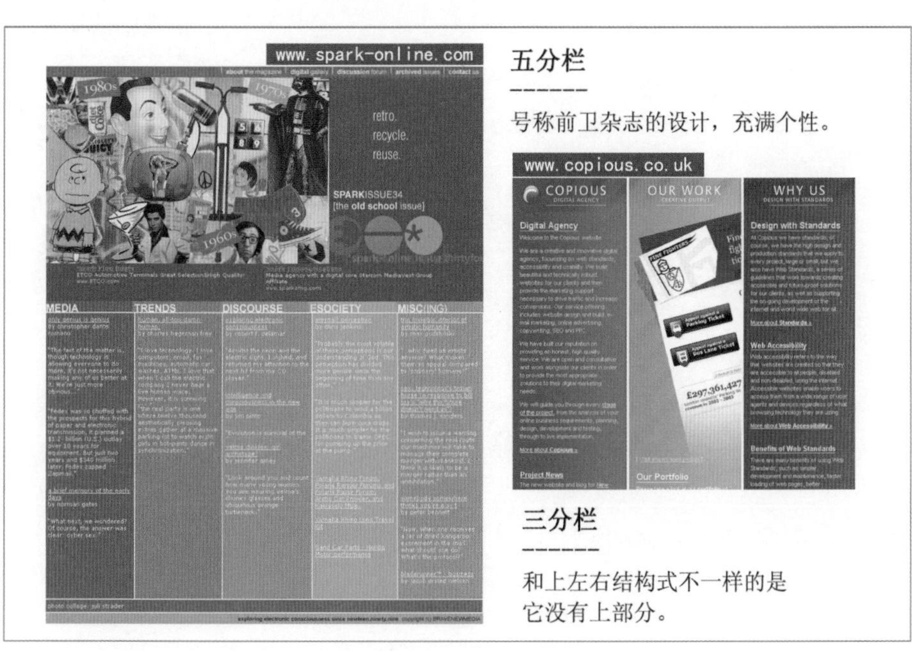

图 5.79 少见结构式（2）

2. 不规则结构式

不规则结构式有别于以上的框架结构式。相对来说，页面的信息量少，通常以一张形象、广告图片来展示，重在渲染网站的气氛，类似杂志封面。不规则结构式风格较随意自由，凸显网站个性，能给浏览者带来较强烈的视觉冲击，深受企业和个人网站爱好者的喜爱，如图 5.80 和图 5.81 所示。

图 5.80　不规则结构式——企业网站

图 5.81　不规则结构式——个人网站

5.5 实现案例 3——根据上下结构布局制作个人网页

素材准备

素材如图 5.82 和图 5.83 所示。

图 5.82　素材 1

图 5.83　素材 2

完成效果

完成效果如图 5.84 所示。

图 5.84　完成效果

思路分析

- 分析上下结构布局的特点。
- 画出上下结构布局图来辅助制图。
- 按照网页构成元素按步骤绘制。
- 使用参考线来定位。
- 使用“图层样式”给不同的元素设置不同的效果。

操作步骤

步骤 1　布局设计

本案例制作的是个人网站的页面，个人网站常常会用到上下结构的布局形式。本案例选择的就是用上下结构布局形式来制作个人网站页面。

（1）分析上下结构式网页。

根据上下结构式网页布局的理论知识（通常上方为导航条或者动态的公司企业形象、广告区域；下方为正文、内容部分）绘制简单的页面结构，如图 5.85 所示。

（2）在框架上绘制网页元素区域。

绘制好上下结构的框架后，根据学过的知识，将各个网页组成元素在框架上划分区域，如图 5.86 所示。

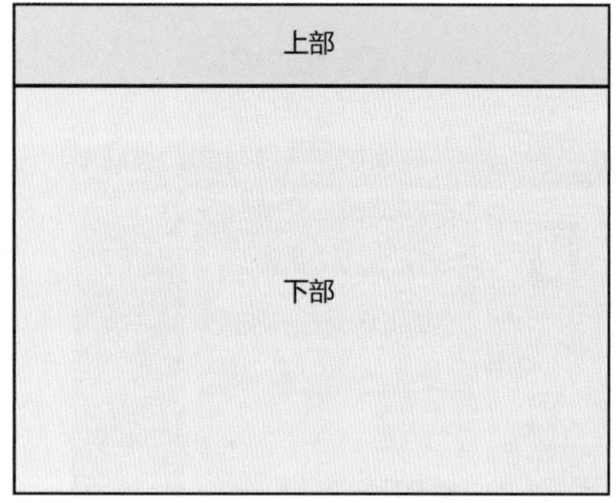

图 5.85　上下结构框架

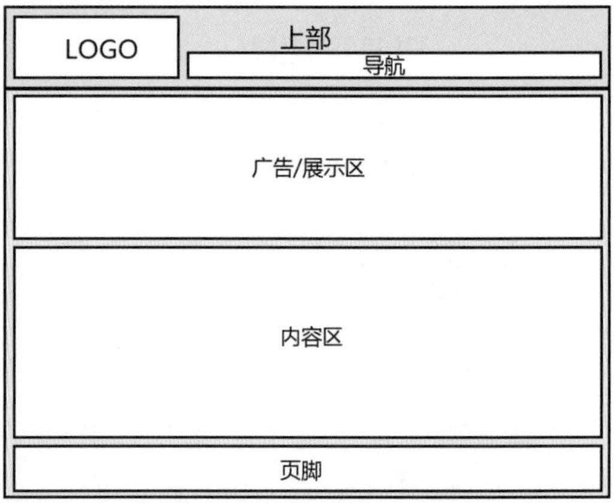

LOGO
上部
导航
广告/展示区
内容区
页脚

图 5.86　网页组成元素

步骤 2　绘制个人网站上部

（1）新建文件。

新建文件，设置宽为 1200 像素，高为 950 像素，分辨率为 72 像素 / 英寸，背景内容为白色，如图 5.87 所示。

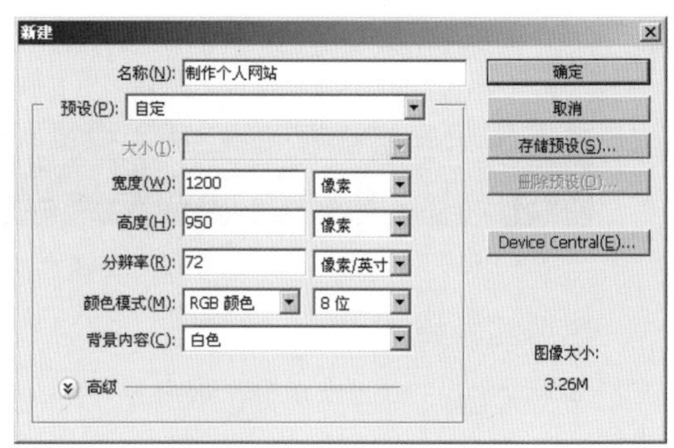

图 5.87　“新建”对话框

（2）设置单位和标尺。

选择“编辑”→“首选项”命令，在打开的“首选项”对话框中设置单位和标尺，在“标尺”下拉列表中选择“像素”选项，它是网页设计的标准尺度。在“列尺寸”选项组中设置宽度为 180 点，装订线为 12 点，如图 5.88 所示。

（3）添加参考线。

按 Ctrl+R 组合键，显示标尺，横向自左至右分别在 120 像素、1080 像素处建立两条取向为垂直的参考线，如图 5.89 所示。

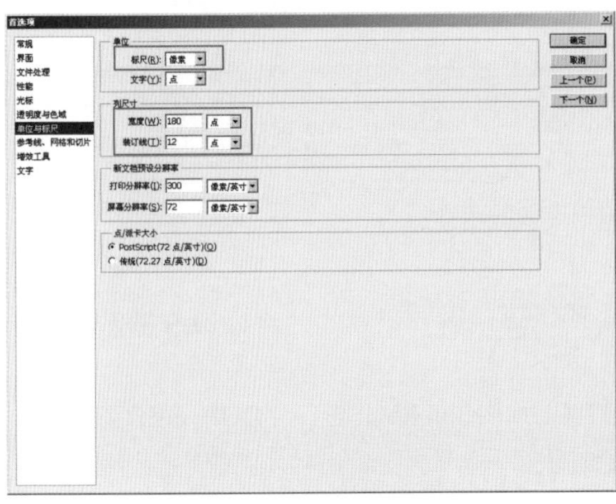

图 5.88　设置单位和标尺

图 5.89　建立参考线

（4）绘制个人网站 Logo。

创建新的组（在“图层”调板中单击“新建组”按钮），并命名为“LOGO”。

单击“横排文字工具”按钮，输入“PUMPKIN”。设置字体为 Arial，样式为 Bold，大小为 42 点，设置反锯齿选项为“锐利”，如图 5.90 所示。

设置该图层的图层样式为“渐变叠加”，渐变色值为由 #E5E5E5 渐变到 #101112，如图 5.91 所示。

用同样的方法制作 Logo 的其他部分，如图 5.92 所示。

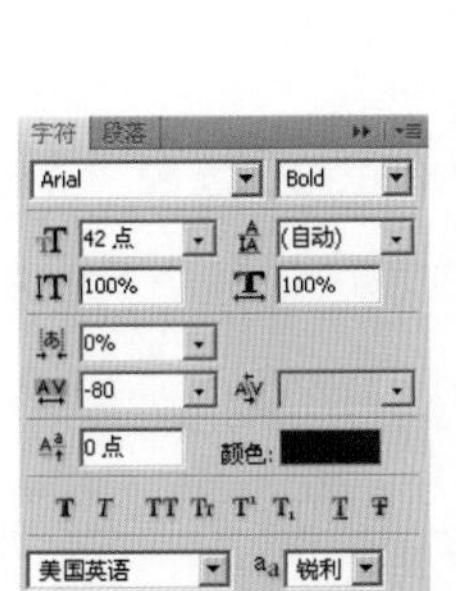

图 5.90　“字符”面板的设置

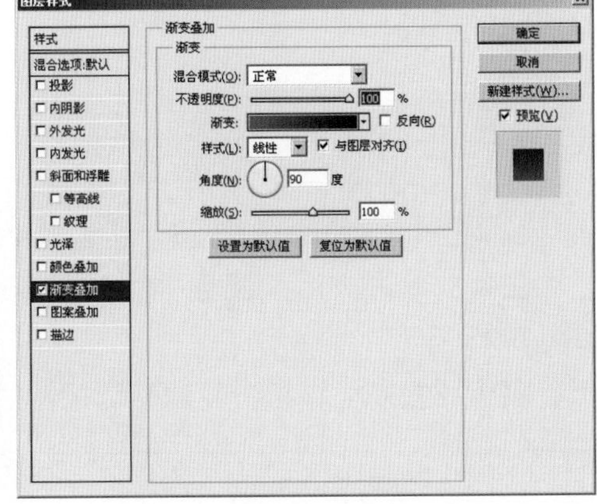

图 5.91　渐变叠加

图 5.92　Logo

（5）绘制“联系电话”图标。

创建新组并命名为“联系电话”。打开本案例素材“素材电话 .png”，将电话素材复制至该组，位置放在接近右侧参考线的地方。

单击“横排文字工具”按钮，在电话图标的左边输入一个电话号码，设置字体为 Arial，大小为 20 点，Bold，颜色为 #292929。

在电话号码下面增加描述性文字，字体为 Arial，Bold，大小为 11 点，颜色为 #595959，如图 5.93 所示。

图 5.93　联系电话图标

（6）绘制导航栏。

创建新组并命名为“导航栏”，单击“矩形工具”按钮，画出一条高为 4 像素，贯穿画布的矩形，颜色为 #E3AB27。

输入导航链接文字“HOME”、“ABOUT PUMPKINHOUSE”、“OUR SERVICES”、“OUR PORTFOLIO”、“BLOG”、“CONTACT US”。

单击“圆角矩形工具”按钮，画一个宽高为 72 像素 ×35 像素的圆角矩形，移动该图层到“矩形”层下面。使用“转换点工具”拉直底部圆角。设置该层的图层样式为“渐变叠加”，渐变色值为 #E5AD27 渐变到 #B27625。

单击“横排文字工具”按钮，选中文字“HOME”，更改颜色为 #FFFFFF，如图 5.94 所示。

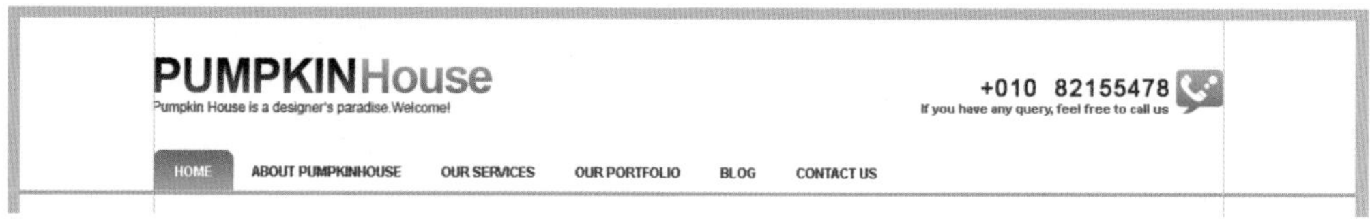

图 5.94　导航栏

步骤 3　绘制个人网站内容部分

（1）绘制“展示区”。

创建新组并命名为“展示区”。单击“矩形工具”按钮，新建宽高为 1200 像素 ×440 像素的矩形，置于导航栏下方 1 像素的地方。添加图层样式为“渐变叠加”，色值为由 #2E2226 渐变到 #7A7556，如图 5.95 所示。

打开素材“素材展示区 .tif”，将素材复制至该组，并调整位置，如图 5.96 所示。

设计网站时恰到好处地应用渐变、投影、质感等效果会使网站更加有“魅力”。

（2）绘制内容区。

创建新组并命名为“内容区”。单击“矩形工具”按钮，绘制一个高宽为 300 像素

×175 像素的矩形，设置图层样式为“渐变叠加”，颜色为由 #FFFFFF 渐变至 #F0F0F0。

图 5.95　展示区底色

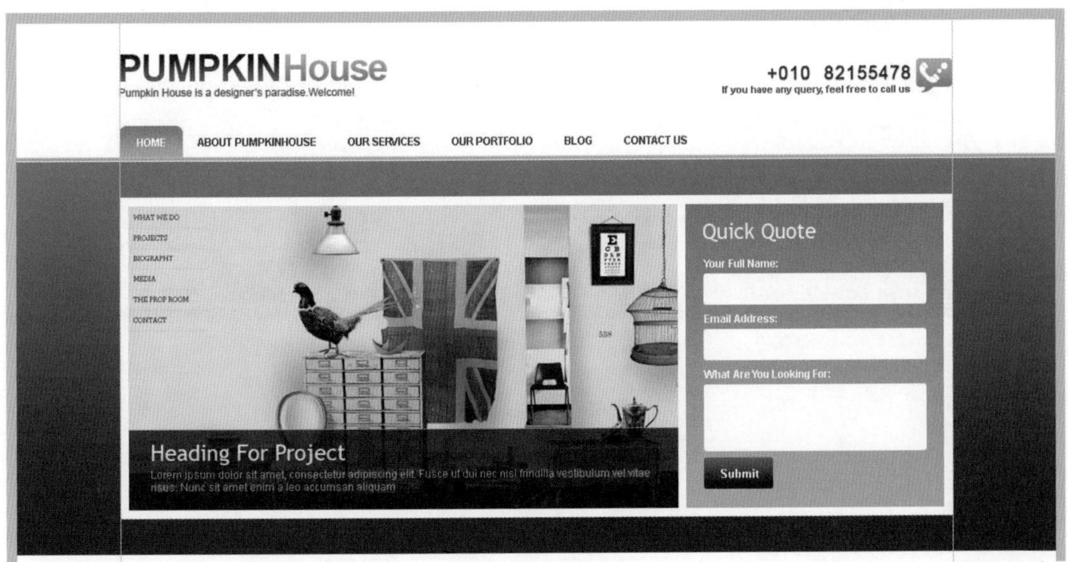

图 5.96　展示区

继续为该层填充内容，选择文字工具，输入文字“ABOUT PUMPKINHOUSE”，设置样式为 Normal，大小为 24 点，反锯齿选项为“锐利”。选中文字“ABOUT”，更改颜色为 #B47825；选中文字“PUMPKINHOUSE”，更改颜色为 #2F2F2F。

增加简短描述文字和文字链接，参考以下设置。

简短描述文字的设置：字体为 Arial，样式为 Normal，大小为 12 点，反锯齿选项为无，颜色为 #767676。

文字链接的设置：字体为 Arial, 样式为 Bold, 大小为 13 点 , 反锯齿选项为无，颜色为 #252525, 下画线。

在“简短描述文字”右边绘制一个大小为 88 像素 ×88 像素的正方形。选择矩形工具 , 颜色为 #FFFFFF, 大小为 88 像素 ×88 像素。图层样式设置内部描边 1 像素，颜色为 #D8D8D8。

再绘制一个 82 像素 ×82 像素的矩形，居中于之前绘制的矩形，颜色改为 #d5d5d5，如图 5.97 所示。

图 5.97　左侧内容区

选择“内容区”组的所有图层,拖拽至“图层”调板底部的“新建组”按钮上新建一个组，命名为“左侧”。

复制“左侧”组并命名为“中间”，再重新复制一组并命名为“右侧”。移动最后的“右侧”组到右侧的参考线。在“图层”调板选中这三个组，选择“图层”→“分布”→“水平居中”命令，如图 5.98 所示。

将“中间”组的标题文字改为“Our Services”，“右侧”组的标题文字改为“Our Portfolio”，如图 5.99 所示。

图 5.98　水平居中

图 5.99　内容区完成效果

（3）绘制页脚。

新建组并命名为“页脚”。单击“矩形工具”按钮，创建矩形，大小为 1200 像素 ×100 像素，位于布局的底部，命名为“页脚底色”，复制“底色”层的图层样式并且应用在该图层，如图 5.100 所示。

选择文字工具 , 写上版权声明文字和链接文字 , 样式为 Arial, 大小为 12 点 , 颜色为 #DDDDDD，如图 5.101 所示。

图 5.100　页脚底色

在页脚右边绘制 RSS 订阅。创建新组在“页脚”组内，命名为“RSS”。

选择圆角矩形工具，设置半径为 3 像素，创建圆角矩形，大小为 85 像素 ×35 像素，图层命名为“按钮底色”。

选择文字工具，输入“Subscribe”，设置字体为 Arial，Bold，大小为 13 点。调整位置至“按钮底色”图形中间。

选择圆角矩形工具，设置半径为 3 像素，在“按钮”左边创建圆角矩形，大小为 210 像素 ×35 像素，颜色为 #FFFFFF，命名该层为“输入框”。

选择文字工具，在输入框上面写上描述文字“Enter your email to subscribe for our RSS Updates”，如图 5.102 所示。

最终效果如图 5.103 所示。

图 5.101　版权和链接

图 5.102　RSS 订阅

图 5.103　最终效果

实战案例

实战案例 1——拼贴“口”形布局网页

需求描述

本案例通过拼贴一个“口”形结构布局的网页来学习网页布局的形式。

素材准备

素材准备如图 5.104 至图 5.110 所示。

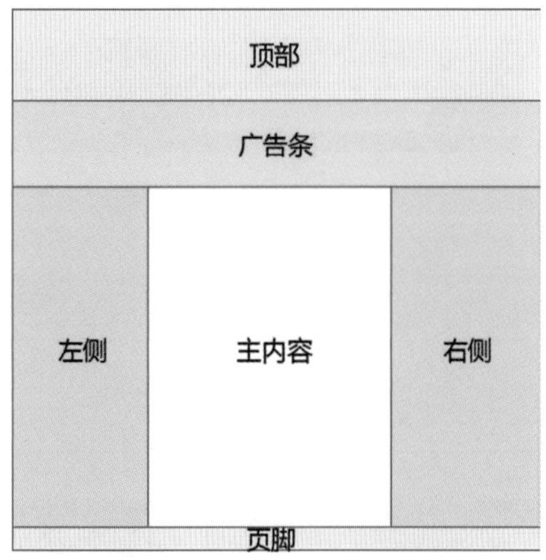

图 5.104　拼贴“口”形布局网页

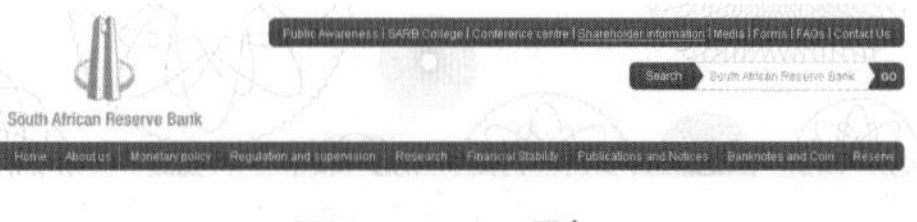

图 5.105　顶部

图 5.106　广告条

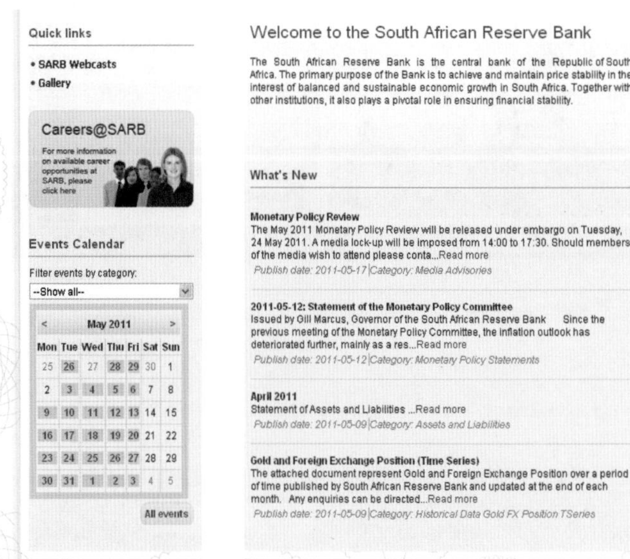

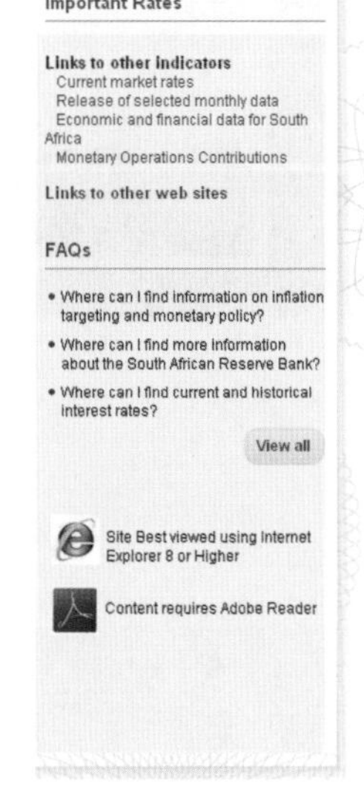

图 5.107　左侧　　图 5.108　主内容　　图 5.109　右侧

Home | Disclaimer | Contact Us | Sitemap

图 5.110 页脚

完成效果

完成效果如图 5.111 所示。

图 5.111 完成效果

技能要点

- "口"形布局。
- 网页的组成元素。

实现思路

根据理论课讲解的技能知识，完成图 5.111 所示的案例效果，应从以下几点予以考虑。

- 分析"口"形结构形式布局。
- 根据"口"形结构布局，结合网页组成元素的知识，将各元素拼贴。

难点提示

1. 分析网页结构图

打开本案例素材“拼贴口形布局网页 .tif”，如图 5.112 所示。

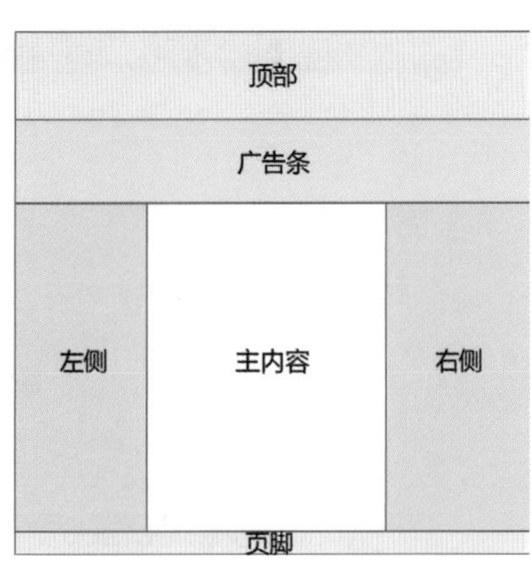

图 5.112 拼贴“口”形布局网页

根据结构图所示，“顶部”位于页面最顶端，接下来是横的“广告条”，“广告条”下面分为“左侧”、“主内容”和“右侧”三部分，构成了“口”形结构布局。

2. 拼贴元素

打开本案例的其他素材。

选择文件“顶部 .tif”，按 Ctrl+A 组合键全部选择，按 Ctrl+C 组合键复制，选择文件“拼贴口形布局网页”，按 Ctrl+V 组合键粘贴“顶部”文件，调整位置，如图 5.113 所示。

用同样的方法将其他元素粘贴到“拼贴口形布局网页”文件中，调整位置，如图 5.114 所示。

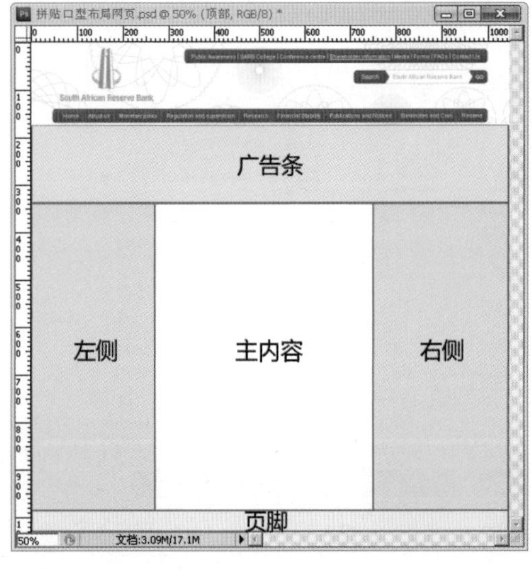

图 5.113 粘贴顶部

图 5.114 最终效果

实战案例 2——制作上下结构网页

需求描述

本案例通过制作一个食品类网页来学习上下结构的网页布局的形式。

素材准备

素材如图 5.115 至图 5.120 所示。

图 5.115　素材导航

图 5.116　素材内容背景

图 5.117　素材展示图

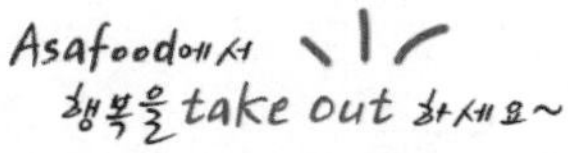

图 5.118　素材标志文字

图 5.119　素材产品

图 5.120　素材页脚

完成效果

完成效果如图 5.121 所示。

技能要点

- 上下结构布局。
- 网页组成元素。

实现思路

根据理论课讲解的技能知识，完成图 5.121 所示的案例效果，应从以下几点予以考虑。

- 分析上下结构布局。
- 根据上下结构布局，结合网页组成元素的知识，将各元素拼贴。

图 5.121　完成效果

难点提示

1. 分析网页结构

根据上下结构布局，首先划分出上下结构，如图 5.122 所示。

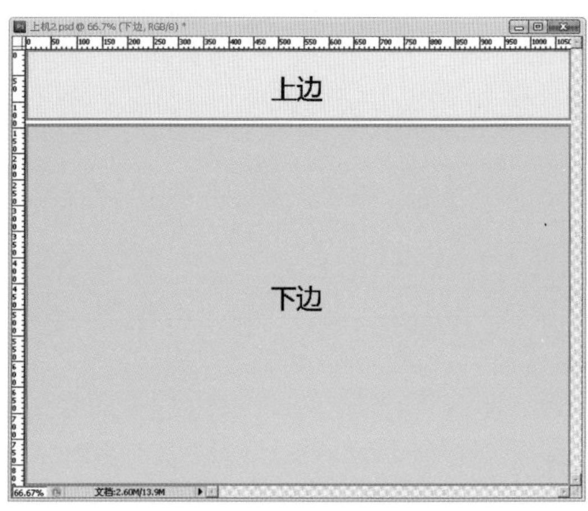

图 5.122　上下布局结构

2. 分析网页的内容排布

根据上面划分的上下结构布局，划分出内容的主次和摆放位置。

上部是 Logo 和导航栏，本例中的素材将 Logo 与导航栏融合在一起成为一体。

下部左边是展示图，右边是产品图。最下面是页脚部分，如图 5.123 所示。

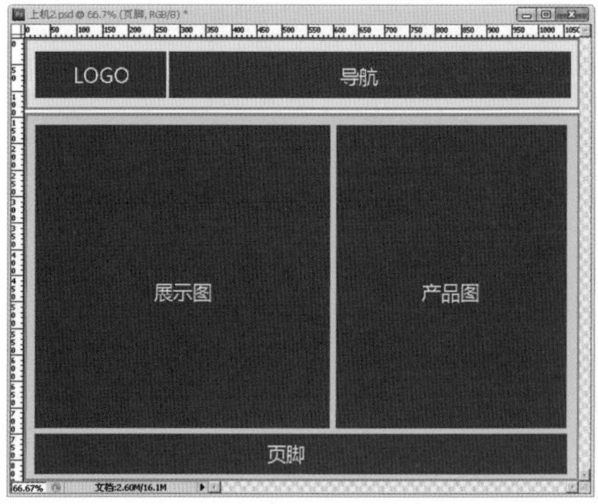

图 5.123　分析页面

3. 建立参考线

自左至右，分别在 57 像素、78 像素、128 像素、614 像素、1017 像素处建立五条取向为垂直的参考线；自上至下，分别在 101 像素、143 像素、179 像素处建立三条取向为水平的参考线，如图 5.124 所示。

4. 制作背景

设置前景色为 # F6F3F1，背景色为白色。从顶部开始向下做线性渐变填充，如图 5.125 所示。

5. 放置导航栏和内容背景框

导航栏左边顶端与最左边的参考线相切，导航栏长条的底边与最上边的参考线相切，如图 5.126 所示。

6. 放置其他元素

按照画出的内容分布图，结合参考线定位，将其他内容部分的素材放置进内容区域，如图 5.127 所示。

图 5.124　建立参考线

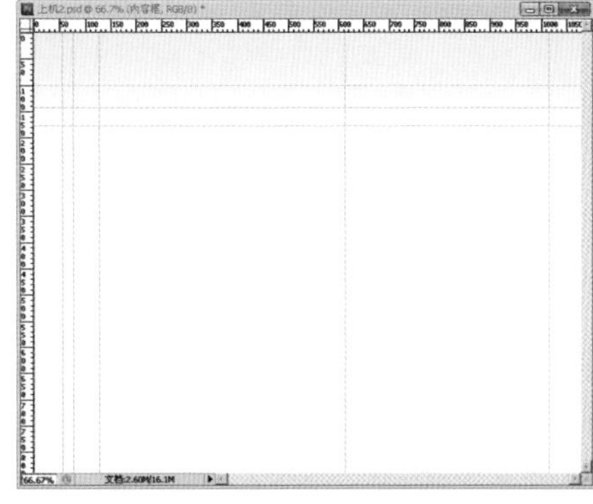

图 5.125　渐变填充

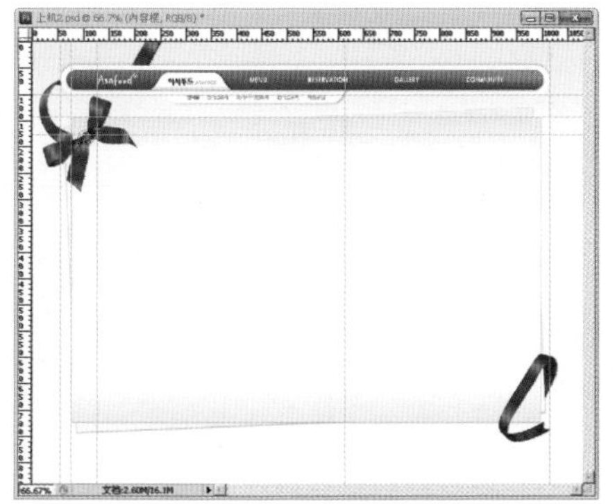

图 5.126　导航栏和内容背景

图 5.127　制作内容区域

7. 添加顶部快速链接区和页脚

在页面的右上角添加快速链接区，最后添加网页的页脚，如图 5.128 所示。

图 5.128　快速链接区和页脚

本章总结

- 黄金分割法和九宫格布局法这两种布局方法在网页布局中都很常用。
- 创建网格可以自己创建网格系统、使用 Photoshop 中自带网格系统、下载现成的网格模板。
- 布局形式分为“T”形结构布局、“口”形布局、“三”形布局、对称对比布局、POP 布局。
- 常见的网站框架结构有上下结构式、左右结构式、上左右结构式、上左中右结构式。
- 除了常见的网站框架结构之外，还有少见结构式和不规则结构式。
- 多数情况下，做网站并不都是只用一种框架结构式，而是选择几种结构式应用在同一个网站中。

学习笔记

本章作业

选择题

1. 黄金分割的比率是（　　）。

A. 1∶0.618　　B. 1∶3.14　　C. 0.618∶1.618　　D. 3.14∶1

2. 在一个矩形中的每条边上找出它的黄金分割点，将相对的点连线，相交的四个点就是视觉的（　　）。

A. 普通交点　　B. 视觉盲点　　C. 视觉焦点　　D. 黄金交点

3. 属于网页布局的形式是（　　）。

A. 三形布局　　B. 三连星布局　　C. 五形布局　　D. 山形布局

4. “T”形结构布局是（　　）。

A. 页面顶部为横条网站标志+广告条，下方左边为主菜单，右边显示内容的布局

B. 页面顶部为横条网站标志+广告条，下方左边为主菜单，中间显示主内容，右边显示辅助内容的布局

C. 页面上横向两条色块，将页面整体分割为四部分的布局

D. 采取左右或者上下对称的布局，一半深色，一半浅色

5. 上下结构是（　　）。

A. 通常上方为导航栏，或者动态的公司企业形象、广告区域，下方为正文、内容部分

B. 一般左侧是导航栏，有时最上方会有一个小的标题和标志，右侧是正文、内容部分或者企业形象展示

C. 通常上方多数为菜单导航栏，下方多数为栏目及小广告等，右侧为内容区域

D. 上方必须是正文部分，下方必须是导航栏

简答题

1. 简述网格的三种建立方法。
2. 简述布局的五种形式。
3. 简述网站的四种常见结构。
4. 如果要制作一个政府类型的综合网站、一个实业公司网站，分别用哪种网页结构比较好？简述原因。

操作题

根据所给素材设计一个上下结构的页面，完成效果如图5.129所示。

图 5.129　完成效果

素材如图5.130所示。

素材 1

素材 2

素材 3

素材 4

素材 5

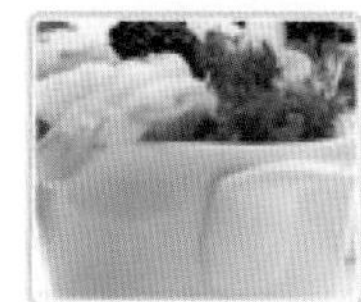

素材 6

素材 7

Read more

素材 8

素材 9

图 5.130　作业素材

> ➢ 分析上下结构布局。
> ➢ 根据上下结构布局，结合网页组成元素的知识，将各元素拼贴。

作业讨论区

访问课工场UI/UE学院：kgc.cn/uiue（教材版块），欢迎在这里提交作业或提出问题，你将有机会跟课工场的专家以及共同学习本书的小伙伴一起探讨切磋！

第6章

完成本章内容以后，你将：

了解网站的布局风格类型。

掌握不同内容网站的布局特点。

请访问课工场UI/UE学院：kgc.cn/uiue（教材版块）下载本章需要的案例素材。

本章简介

人与人之间有很多共同点，但是经过深入接触就会发现，人与人还是不同的，不同的人有不同的特点，这样就形成了这样或者那样的风格特点。相同风格的人会被划分为一类。网页也是如此。虽然有着相似的结构、相同的内容，但是出于不同的设计目的，还是有着不同的风格。

网页布局风格是网页设计师运用自己所拥有的手段，包括艺术修养、应用软件的能力以及感受生活的敏锐觉察力，来建立起自己独特的设计形式、独特的布局形式。

理 论 讲 解

6.1 网页转型最给力——网页布局的风格类型

参考视频
网页布局版式类型

素材准备

素材如图 6.1 和图 6.2 所示。

图 6.1　设计网站

图 6.2　矢量素材

完成效果

完成的效果如图 6.3 所示。

案例分析

本案例的主要目的是在不改变网页内容的前提下，改变网页的风格类型。这就需要用到布局的知识。在之前的学习里我们已经掌握了各种网页布局的知识与技巧。不同的网页有不同的布局。这样综合起来就形成了不同的网页风格类型。那到底常见的网页风格都有哪些？分别有什么特点呢？开始接下来的学习吧。

图 6.3　矢量风格网站

 理论知识

6.1.1　网页风格特点

网页设计的目的是突出站点的自身特点，以信息内容得到理想的传达为前提。网页设计的整体风格要靠图形、图像、文字、色彩、版式、动画来表现。

从网页设计特殊属性的角度分析主页风格，大体可以分为平面风格、矢量风格、像素风格、三维风格、简约风格、速写风格。

1. 平面风格

平面设计是二维设计，平面风格始终是基于一个二维视图来工作的，侧重于构图、色彩及表达的思维主旨，往往给人以透气爽快的感觉，这种构图形式可以在有限的页面中表现出无限的空间感。

此种风格在网页设计里最常见、最实用，其平面风格已经渗透到各个类型的网站，如图 6.4 和图 6.5 所示。

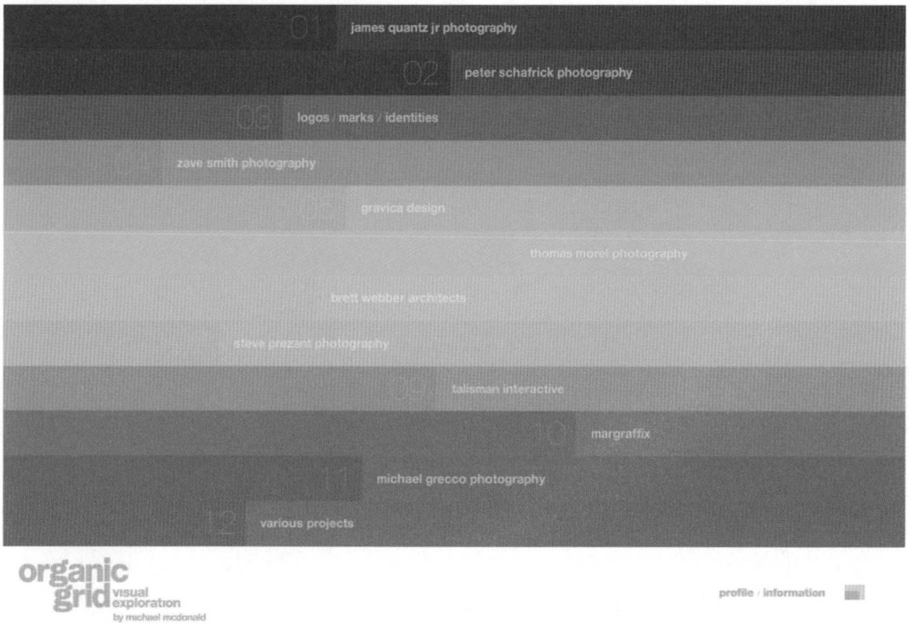

图 6.4　平面风格（1）

图 6.5　平面风格（2）

2. 矢量风格

矢量图使用直线和曲线来描述图形，这些图形的元素大多是一些点、线、面的基本元素，它们都是通过数学公式计算获得的，所以文件体积小。矢量图形的最大优点是无论如何放大、缩小或旋转都不会失真；最大的缺点是难以表现色彩层次丰富的逼真图像效果。

矢量图形插画是世界上通用的设计语言，其设计在商业应用上通常分为人物、动物和商品形象等。由于具有夸张诙谐、极具个性魅力的装饰表现手法，目前在国内外互联网上被运用得越来越多，如图 6.6 和图 6.7 所示。

图 6.6　矢量风格（1）

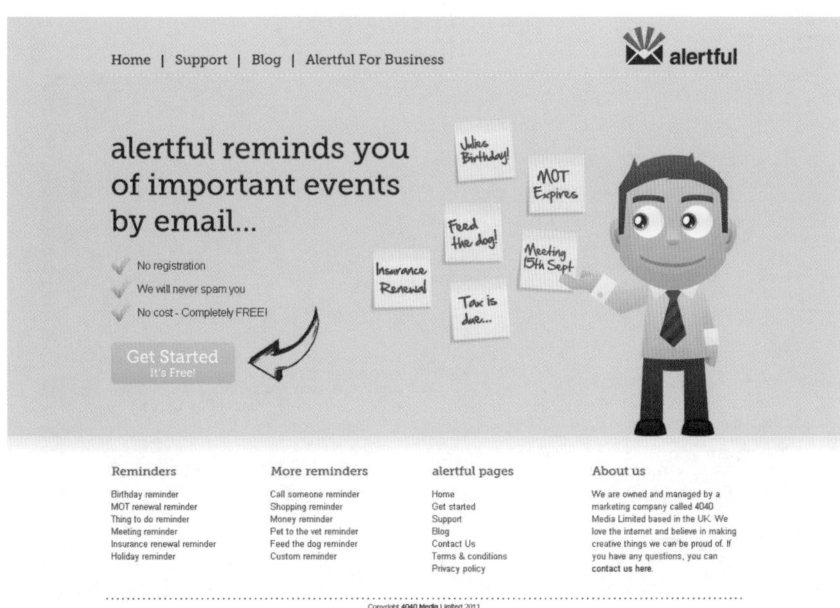

图 6.7　矢量风格（2）

3. 像素风格

计算机软件上的图标、手机上的屏保等都是像素画。像素画属于点阵式图像，它是一种图标风格的图像，更强调清晰的轮廓、明快的色彩。由许多不同颜色的点一个个巧妙地组合与排列在一起，构成一幅完整的图像，这些点被称为像素（Pixel），图像称为Icon（图标）或者像素画。

像素风格的网站为互联网增添了独特、亮丽的风景线，如图6.8和图6.9所示。

图6.8　像素风格（1）

图6.9　像素风格（2）

4. 三维风格

信息量大的网站要想做出特色必须在格局设计上寻找突破点，因为大量的信息占满了页面，没有多余的空间能够用来进行图形、图像与动画的创作。静态或动态的插图只能作为点缀，无法对风格产生多大的影响，而由图形图像、动画创作出与众不同的魅力是网络上最常见，也是最不易总结的一类，此类风格多数适用于信息量少的网站类型。

三维风格在网络上并不常见，这是因为网页设计师中会使用三维软件的很少。物以稀为贵，三维风格所体现出的软件应用程度和构思的巧妙程度都是难得一见的，所以深受人们的喜爱。从实用的角度看，此类风格应用的范围较小，如果能在虚拟真实的产品展示中采用三维效果，应该是个相当不错的选择。

网页设计里，三维风格的表现简单得多。三维空间的设计可借助于三维的造型手法，通过折叠、凹凸的处理，使画面产生浮雕、立体等三维效果。三维构成以丰富厚重的内涵、深度以及多层次、全方位的展现，给人以深厚、强烈的视觉印象，如图 6.10 至图 6.12 所示。其中，图 6.12 经过特殊处理，通过特制的 3D 眼镜可以看到震憾的三维效果。

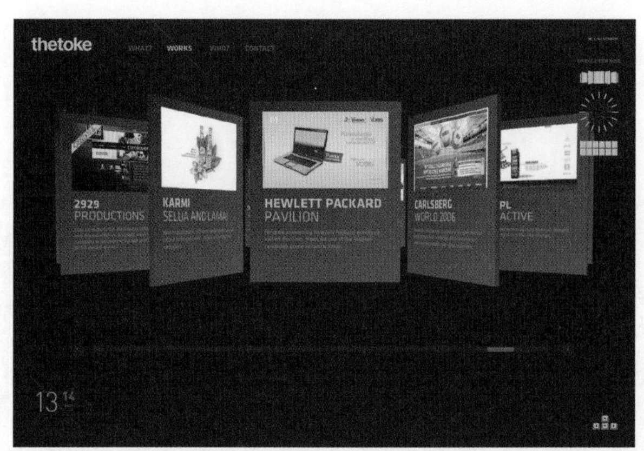

图 6.10　三维风格（1）

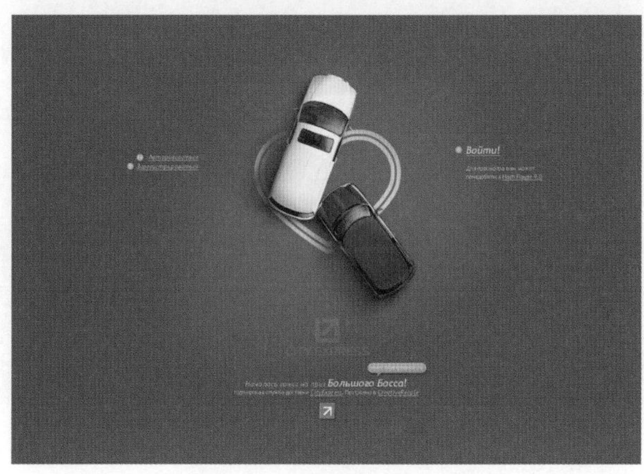

图 6.11　三维风格（2）

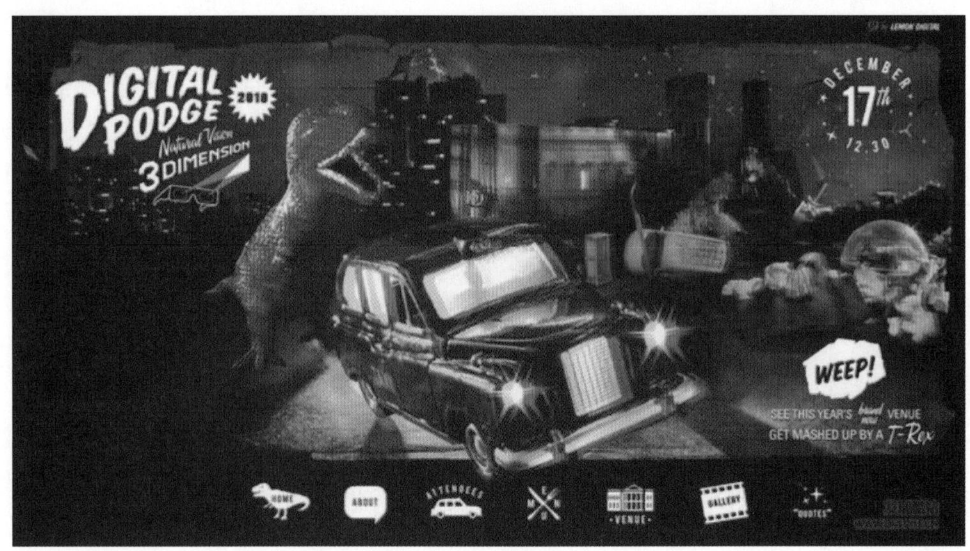

图 6.12　三维风格（3）

5. 简约风格

其实当网页必要的元素比较少时，对于布局设计也是一个挑战。因为如果排布不好，就会显得很空洞。简约风格正是应这种情况形成的。简约不代表简单，要合理利用颜色和文字排布图形的大小，使空间显得饱满，如图 6.13 所示。

图 6.13　简约网站

6. 速写风格

速写风格是新近流行的一种风格，此类网站打破常规，只有美术绘画的布局，使用简单的线条和颜色，利用素描技巧绘制出轻松的网页效果，让人感觉清爽、舒服。不过此类网站在设计的时候需要有很强的美术功底，如图 6.14 至图 6.16 所示。

图 6.14　速写风格（1）

图 6.15　速写风格（2）

图 6.16　速写风格（3）

6.1.2　实现案例1——网页转型最给力

素材准备

素材如图 6.1 和图 6.2 所示。

完成效果

完成的效果如图 6.3 所示。

思路分析

- 分析原网站布局。
- 画出网页结构图。
- 置换 Banner。

操作步骤

步骤 1　分析原有网站布局

本案例制作的是一个典型的左中右结构的网页。这种结构的网页一般不常见，会给人一种新鲜、与众不同的感觉。作为设计公司的网页，使用这种结构是比较吻合的。

（1）分析网页左中右结构，如图 6.17 所示。

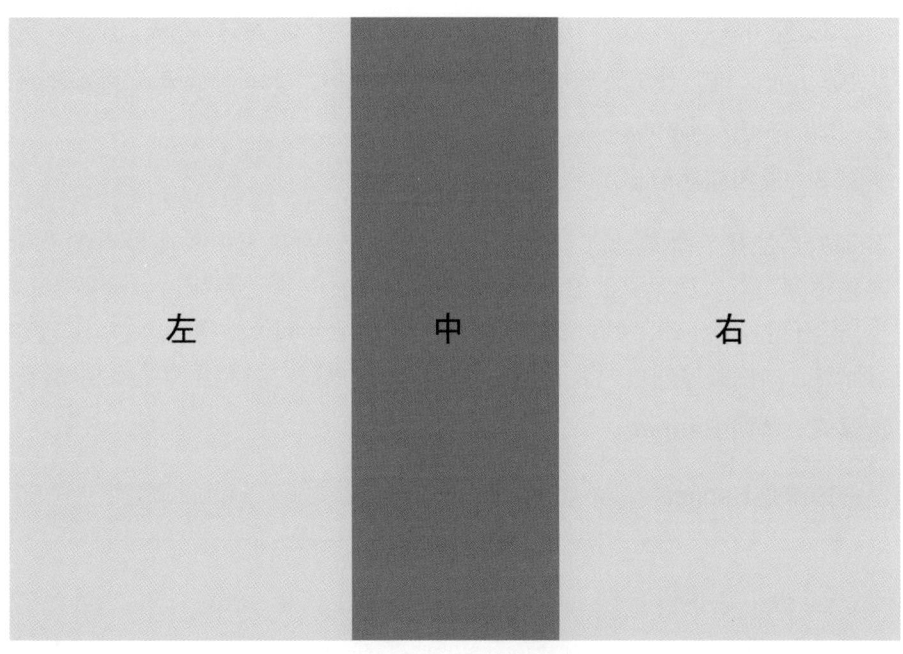

图 6.17　左中右结构框架

（2）在框架上分析网页元素。绘制好上下结构的框架后，根据学过的知识，将各个网页组成元素在框架上划分区域，如图 6.18 所示。

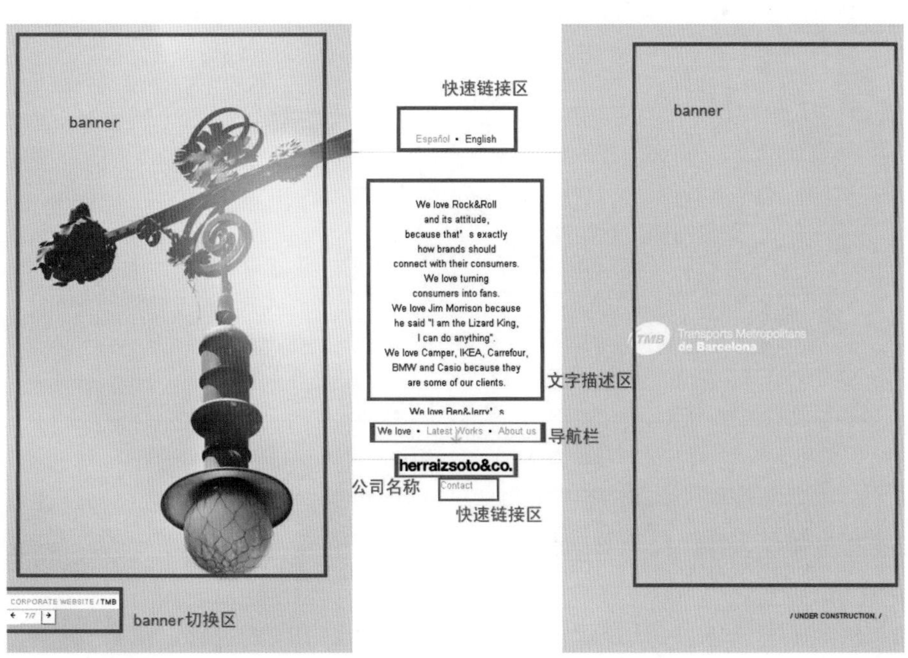

图 6.18　网页组成元素

步骤 2　分析原有风格

从图 6.18 可以清楚地看出，原有的网页设计简洁，但是必要的元素都有。通过最大面积的 Banner 区可以看出，原有网页属于像素风格，以一副像素照片为素材，进行巧妙分割，搭配到两个 Banner 区，显得很有感觉。

步骤 3　新风格定位

此案例的目的是转型成比较现代感的矢量风格，而又不能改变原有的元素组合。所以很容易想到，可以通过修改 Banner 背景图达到此目的。所以可以选择合适的矢量风格图片，进行相应的处理，放在背景 Banner 位置，达到网页转型的目的。这里的合适，一方面指形状、风格和原网页一致，另一方面指颜色搭配也要和原有风格相吻合。

步骤 4　置换 Banner

（1）去掉原有 Banner，最终效果如图 6.19 所示。

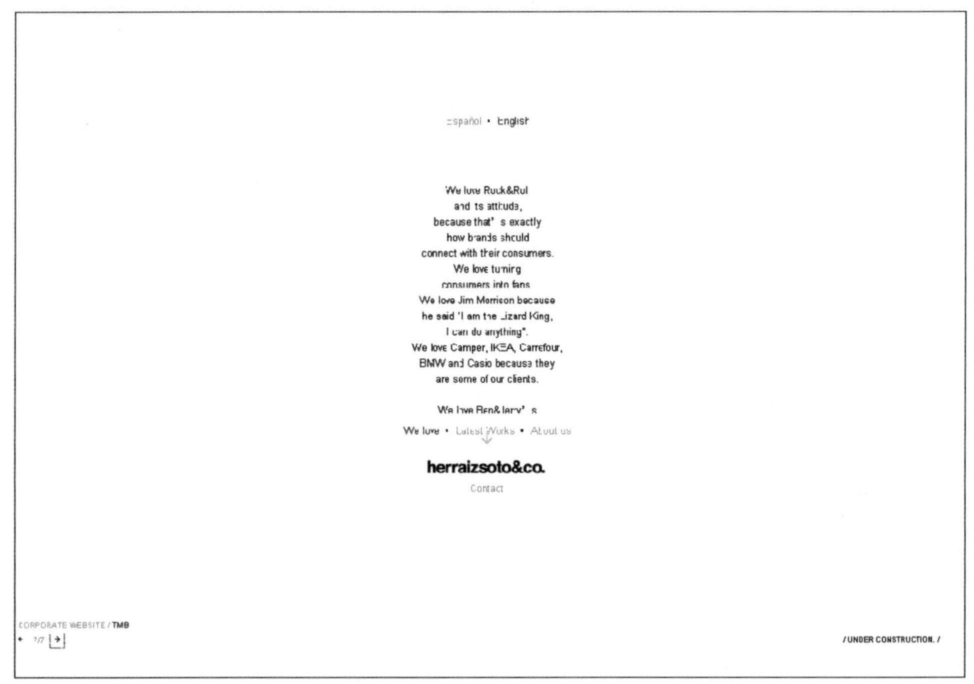

图 6.19　去掉 Banner

（2）分析网页风格，该网页属于简约特点，所以搭配的新 Banner 应该也是淡雅风格。

（3）拆分素材，并搭配到 Banner 背景上，可以适当调整其位置和色彩，最终效果如图 6.20 所示。

（4）网页还有些单调，所以建议添加和矢量图比较搭配的色彩，此案例吸取了矢量图中的橙色 #F2B22。填充空白处，效果如图 6.21 所示。

图 6.20　拆分素材

图 6.21　添加色彩

（5）添加其他元素，最终效果如图 6.22 所示。这样，矢量风格网页就完成了。单单改变了网页的 Banner，就让网页成功转型，可见设计的作用是巨大的。

图 6.22　最终效果

6.2　网页布局的版式类型

在之前的学习中，已经对网页的布局结构、形式等做了不少的讨论与学习。接下来从版式的角度对网页布局的实际操作进行一个综合分析。网页版式的基本类型主要有骨骼型、满版型、分割型、中轴型、曲线型、倾斜型、对称型、焦点型、三角型、自由型十种。

6.2.1　骨骼型

网页版式的骨骼型是一种规范的、理性的分割方法，类似于报刊的版式。常见的骨骼有竖向通栏、双栏、三栏、四栏和横向的通栏、双栏、三栏和四栏等。一般以竖向分栏为多。这种版式给人以和谐、理性之美。几种分栏方式结合使用，既理性、条理，又活泼而富有弹性，如图 6.23 和图 6.24 所示。

图 6.23　报纸版面

图 6.24　骨骼型网页

6.2.2 满版型

页面以图像充满整版，主要以图像为诉求点，也可将部分文字压置于图像之上。视觉传达效果直观而强烈。满版型给人以舒展、大方的感觉。随着宽带的普及，这种版式在网页设计中的运用越来越多，如图 6.25 所示。

图 6.25　满版型网页

6.2.3 分割型

把整个页面分成上下或左右两部分，分别安排图片和文案，两个部分形成对比。有图片的部分感性而具活力，文案部分则理性而平静。可以调整图片和文案所占的面积，来调节对比的强弱。例如，如果图片所占比例过大，文案使用的字体过于纤细，字距、行距、段落的安排又很疏落，则造成视觉心理的不平衡，显得生硬。倘若通过文字或图片将分割线虚化处理，就会产生自然和谐的效果，如图 6.26 所示。

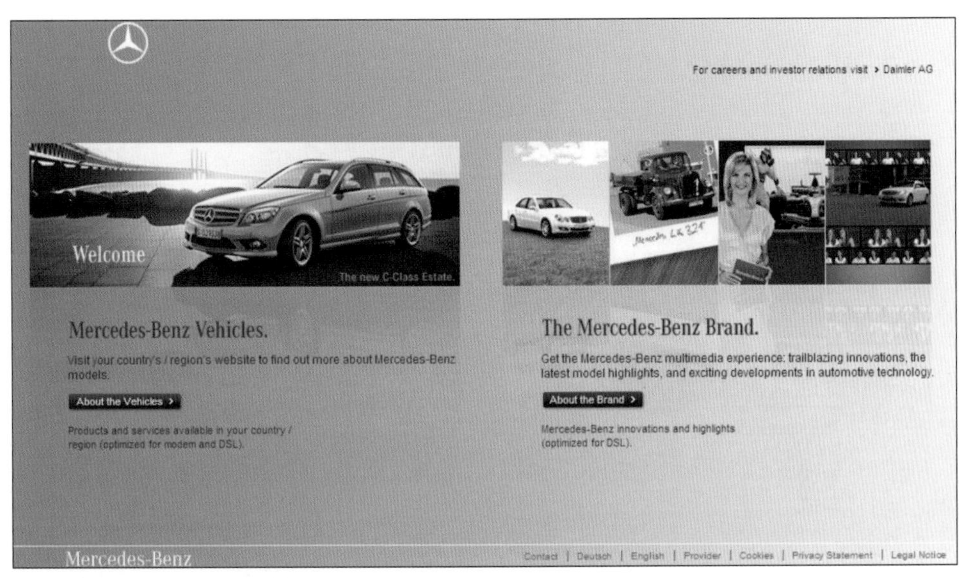

图 6.26　分割型

6.2.4　中轴型

沿浏览器窗口的中轴将图片或文字做水平或垂直方向的排列。水平排列的页面给人稳定、平静、含蓄的感觉，垂直排列的页面给人以舒畅的感觉，如图 6.27 和图 6.28 所示。

图 6.27　竖状中轴型

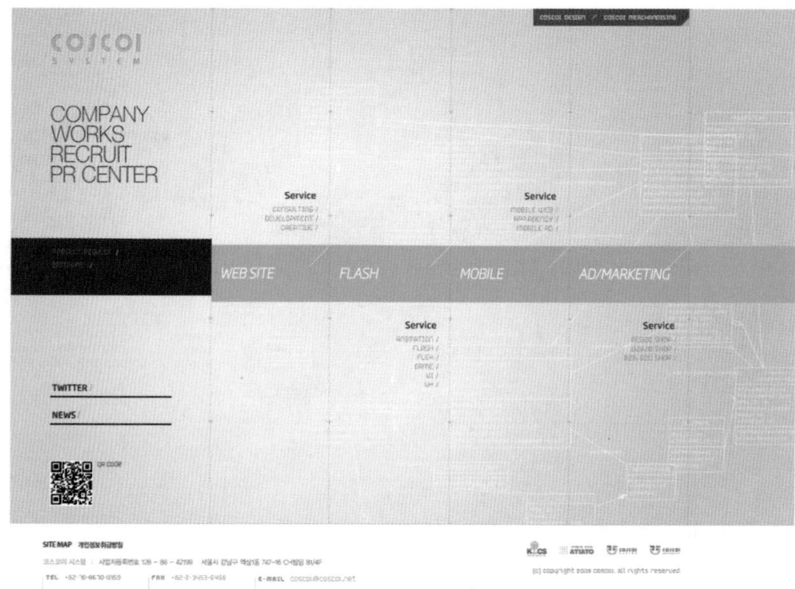

图 6.28　横状中轴型

6.2.5　曲线型

图片、文字在页面上做曲线的分割或编排构成，产生韵律与节奏，如图 6.29 所示。

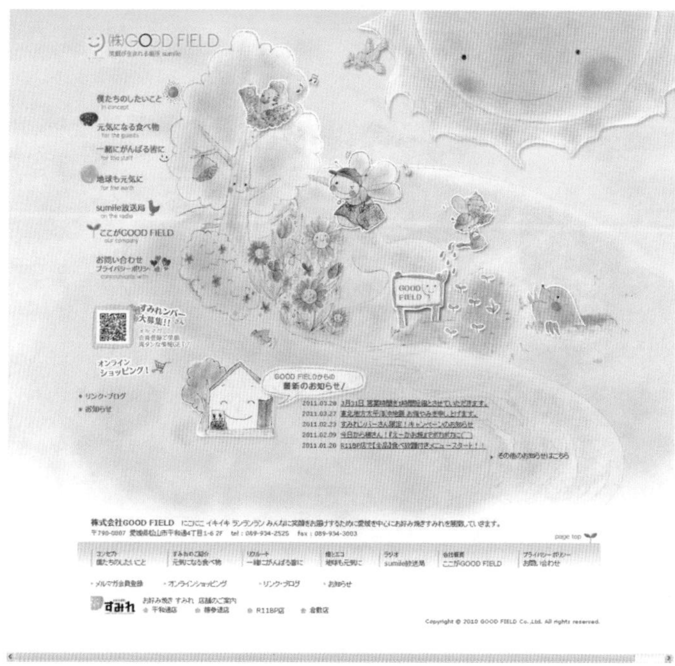

图 6.29　曲线型网页

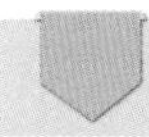

6.2.6 倾斜型

页面主题形象或多幅图片、文字做倾斜编排，形成不稳定感或强烈的动感，引人注目，图 6.30 所示的关于手机行业的新星公司 HTC 的网站主页就是典型的倾斜型。

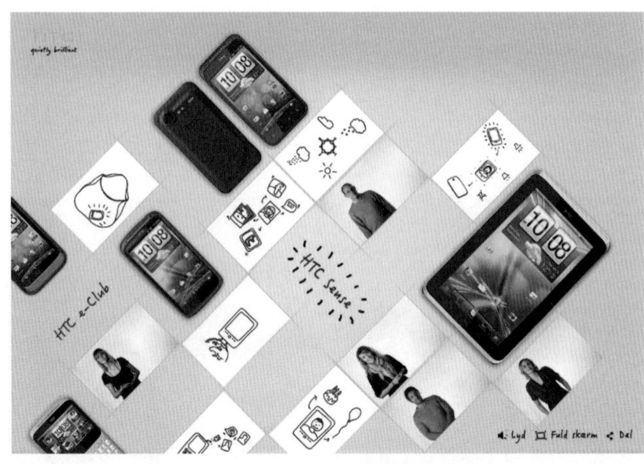

图 6.30　倾斜型

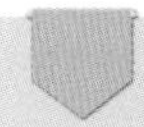

6.2.7 对称型

对称的页面给人稳定、严谨、庄重、理性的感觉。对称分为绝对对称和相对对称。一般采用相对对称的手法，以避免呆板。左右对称的页面版式比较常见。

四角形也是对称型的一种，是在页面四角安排相应的视觉元素。四个角是页面的边界点，重要性不可低估。在四个角安排的任何内容都能产生安定感。控制好页面的四个角，也就控制了页面的空间。越是凌乱的页面，越要注意对四个角的控制，如图 6.31 所示。

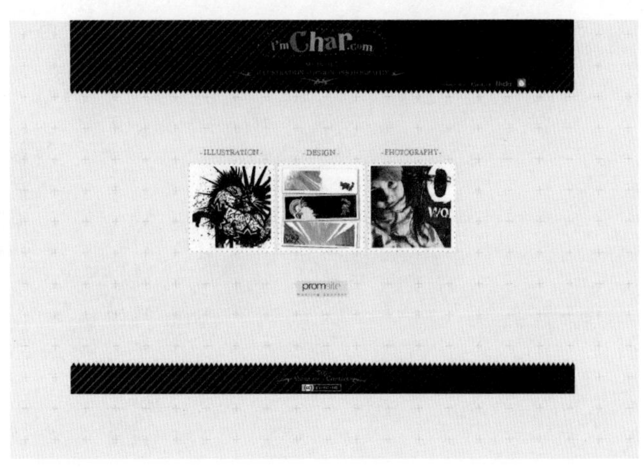

图 6.31　对称型

6.2.8 焦点型

焦点型的网页版式通过对视线的引导，使页面具有强烈的视觉效果。焦点型分三种情况。

- 中心。以对比强烈的图片或文字置于页面的视觉中心，如图 6.32 所示。
- 向心。视觉元素引导浏览者视线向页面中心聚拢，就形成了一个向心的版式。向心版式是集中的、稳定的，是一种传统的手法，如图 6.33 所示。
- 离心。视觉元素引导浏览者视线向外辐射，形成一个离心的网页版式。离心版式是外向的、活泼的，更具现代感，运用时应注意避免凌乱，如图 6.34 所示。

图 6.32　中心焦点型网页

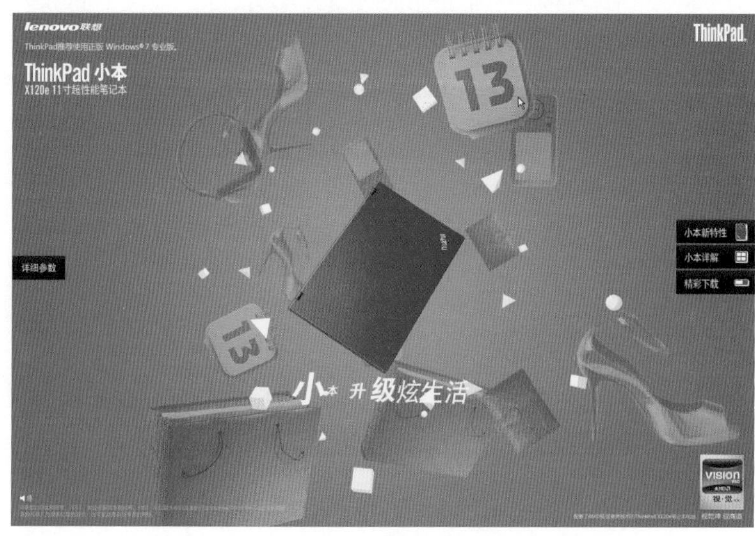

图 6.33　向心焦点型网页

图 6.34　离心焦点型网页

 6.2.9　三角型

网页各视觉元素呈三角型排列。正三角型（金字塔型）最具稳定性，倒三角型则产生动感。侧三角型构成一种均衡版式，既安定又有动感。

 6.2.10　自由型

自由型的页面具有活泼、轻快的风格。图 6.35 所示就是一个设计师的个人主页，此网页以一个购物袋为基础图形，体现出轻松自由的氛围，让人忍不住想点进去看看设计师的作品。

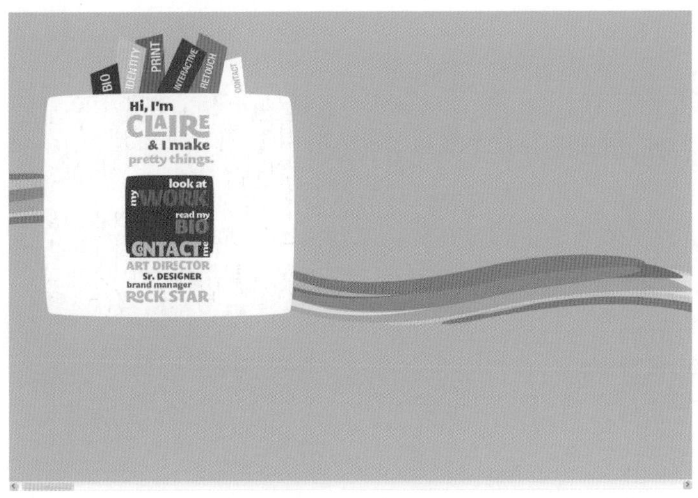

图 6.35　自由型网页

网络上五花八门的网页可以分成几大类。接下来我们就按照不同的类别对网站网页的布局进行分析和归类。这样大家在以后的学习、工作中遇到类似的网站时，便可以从一定的规律入手，进行相应的设计布局。当然，规律是死的，设计是活的，设计时还是要具体任务具体分析。

6.3 网页布局的主题类型

素材准备

素材如图 6.36 所示。

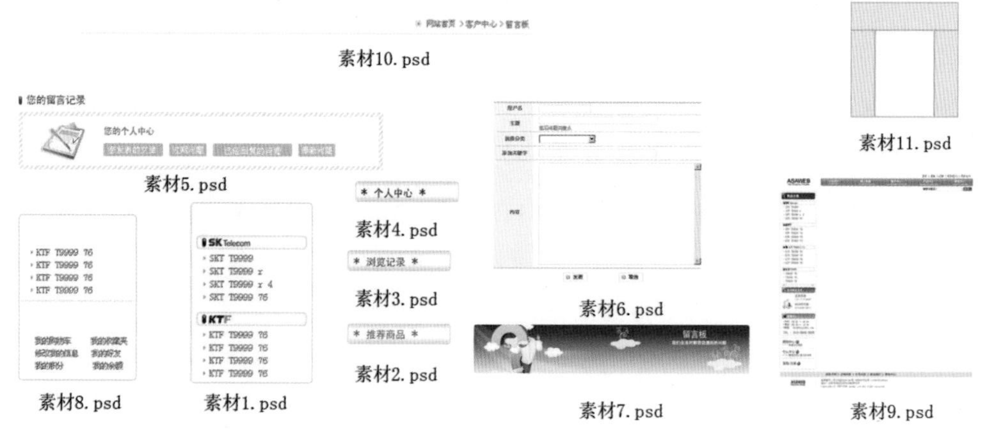

图 6.36 案例素材

完成效果

完成效果如图 6.37 所示。

案例分析

学员应通过 Photoshop，参照所给首页上左右结构式，制作一个上左中右结构式的商业网站易购多网站的二级页面——留言板页面。

要根据所给首页的上左右结构布局，制作一个上左中右结构式的二级页面，同时用到以下知识点。

- 上左右结构式。
- 上左中右结构式。

本案例通过制作商业网站二级页面来深入学习结构布局的运用。相关理论讲解如下。

图 6.37　完成效果

理论知识

不同内容和主题的网页，在配色上往往也有诸多不同的地方。与此相同，网页的类型对其结构的搭建也有着重要的影响。一方面，不同类型的网页对框架结构有影响，所以布局就会大不一样。另一方面，不同类型的网站强调的地方不一样，布局也就随之不同。接下来就根据网页类型对布局特点进行分析。

6.3.1　企业型网站布局

一般的大型网站都是国字形的。

Oracle 中国公司的网站同样突出了公司标志，它被安放在最醒目的左上角，与标志处于同一水平位置的还有搜索引擎入口。与国内的许多站点不同的是，Oracle 中国公司的搜索引擎属于站内搜索引擎，包含两个部分：一个是通过选择主题进行浏览，另一个是关键词搜索。前者从某种意义上讲，相当于建立了不同栏目的超链接，容量很大。当然，需要突出的主要栏目应该放在比较显眼的地方。

提到搜索引擎，人们通常想到的是 Yahoo、Sina 等这些专业资源搜索引擎，因此现在很多网站上出现了这些搜索引擎入口的超链接集合，但是在主页上加入这些搜索引擎超链接的意义并不大，重要的是加入一个站内搜索引擎，便于用户在站点内部搜索他们需要的内容。网站的目的是发布自己的信息，而不是为其他站点做免费广告，不是建立超链接的“仓库”，在制作、设计网站时应当考虑这一点。

Oracle 中国公司网站的主要栏目被放置在网页下部，每一栏目配一幅主题图片，同时有文字说明，图文并茂，这是目前比较常见的一种栏目设置方式。

Oracle 中国公司主页最突出的一点是把正中位置留给产品广告。通过网络获取商业利益是公司的宗旨，因此用大幅面进行广告和宣传，成为各商业网站的一致做法。网站上的广告一般分为两种，一种是公司在自己网站上做的产品广告，这更接近主题图形的风格，如 Oracle 中国公司自己的产品，如图 6.38 所示；还有一种是公司在别人的网站上做的广告。后者往往是通过图标或者广告横幅的形式出现。

图 6.38　甲骨文公司官网

6.3.2　论坛类型网站布局

论坛（BBS）一般会采用左右结构框架。因为这样可以将网页分成相对独立的两部分，一般左边是导航链接，有时候最上面会有一个小标题或者网站 Logo，右边是正文。当然也有上下结构的，内容和左右结构的相似，区别是导航链接在上面，正文在下面。

6.3.3 非商业网站布局

非商业网站一般是以功能为主，实现相关信息和用户关心的功能的传播。这里以北京电影学院的官方网站为例，如图 6.39 所示。首先，主题图形不同。电影学院的主题图形不是校名，而是学院的标志，这种构思体现了现代网页设计的趋势——采用醒目的主题图形以吸引人，栏目导航不同。这个页面设置在主页上的栏目不多，只有少量的几个，同时提供快速链接，可以直接跳转到相应的子栏目。

图 6.39　北京电影学院官网

同时在页面的右边设置了一个滚动信息看板，显示不断更新的信息，通过访问该大学网站，可以很快知道校园内最新发生的事件。

图 6.40 所示是北京大学的网站首页。其上侧是栏目导航，这是最常见的布局方法。左侧突出了大学名称，以一幅渐变效果的校园图为背景。在右侧的下方是整个站点的部

分内容的各种链接。整体风格简洁明快。整个页面结构采用了伪帧结构，即左侧和右侧看起来是三个页面，分为两个部分，左侧采用蓝底紫色字，与右边的各种链接相对应，整个网页很有平衡感。

图 6.40　北京大学官网

6.3.4　个人网站布局

一般来说，个人网站都会有一个突出的主题图形。这个图形不仅显示该栏目的风格，而且是这个网页区别于其他网页的标志，许多个人网站都具有自己的独特风格，直接反映了不同人的不同个性。但个人网站建站设备比较落后，在水平上参差不齐，有些个人网站完全成了只有超链接的页面。个人网站的基本风格有三种：主题图形式、信息发布式及介于两者之间的形式。这三种个人网站的风格在布局上有区别，尤其反映在主页上，如图 6.41 所示。

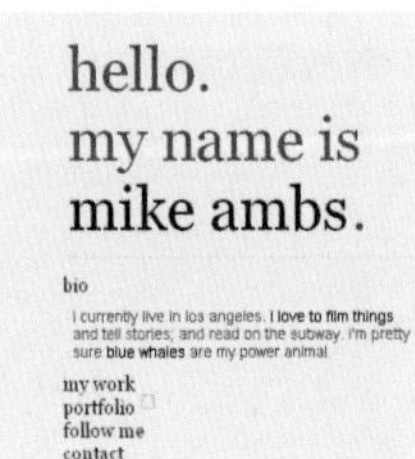

图 6.41　个人网站

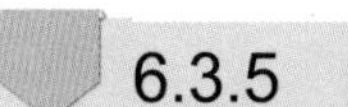

6.3.5 实现案例2——二级网页也美丽

素材准备

素材如图 6.36 所示。

完成效果

完成效果如图 6.37 所示。

思路分析

- 学习用 Photoshop 的选区功能和填充功能画出网页结构图。
- 用 Photoshop 的复制、粘贴和文字工具，设计制作易购多网站二级页面。
- 体会并通过设计体现企业网站的布局特点。

操作步骤

步骤 1　根据结构图，画出功能模块图

（1）上左中右结构式页面结构图，如图 6.42 所示。

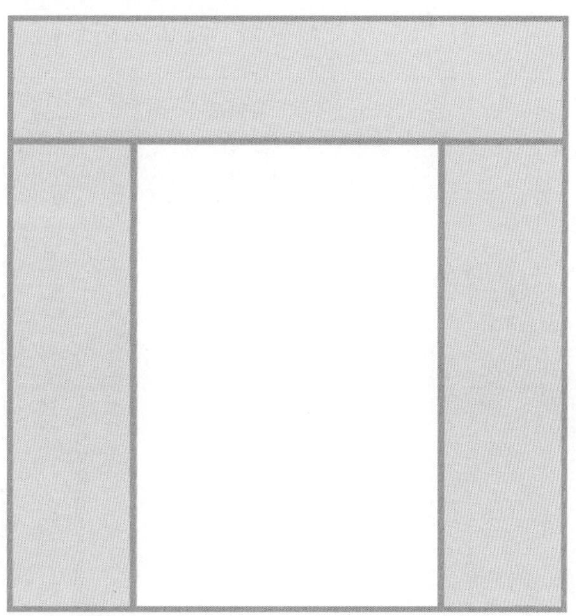

图 6.42　上左中右结构式

（2）画出功能模块图。在 Photoshop 中，打开“素材 11.psd”，将之另存为“结构 3.psd”，新建图层，单击“矩形选框工具”按钮，选中图 6.43 所示的区域，作为网页“上”的部分。

图 6.43　选取的区域

（3）将前景色设置为白色 #ffffff，选择“编辑”→“填充”命令，这部分准备添加导航、留言板的广告、位置导航。将广告区填充颜色 #FFAD0，如图 6.44 所示。

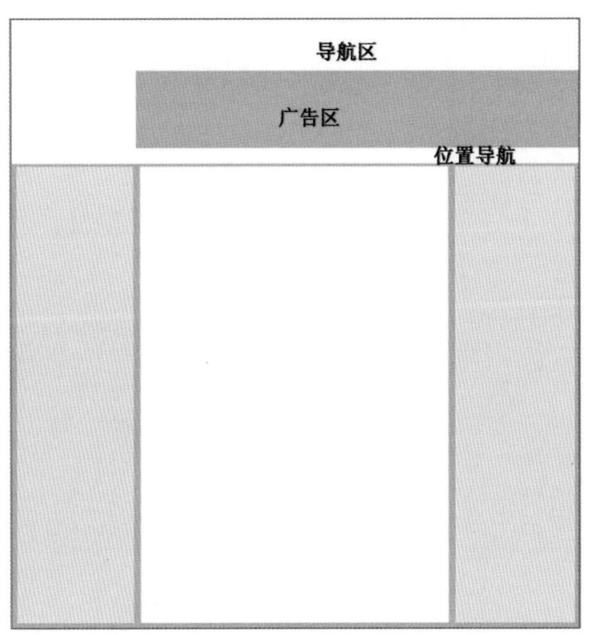

图 6.44　填充白色

（4）取消选区。新建一个图层，单击“矩形选框工具”按钮，选中图 6.45 所示的区域，填充颜色为 #CECECE；这个区域是网页左部分，其中包括商品分类、联系方式、客服中心、帮助中心。

图 6.45　选取的区域

（5）取消选区。新建一个图层，单击“矩形选框工具”按钮，选中图 6.46 所示的区域，填充颜色为白色；这个区域包括留言板的个人中心、留言板提交文本框。

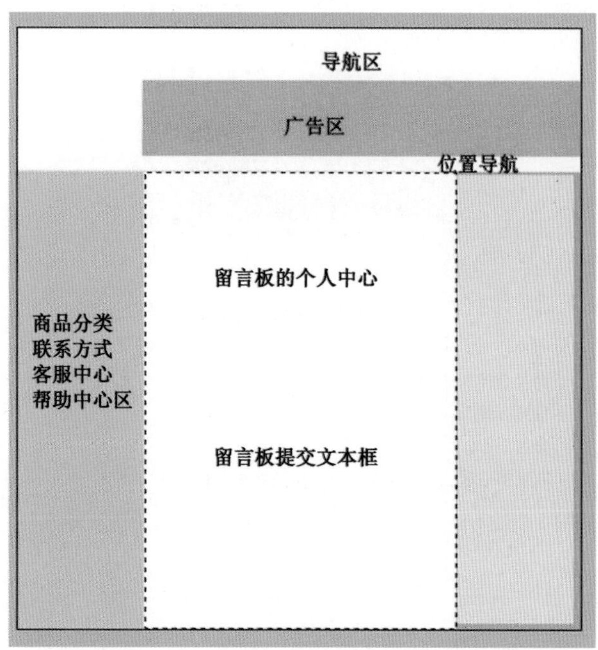

图 6.46　填充白色

（6）取消选区。新建一个图层，单击“矩形选框工具”按钮，选中图 6.47 所示的区域，填充颜色为 #CECECE；这个区域是网页右部分，其中包括推荐商品、浏览记录、个人中心。

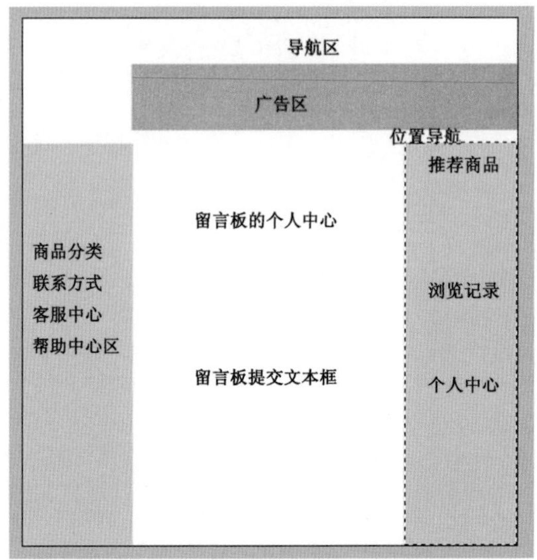

图 6.47　选取的区域

（7）取消选区。新建一个图层，单击“矩形选框工具”按钮，选中图 6.48 所示的区域，填充颜色为白色；这个区域是版权区。

给各个功能模块添加编号并描边，描边宽度设置为 6 像素、颜色为 #ffad01。保存文件，完成的效果如图 6.48 所示。

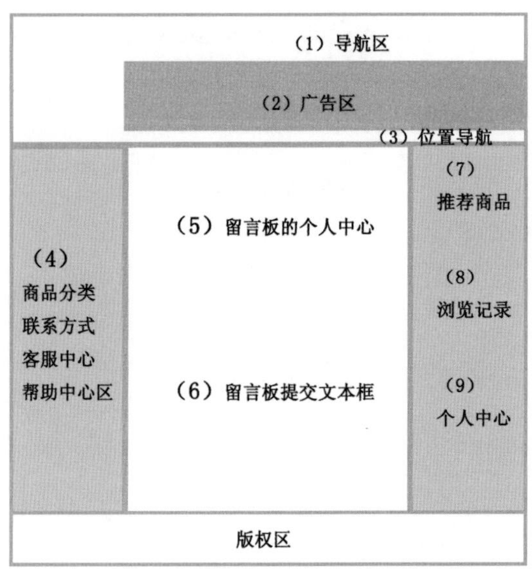

图 6.48　完成的效果

步骤 2　根据功能图，设计（5）、（6）部分

（1）打开“素材 9.psd”，如图 6.49 所示，另存为“结果 2.psd”，保存在“结果”文件夹下，如图 6.50 所示。

图 6.49　打开素材 9

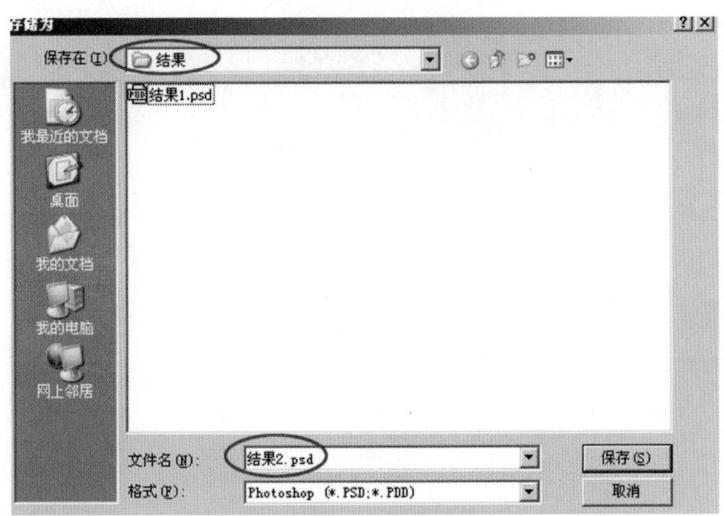

图 6.50　保存文件

（2）制作功能模块图中“（2）广告区”。将“素材7.psd”中的“图层1”复制到“结果2.psd”中，如图6.51所示。

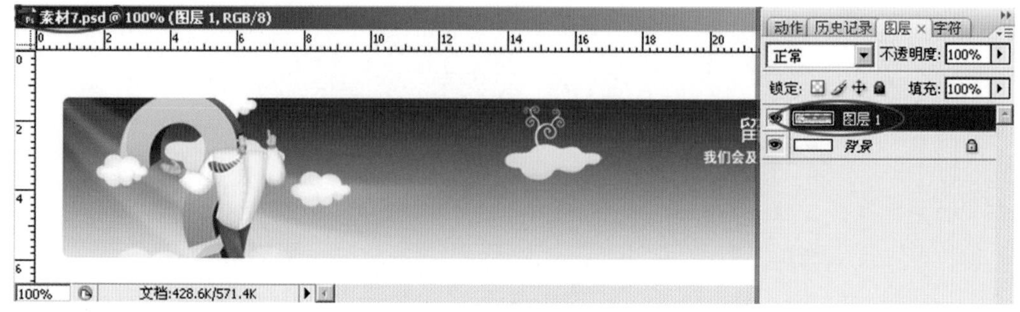

图6.51　复制“图层1”

复制后的效果如图6.52所示。

图6.52　复制后

（3）制作功能模块图中的“（3）位置导航”。

打开“素材10.psd”,将“素材10.psd”中的“留言板”层复制到“结果2.psd”中，完成效果如图6.53所示。

图6.53　添加位置导航后的效果

（4）制作功能模块图中的“（5）留言板的个人中心”。

将“素材5.psd”中的“图层1”复制到“结果2.psd”中，如图6.54所示。

图 6.54　复制留言记录

（5）制作功能模块图中的“（6）留言板提交文本框”。

将“素材 6.psd”中的“图层 1”复制到“结果 2.psd”中，如图 6.55 所示。

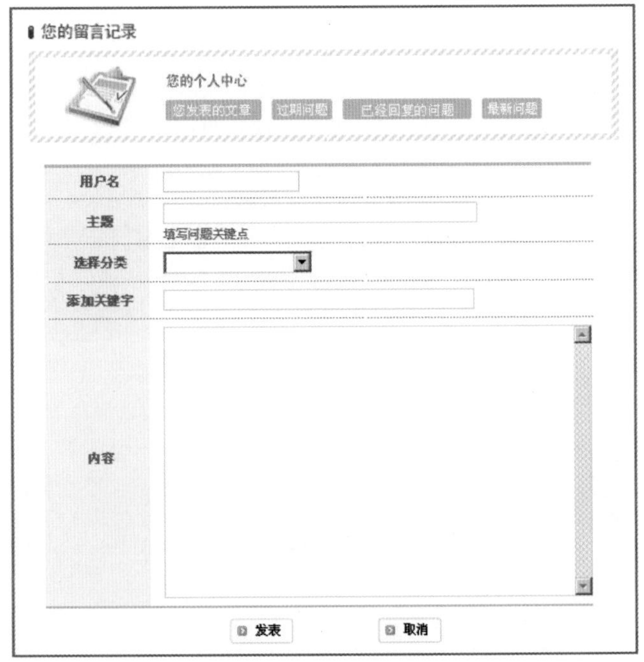

图 6.55　复制留言板

（6）完成“中部”设计。

保存文件，留言板个人中心、留言板区完成，如图 6.56 所示。已经完成上左中右结构式的上、左、中的部分，如图 6.57 所示。

图 6.56　完成的效果图

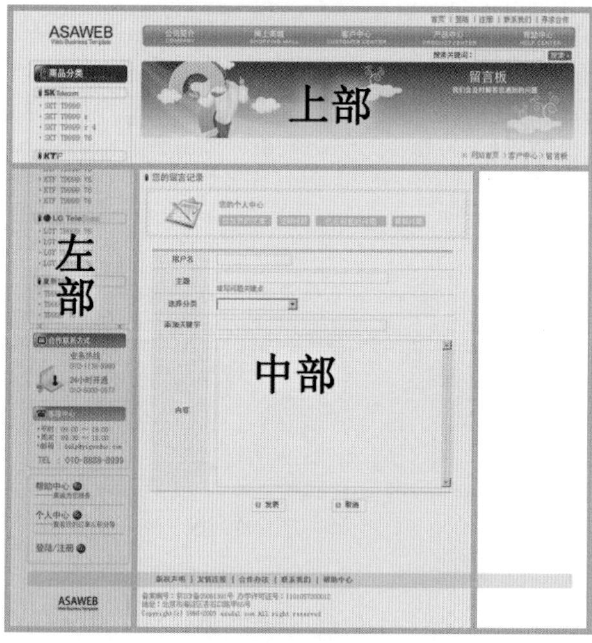

图 6.57　结构图比较

步骤 3　根据功能图，设计页面其余的部分

（1）制作功能模块图中的“（7）推荐商品”和“（8）浏览记录”。

将“素材 1.psd”中的“图层 1”复制到“结果 2.psd”中，如图 6.58 所示。

图 6.58　复制后的效果

（2）制作功能模块图中的“（9）个人中心”。

将“素材 8.psd”中的“图层 1”复制到“结果 2.psd”中，如图 6.59 所示。

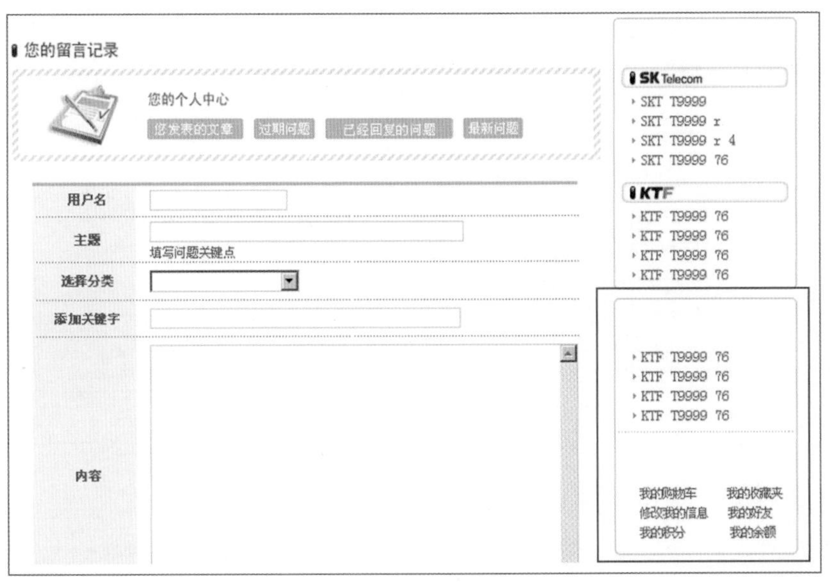

图 6.59　复制后的效果

（3）添加“推荐商品”标题。

将“素材 2.psd”中的“图层 1”复制到“结果 2.psd”中，如图 6.60 所示。

图 6.60　复制后的效果

（4）添加“浏览记录”和“个人中心”标题。

用同样的方法，将“素材 3.psd”、“素材 4.psd”中的“图层 1”复制到“结果 2.psd”中，结果如图 6.61 所示。

图 6.61　复制后的效果

步骤 4　保存文件，留言板页面设计完成

（1）完成“右”部设计。

（2）保存文件，完成效果如图 6.62 所示。这时，已经完成上左中右结构的留言板页面，如图 6.63 所示。

图 6.62　完成效果图

图 6.63　结构图比较

实战案例

实战案例 1——网页新面孔

需求描述

通过对网页的重新布局，感受不同风格的网页带来的不同视觉特点。

焦点风格是比较艺术化的网页形式。在本案例里，将会对一个简约风格的网页进行重新布局，做成焦点风格的特点，从而形成与众不同的新风格。

素材准备

素材如图 6.64 所示。

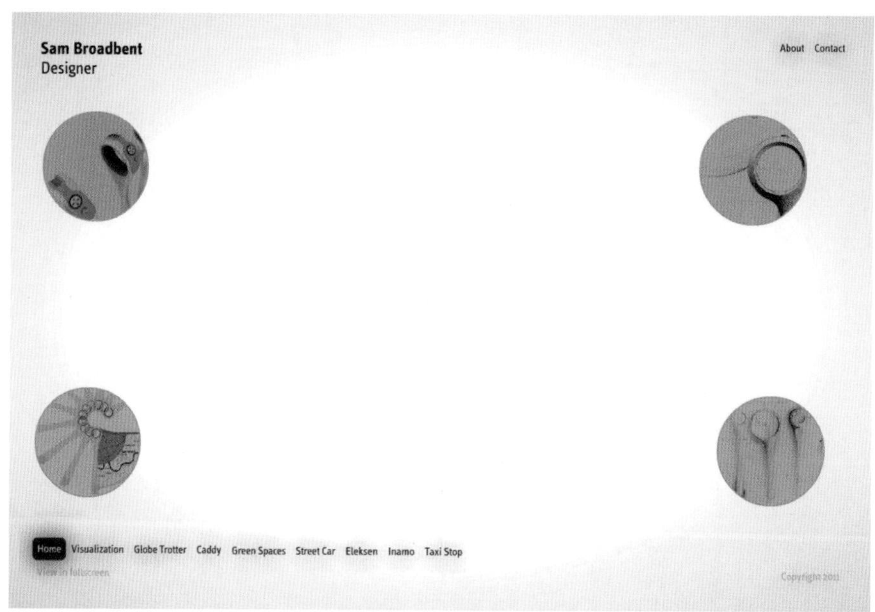

图 6.64　原始网页

完成效果

完成效果如图 6.65 所示。

技能要点

- 根据网站主题确定网站风格、制作整体设计方案。
- 区分色彩色相。
- 会利用 Photoshop 进行网页的布局和色彩设计。

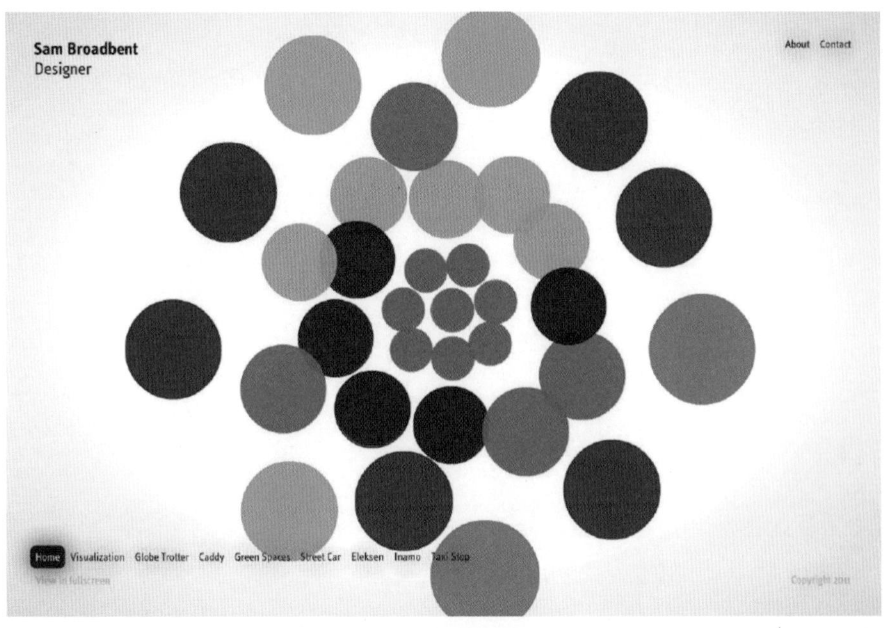

图 6.65　完成效果图

实现思路

- 首先分析原网页，确定其可以修改的区域。
- 根据焦点型的特点进行重新布局。
- 注意颜色的搭配和应用。
- 学习和借鉴其他同种类型的网页特点，如图 6.66 所示。

图 6.66　参考网页效果图

难点提示

➢ 首先将原网页的元素去掉，如图 6.67 所示。使用 Photoshop 里的图章工具，并结合加深减淡调整工具。

图 6.67　去掉多余元素

➢ 根据参考图,进行初步布局。注意不要太对称,否则会显得死板,如图 6.68 所示。

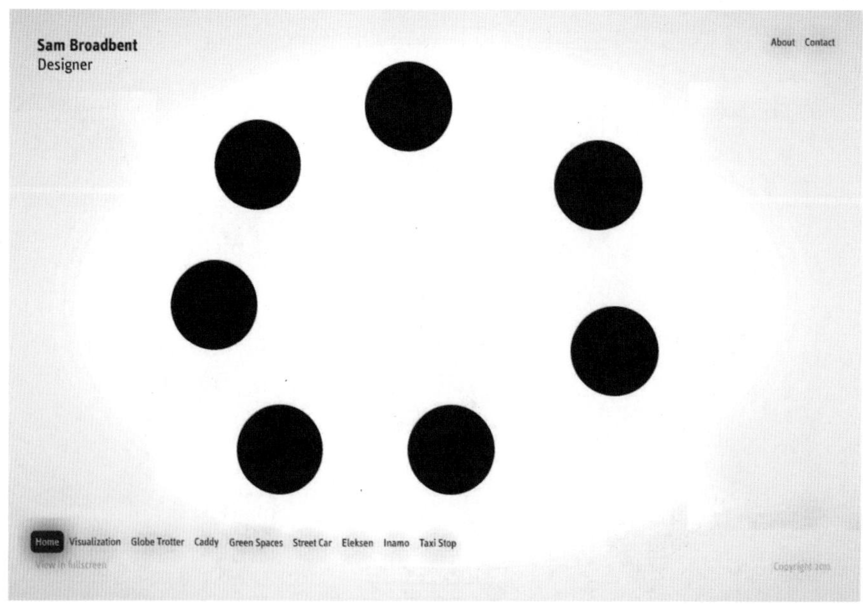

图 6.68　初步布局

➢ 调整元素的大小和颜色，使其丰富而且视觉平衡。

实战案例 2——设计临摹典型商业型网站

需求描述

在实际工作中，接触最多的还是商业网站的设计。在本练习中，需要临摹设计一个商业网站。

素材准备

素材如图 6.69 所示。

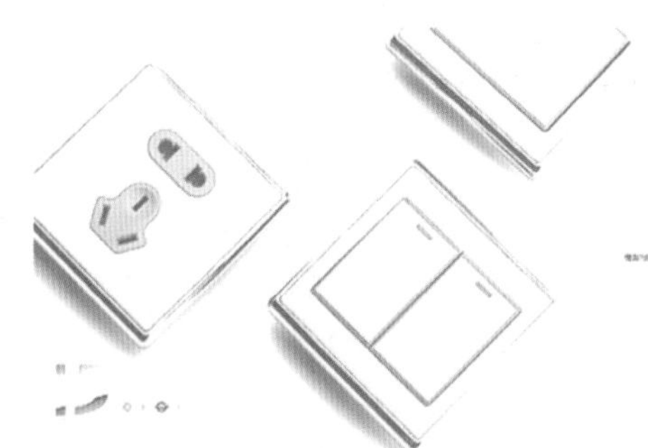

图 6.69 素材图

完成效果

完成效果如图 6.70 所示。

技能要点

➢ 根据网站主题确定网站风格、制作整体设计方案。

- 网页色彩搭配遵循整体性和适用性原则。
- 会利用 Photoshop 进行网页的布局和色彩设计。

图 6.70　完成效果图

实现思路

- 根据之前学习的知识确定整体尺寸。
- 分析布局，使用参考线进行区域划分。
- 根据商业网站特点进行布局配色。

难点提示

- 进行区域划分，如图 6.71 所示。

图 6.71　区域划分

- 绘制页头部分，奠定整体布局基调，如图 6.72 所示。

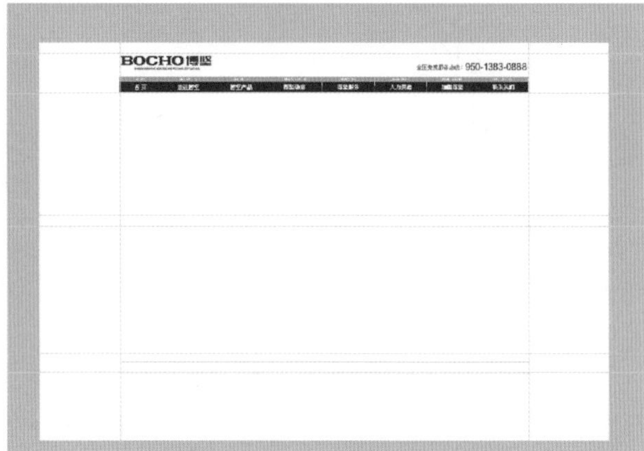

图 6.72　绘制页头

- 导入素材，放置 Banner 部分。注意其大小和比例，如图 6.73 所示。

图 6.73　放置 Banner

- 导入素材图，补充网页的其他主体部分。

本章总结

- 网站按照风格类型划分，有满版型、分割型、中轴型、倾斜型、三角型、自由型等几种。
- 焦点型的网页版式通过对视线的诱导，使页面具有强烈的视觉效果。焦点型分三种情况，即中心、向心和离心。
- 论坛（BBS）一般会采用左右结构或上下结构框架。因为这样可以将网页分成相对独立的两部分。

学习笔记

本章作业

选择题

1. 以下不属于所概括的网站风格的是（　）。

   A. 矢量风格　　B. 三维风格　　C. 速写风格　　D. 彩色风格

2. 以下对三维风格网站描述不得当的是（　）。

   A. 三维风格的网站不是很常见　　B. 三维风格多用于产品展示

   C. 三维风格可以结合Flash技术　　D. 三维风格网站多为对比方式

3. 企业型网站布局设计的出发点是（　）。

   A. 宣传产品　　B. 传播新闻

   C. 传递企业理念　　D. 公司团队介绍

4. 满版型网页布局的缺点是（　）。

   A. 缺乏整体感　　B. 表现色彩不够丰富

   C. 加载速度比较慢　　D. 不容易吸引眼球

5. 对于一个“网上商城”网站，使用（　）的布局结构更能表现其产品的多样性。

   A. 三角型　　B. 满版型　　C. 对称型　　D. 焦点型

简答题

1. 请说明论坛类网站的布局特点。
2. 举例说明像素风格和矢量风格的不同之处。
3. 图6.74所示为艺术网站wottoart的网页首页，请说明它属于什么行业的网站，并指出其主要版式类型和风格类型。
4. 图6.75所示的网页主要使用了什么版式类型?
5. 图6.76所示的网页布局是什么版式类型？试着将其改成中轴型。

图 6.74　wottoart 网页首页

图 6.75　网页效果图

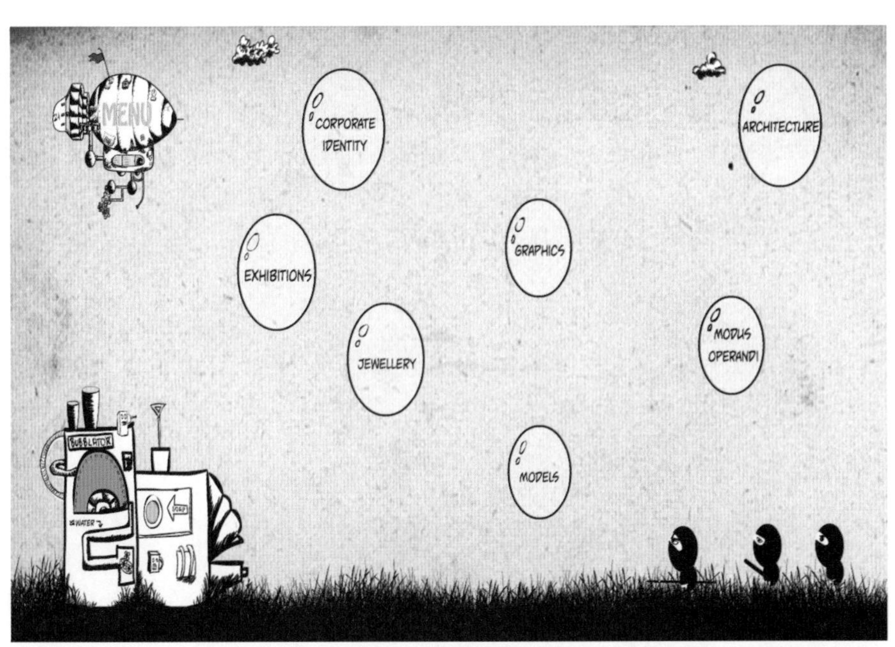

图 6.76　网页效果图

提示

- 观察菜单的图形排布。
- 注意使用印章工具修补背景图。
- 结果参考图 6.77。

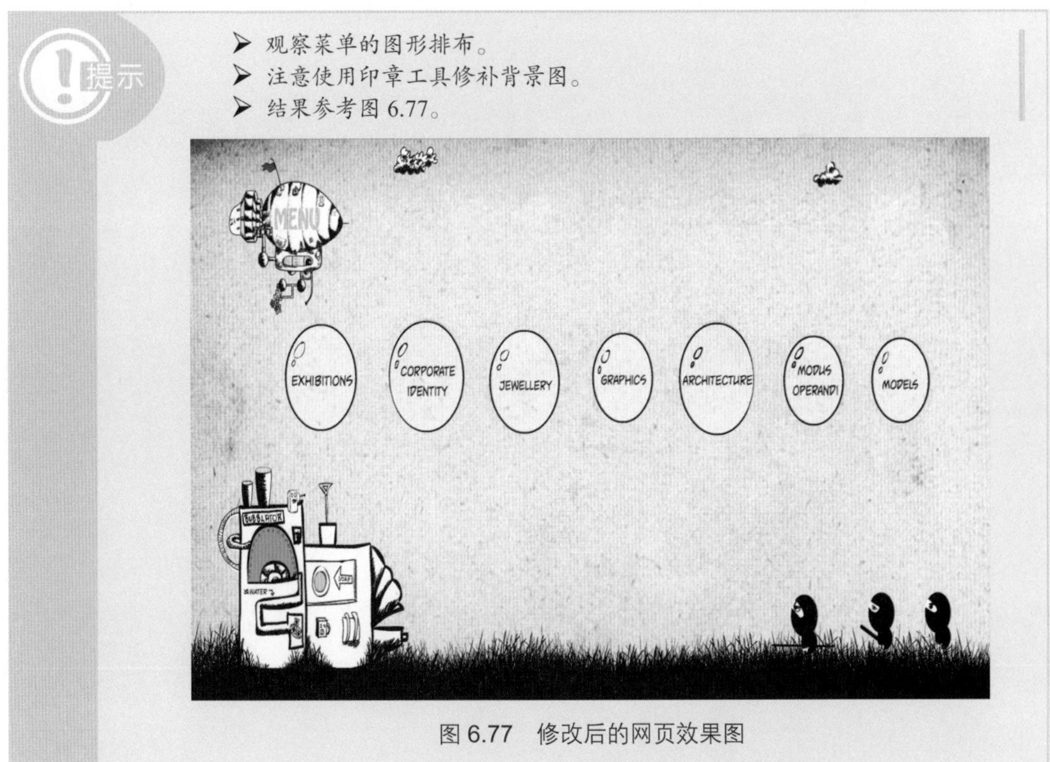

图 6.77　修改后的网页效果图

作业讨论区

访问课工场UI/UE学院：kgc.cn/uiue（教材版块），欢迎在这里提交作业或提出问题，你将有机会跟课工场的专家以及共同学习本书的小伙伴一起探讨切磋！

第7章

项目综合案例

本章目标

完成本章内容以后，你将：

- 掌握网页设计的全部流程。
- 综合运用网页配色与布局知识。
- 掌握网页设计的技巧。
- 懂得优秀网页设计的特点。

本章素材下载

- 请访问课工场UI/UE学院：kgc.cn/uiue（教材版块）下载本章需要的案例素材。

本章简介

网页设计是一项系统工程，它包含了从用户调研到最终上线的全过程。在本书里，我们只关注其中最重要的部分，也是最体现设计水平的部分——配色与布局。在本章，将以一个常见的购物网站为例子，系统地讲解整个网页的设计过程。

项 目 实 战

7.1 新蛋购物网站主页制作

参考视频
项目综合案例

完成效果

完成效果如图 7.1 所示。

图 7.1 新蛋购物网站主页

7.1.1 理论概要

一个好的网页设计需要一个完整的流程。它包含需求分析、市场调研、风格确认、配色方案、布局结构，以及程序设计、程序测试等多方面。本书提到的网页配色与布局，是网页设计展开的基础，是属于无法取代的重要过程。

1. 网页设计流程

同平面设计创作不同，网页的配色与布局不是一个单独的设计，而是属于网页设计流程中不可缺少的一部分，这样我们在做设计的时候就需要从整个流程的角度去考虑问题。

1）确定网站主题

网站主题就是建立的网站所要包含的主要内容。一个网站必须要有一个明确的主题。特别是对于个人网站而言，你不可能像综合网站那样做得内容大而全，包罗万象。你没有这个能力，也没这个精力，所以必须要找准一个自己最感兴趣的内容，做深、做透，做出自己的特色，这样才能给用户留下深刻的印象。网站的主题无定则，只要是你感兴趣的，任何内容都可以，但主题要鲜明，在你的主题范围内内容做到大而全、精而深。

2）搜集资料

明确了网站的主题以后，就要围绕主题开始搜集材料了。要想让自己的网站有血有肉，能够吸引住用户，就要尽量搜集材料，材料搜集得越多，以后制作网站就越容易。材料既可以从图书、报纸、光盘、多媒体上得来，也可以从互联网上搜集，然后把搜集的材料去粗取精，去伪存真，作为自己制作网页的素材，具体方法可以参考《企业网站产品资料该怎么整理》这篇文章。

3）网站策划

一个网站设计得成功与否，很大程度上取决于设计者的规划水平。制作网站建设方案就像设计师设计大楼一样，图纸设计好了，才能建成一座漂亮的楼房。网站规划包含的内容很多，如网站的结构、栏目的设置、网站的风格、颜色搭配、版面布局、文字图片的运用等，只有在制作网页之前把这些方面都考虑到了，才能在制作时驾轻就熟，胸有成竹。也只有如此制作出来的网页才能有个性、有特色，具有吸引力。如何规划网站的每一项具体内容，我们在下面会有详细介绍。

4）选择合适的制作工具

尽管选择什么样的工具并不会影响设计网页的好坏，但是一款功能强大、使用简单的软件往往可以起到事半功倍的效果。网页制作涉及的工具比较多，首先就是网页制作工具了，目前大多数人们选用的都是“所见即所得”的编辑工具，网上有许多这方面的软件，可以根据需要灵活运用。

5）网站制作

材料有了，工具也选好了，下面就需要按照规划一步步地把自己的想法变成现实了。这是一个复杂而细致的过程，一定要按照先大后小、先简单后复杂的顺序来进行制作。所谓先大后小，就是说在制作网页时，先把大的结构设计好，然后再逐步完善小的结构设计。所谓先简单后复杂，就是先设计出简单的内容，然后再设计复杂的内容，以便出现问题时方便修改。在制作网页时要多灵活运用模板，这样可以大大提高制作效率。网站制作总的内容分成三个方面：一是前期用户研究，流程图绘制；二是效果图绘制，包括配色和布局；三是切图，然后交给程序员，进行后台搭建代码编写。

6）上传测试

网页制作完毕，最后要发布到 Web 服务器上才能够让全世界的朋友观看。现在上传的工具有很多，有些网页制作工具本身就带有 FTP 功能，利用这些 FTP 工具，可以很方便地把网站发布到自己申请的主页存放服务器上。网站上传以后，要在浏览器中打开自己的网站，逐页逐个链接地测试，发现问题，及时修改，然后再上传测试。全部测试完毕就可以把网址告诉给朋友，让他们来浏览。

7）网站推广

网页做好之后，还要不断地进行宣传，这样才能让更多的朋友认识它，提高网站的访问率和知名度。推广的方法很多，如到搜索引擎上注册、与别的网站交换链接、加入广告链接等。

8）后期维护

网站要注意经常维护、更新内容，保持内容的新鲜。只有不断地给它补充新的内容，才能够吸引住浏览者。

2. 购物类网站特点

购物类网站页面设计的要点主要在于对商城商品、促销、模块边框、引导图标的展现形式的融合和整体协调。因此，如果想快速、成熟地设计一个购物网站的页面，需要好好注意一下以下素材。

购物网站页面设计中图标的精彩程度远远出乎我们的想象，现在很多的网站为了个性和区别都设计有自己的图标，如图 7.2 所示。这对电子商务网站来说，是一个比较大的进步。因为千篇一律的网站，会让人产生视觉疲劳。很多的个性网站不仅仅在功能上让人感觉很沉闷，而且从界面上看，就不能说是一个成熟的购物网站。

3. 网页配色

网页配色的知识已经讲解了不少，这里再进行一个综合的归纳。

提到网页配色，许多人会很自然地去寻找网上有关于网站配色的理论性文章，这些文章层出不穷，理论性确实很强，但它们却忽视了一点，就是很多文章讲述得太术语化，讲一大堆的对比色、相关原色、暖系、冷系、配色原则等，却缺乏例子。讲述色彩的文章，怎能只有白纸黑字？而且我们也提供过配色表，这样的配色工具在网络上也可以轻松得到。

然而在真正应用时，却会涉及诸多问题。

图 7.2　购物网站

其实网上芸芸大师的作品，值得一看的优秀网站就是一张张“活生生”的配色表，多看优秀作品是会有很大帮助的！每当见到让人很惊艳的网站时，可以把它的色系拾取下来，并将布局简单记录一下，这样做的好处是一方面既避免了抄袭，另一方面也能作为一种积累，成为自己手头上的一份资料，将来肯定会有用到的时候，而且通过这样的积累，自己的鉴赏水平和色感都能有一个较大的提高，如图 7.3 和图 7.4 所示。

除了看配色用色，还要看别人的网站布局。布局包括网站的内容设置、导航栏设置、位图的应用等。不同类型的网站是有不同的布局的，如娱乐网站的布局与商业网站的布局肯定有分别。

还有就是看创意，看用户体验。简单地去操作一下，看别人的理念，总体的执行效果，检验一下它的网站是否达到了它所要表达的意思。

图 7.3　优秀配色（1）

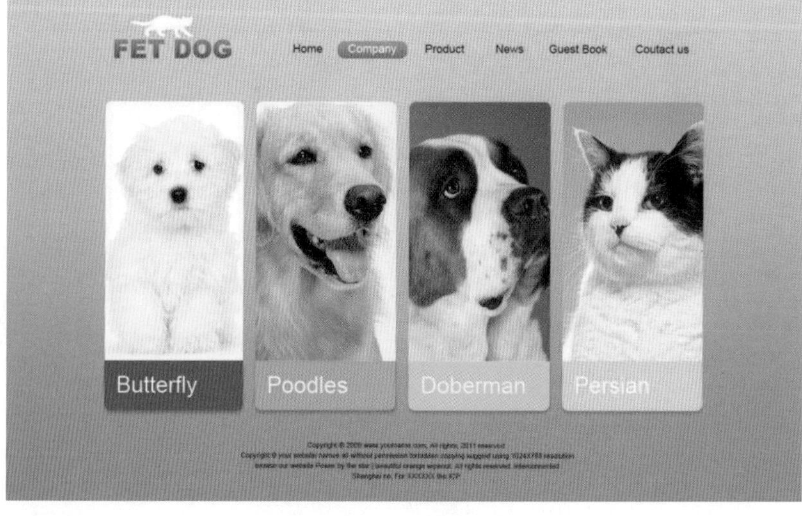

图 7.4　优秀配色（2）

生活中有很多美好的色彩等待你去发掘，你可以在电影海报上看到，从户外广告、摄影作品、建筑设计、电视广告等上看到。

4. 网站的布局

对于网站主页，说到底，只是一个 1024 像素 ×768 像素的画面，那么，要怎么对它进行安排才合理呢？首先，也是最重要的一点，就是停下创作，先想好一个主题。设计，是一种有目的的创作。若在动手之前并不了解自己将要做什么及要怎么做，而只是一味地靠操作 Photoshop 的滤镜效果而达到一种特效的话，那么，最终做出来的东西最多是局部看着觉得挺不错的，但全局就显得太复杂了。页面上的构成，如果要让别人一眼看去就觉得舒服、漂亮，这里面实际是有很大学问的。

再来说说构成。构成的知识我们在之前学过的美术基础里已经接触过。网页布局在本质上其实和美术绘画的布局也是有很大关系的。构成就是将造型按视觉效应、视觉力学和精神力学等原则组成，具备美好形态的造型。构成形式里，有空间构成（平面构成和立体构成）和时间构成（静和动）。在布局设计中，就是要协调这里面的种种关系。顺应视觉感受才能够打动观看者的视觉，得到想要的效果。在这些形式里，都有着如下的部件。

- 点。一般认为点是圆形的，这是不正确的。只要在空间里有非常少量的面积，无法形成一个视觉上感觉的图形，都是一个点。无论什么形状都可以。
- 线。点集合在一起就形成线。
- 面。一个平面。
- 体。一个物体。一般是指物体占据的空间，有三维形状。

网站的布局需要注意以下几点。

1）对排版的基本了解

排版是现代网站设计的一个重要方面。好的排版能够让布局事半功倍，如图 7.5 所示。

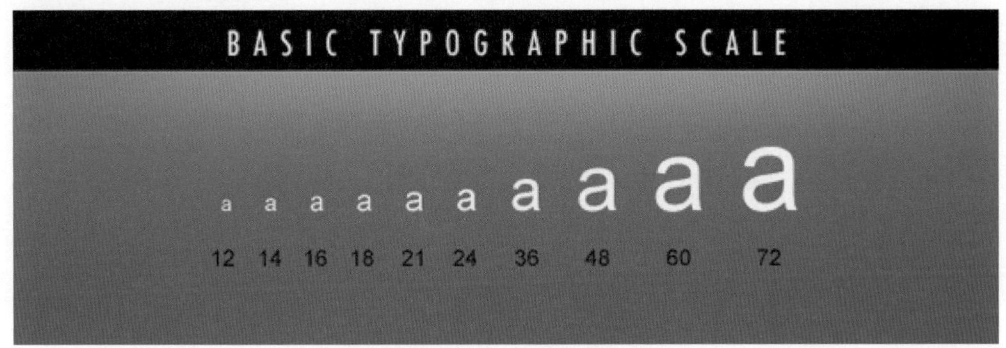

图 7.5　网页排版示意

就算是最漂亮的字体也不能在你不遵守相关基础规则的情况下帮助你。试着一直用字体标准度量，无论是自创体还是现有的字体，简单的 12 号、14 号、16 号、18 号、21 号、

24 号、36 号、48 号、60 号字大小，将会很好地规范字体等级制度，保持使用合法的字体度量标准。

2）有效地利用空白处

“空白空间”是指设计网站时的闲置空间——它并不一定指白色的白，可以说它是隔开章节段落之间的那些空闲空间。能更好地利用这些空间是提高网站可读性的关键，如图 7.6 所示。

图 7.6　有效地利用空白处

如果网站挤得满满的，使得段与段之间都没有空白，阅读浏览此类网站将变得很困难。应确保网页的文字内容、副本、图标、列表、超链接及其他元素都拥有自己的空间。

大多数网络使用者是不会去耐心阅读的，他们快速浏览，直到找到感兴趣的内容才单击来读（或者继续快速浏览），通过利用空白空间可以让页面便于浏览。

3）对齐线和格

文本和其他网页元素在网页上四处分散会使页面十分难以阅读而无人问津。使用对齐格可保持页面的整齐，并让读者能直接发现页面的关键点——如请读者注意的按钮。

一些出名的网格系统（如 960.gs 和 Blueprint）可以作为设计网页的起点和参考，如图 7.7 所示。

4）色彩对比

显然上述的几点对网页设计很重要，但是色彩对于网页也是不可或缺的重要因素。白色底纹浅灰色文本也许让年轻的用户看着不费力，但对于其他人来说可能根本无法读下去。目标读者是 60 岁以上的人时，一般文本字色稍暗点更利于阅读。同样的，如果页面背景太暗，要让文字越亮越好。当然也可以在对比度的掌握上入手，可以使用让图标颜色更深来吸引读者注意，或使其更浅来让读者忽略。确保元素间的对比，背景和文字的对比，如图 7.8 所示。

图 7.7　对齐线和格

Good Contrast　Bad Contrast

Good Contrast　Bad Contrast

图 7.8　色彩对比

5）确保简洁切题

人们不会去仔细阅读，而只是浏览网页，所以让内容简短并把不相关的东西去掉，可以提高可读性。要知道网页设计师不是在写小说，一般人看到长篇大论的文章就立刻单击关闭，所以要把文本拆分成小段落和关键点来显示，如图 7.9 所示。

Large Chunk

Lorem ipsum dolor sit amet, consectetur adipiscing elit. Nulla ipsum nibh, dictum sed tempor vitae, tristique at tortor. Cras a varius nulla. Aliquam vulputate, dui ac vulputate feugiat, sem massa eleifend felis, sit amet posuere arcu nisl in leo. Proin sapien lectus, aliquam a porta eleifend, pharetra eget tellus. Phasellus egestas ipsum eu nisi hendrerit pellentesque. Integer nec velit sapien, nec sagittis purus. Pellentesque vel turpis turpis. Sed sit amet ligula est, egestas dignissim nisi.

Much Better

Lorem ipsum dolor sit amet, consectetur adipiscing elit. Nulla ipsum nibh, dictum sed tempor vitae, tristique at tortor.

- Cras a varius nulla.
- Aliquam vulputate, dui ac vulputate feugiat
- Sem massa eleifend felis, sit amet posuere
- Proin sapien lectus, aliquam a porta eleifend

图 7.9　确保简洁切题

7.1.2 技术要点

在一般人眼中，“网站”几乎就代表着“互联网”。网站本身的价值正在被人们不断发现、不断认可。“如何设计一个成功的网站？”已成为越来越多的网页设计师所思考、关注的问题。这里仅仅讨论设计网站时的两大重要部分——整体风格和色彩搭配。

1. 确定网站的整体风格

网站的整体风格及其创意设计是最难学的。难就难在没有一个固定的模式可以参照和模仿。给你一个主题，任何两个人都不可能设计出完全一样的网站。

风格（Style）是抽象的，是指站点的整体形象给浏览者的综合感受。这个“整体形象”包括站点的CI（标志、色彩、字体、标语）、版面布局、浏览方式、交互性、文字、语气、内容价值、存在意义、站点荣誉等诸多因素。举个例子，多数人觉得“网易”是平易近人的、“迪斯尼”是生动活泼的、“IBM”是专业严肃的，这些都是网站给人们留下的不同印象。

在这里，提供给大家一些关于确定网站的整体风格的参考经验。

- 将标志 Logo 尽可能放在每个页面上最突出的位置。
- 突出标准色彩。
- 总结一句能反映网站精髓的宣传标语。
- 相同类型的图像采用相同效果。例如，标题字都采用阴影效果，那么在网站中出现的所有标题字的阴影效果的设置应该是完全一致的。

2. 网页色彩的搭配

无论是平面设计，还是网页设计，色彩永远是最重要的一环。当我们距离显示屏较远时，我们看到的不是优美的版式或者是美丽的图片，而是网页的色彩。

关于色彩的原理许多，在此不可能一一阐述，仅提供一些关于网页配色的小技巧总结。

- 用一种色彩。这里是指先选定一种色彩，然后调整透明度或者饱和度，这样的页面看起来色彩统一，富有层次感。
- 用两种色彩。先选定一种色彩，然后选择它的对比色。
- 用一个色系。简单地说就是用一个感觉的色彩，如淡蓝、淡黄、淡绿，或者土黄、土灰、土蓝。
- 不要将所有颜色都用到，应尽量控制在三种色彩以内。
- 背景和前文的对比尽量要大（绝对不要用花纹繁复的图案作背景），以便突出主要文字内容。

3. 网页布局技巧

- 别轻易让文字居中和使用粗体或斜体字符。否则，除了造成视感混乱之外，很多浏览器不能很好地显示斜体字，也不能补偿由于字母倾斜引起的空白变化。
- 短的段落，加点列示；适当地整块引用文字，用水平线分节；用影像地图指引主要链接，这样的页面能吸引人和方便阅读。

- 不要在每一网页使用风格不同的图标。
- 不必在页面上填满图像来增加视觉趣味。尽量使用彩色圆点——它们较小并能为列表项增加色彩活力（并能用于彩色列表）。彩色分隔条也能在不扰乱带宽的情况下增强图形感。
- 对用作背景的 GIF 要谨慎。它们可以使一个页面看起来很有趣，甚至很专业，但是装饰背景很容易使文字变得不可辨读。要把背景做得好，光有颜色对比是不够的。背景要么很亮（文字较暗），要么很暗（文字较亮）。如果背景含有图像，对比度要较低才不至于过于分散读者的注意力。
- 不要把重要的内容放到页尾——有些读者可能不会往下看那么远。
- 不要让某种东西看起来像是一个按钮却不起按钮的作用。所以在表现按钮的时候，要注意点线面的运用，让它有立体感，有可以单击的感觉。

7.1.3 案例分析

随着网络的普及，网购已经渐渐火了起来。“没人上街不代表没人逛街”，相信大部分人都有过网购的经历。网购网站作为网购的首要利器，是用户和商家的唯一互动平台。所以一个购物网站设计得好坏，对其销售额起着重要的作用。耳熟能详的购物网站有京东商城、淘宝网、当当网等。在本章，我们将针对购物网站的代表“新蛋购物网站”进行分析和临摹。在设计制作中注意体会网页配色与布局在网页设计的各个阶段起到的重要作用。

本案例要设计临摹的是一个购物网站。

1. 页面布局

1）框架

本案例是针对购物网站设计的网页。之前的学习中，我们已经知道了网页页面的整体布局类型有 T 形、口形、三形、对称形。

在本案例里，因为信息量巨大，网页的主体是要宣传的商品，所以使用的是最常用、最大化利用空间的方式，也就是最常见的 T 形布局法，如图 7.10 至图 7.12 所示。

图 7.10　T 形布局

2）Banner

Banner 是指网络图形广告，它是以 GIF、JPG 等格式建立的图像文件或者是 SWF 格式的 Flash 动画文件，定位在网页中，大多用来表现网络广告内容。在购物网站里，Banner 经常会放一些最有吸引力和震撼性的产品图片与广告，如图 7.13 所示，Banner 占了相当大的空间，用来放公司主推的产品宣传广告。

图 7.11　T 形实例

图 7.12　T 形购物网站

图 7.13　Banner

3）Logo

视觉专家表明，用户浏览网站都是按照“F”形的视觉路线。我们看到的任何东西都是从上往下的，所以左上角的位置是最明显的，也是最先被看到的。现在这一点已经被大多数网站加以运用，都把公司 Logo、网站的名称等重要信息放在这个位置，如图 7.14 所示，都是比较优秀的 Logo。

4）导航栏

导航栏其实就是网页的菜单。它把网站上的层级网页都陈列出来，以便用户可以更方便地进行访问与使用，如图 7.15 所示。

5）内容

内容是一个网站的核心，也是用户最关心与最关注的地方。购物网站内容比较多，需要注意通过配色与布局的技巧，合理地将内容分类与排列。

6）页脚

页脚通常会放一些不重要，但是又必要的信息，如版权说明等。

图 7.14　优秀 Logo

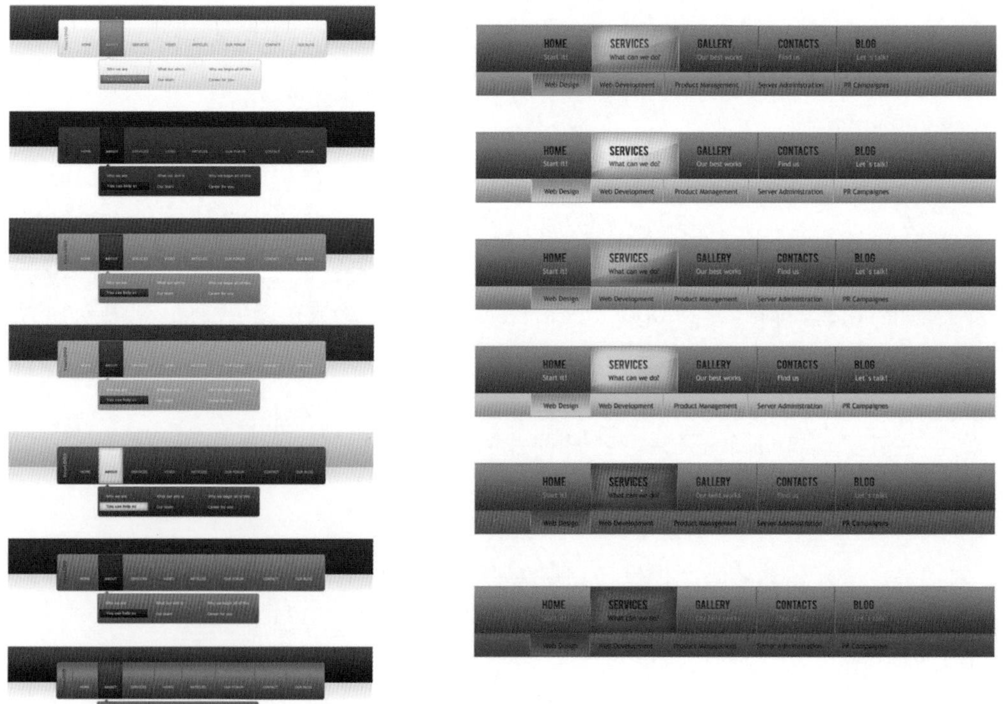

图 7.15　导航栏

2. 色彩运用

配色时需要注意以下几方面。具体的配色方法不再赘述。

- 整体色调。
- 按钮色彩。
- 图标色彩。
- 强调图形。
- 展示商品色彩。

7.1.4 案例制作

步骤 1 布局形式

页面布局设计如图 7.16 所示。

图 7.16 页面布局

步骤 2 新建文件

首页的宽度为 1003 像素，高度为 1500 像素，在分辨率为 1024 像素 ×768 像素的显示器上，这个宽度是在不出现横向滚动条时的最大尺寸。

按 Ctrl+N 组合键新建文件，如图 7.17 所示，设置宽度为 1003 像素，高度为 1500 像素，分辨率为 72 像素 / 英寸，颜色模式为 RGB，背景内容为白色。命名为“index_xd”。

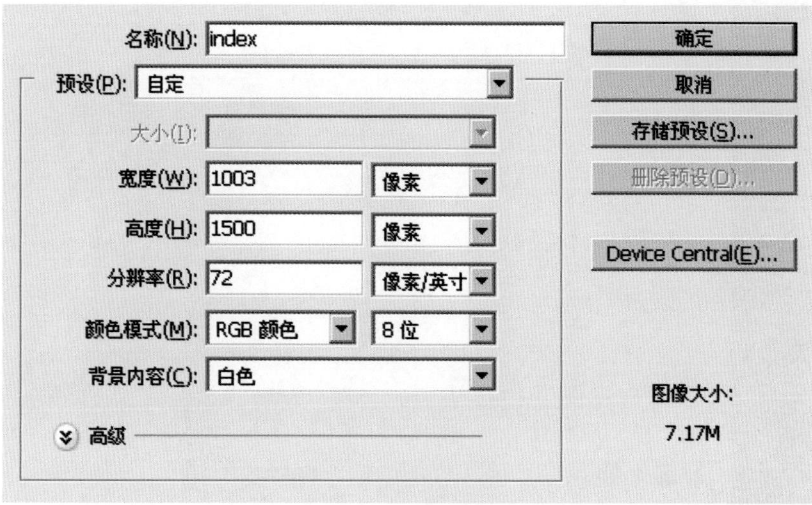

图 7.17 新建文件

步骤 3 分析网页布局

（1）观察原始网页页面，分析其页面结构，很明显可以看出来为 T 形结构。回忆之前学过的布局知识，了解其表现特点，如图 7.18 所示。

（2）用 Photoshop 打开目标网站的主页面，如图 7.19 所示，借助网格及辅助线等工具进行网页区域划分，完成效果如图 7.20 所示。依据此布局图，做出页面的所有关键参考线，如图 7.21 所示。

图 7.18　结构类型分析

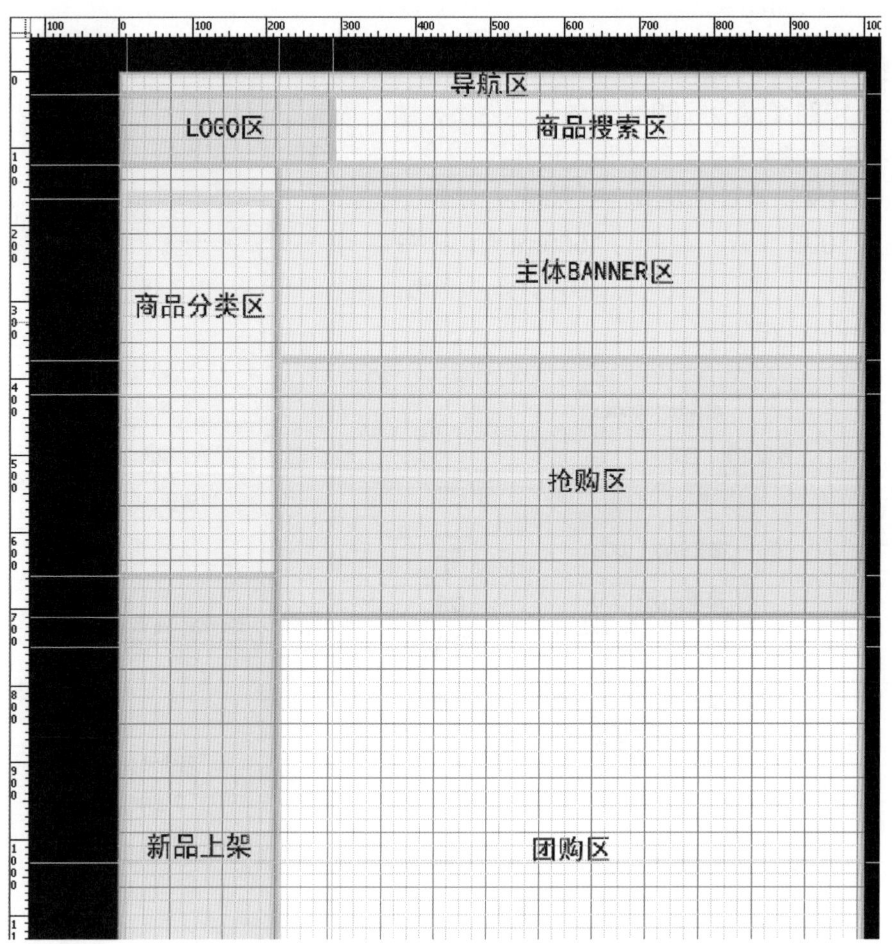

图 7.19　区域划分

导航区
LOGO区
商品搜索区
商品分类区
主体BANNER区
抢购区
新品上架
团购区
订阅区
版权区

图 7.20　区域图

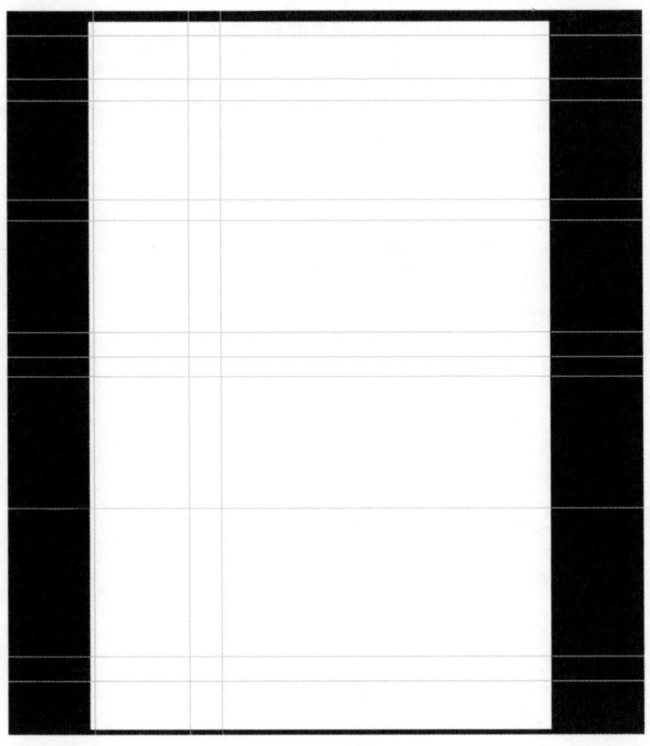

图 7.21　区域图参考线

步骤 4 制作页头

（1）放置企业 Logo。

导入素材“新蛋 Logo”，并将其移动放置在图 7.22 所示的位置。企业 Logo 是企业最关键的要素之一，所以先放置 Logo，注意其位置，要在左上角，也就是用户会第一眼看到的地方，四周留白，但不要过大。

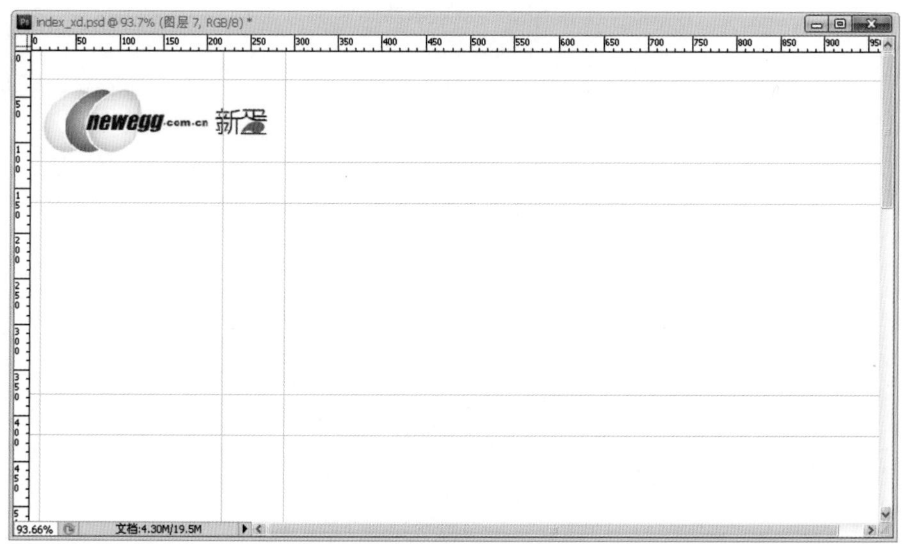

图 7.22　放置公司 Logo

（2）绘制导航栏。

以最上端的两条参考线为参考，绘制矩形导航栏框。注意渐变颜色要提取公司 Logo 里的浅灰色，如图 7.23 所示。

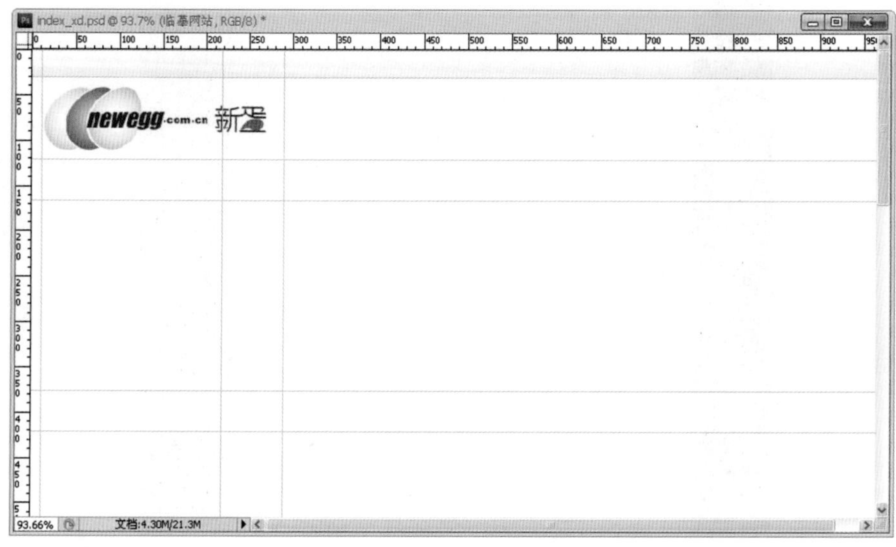

图 7.23　完成导航栏底图

输入相应的文字。注意使用字体为宋体，字号为 12 号，抗锯齿选择“无”，如图 7.24 所示。注意版面的排布及分割线的运用。最终效果如图 7.25 所示。

图 7.24　文字设置

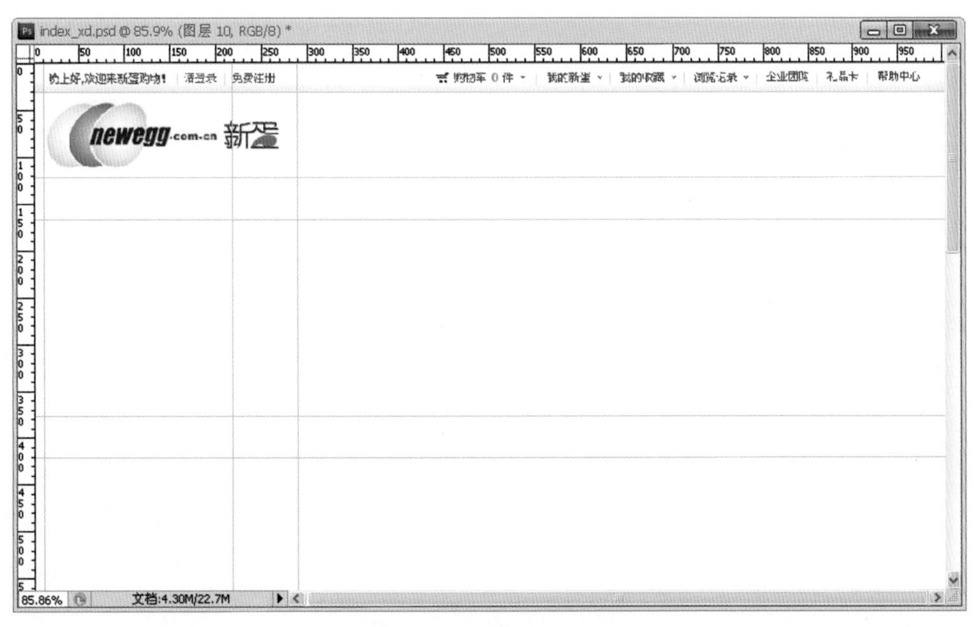

图 7.25　完成导航栏绘制

步骤 5 制作搜索区

对于购物网站来说，搜索区也是最重要的元素之一。因为用户来到主页，大多数的操作都从这一功能区开始，所以也要放在最显著的位置，也就是 Logo 的旁边。使用“钢笔工具”、“形状工具”等结合“渐变工具”，绘制出搜索框和搜索按钮，再添加相应的文字。注意颜色要用之前提取出来的新蛋公司的标准色，也就是橙黄色，如图 7.26 所示。最终效果如图 7.27 所示。

图 7.26　企业色

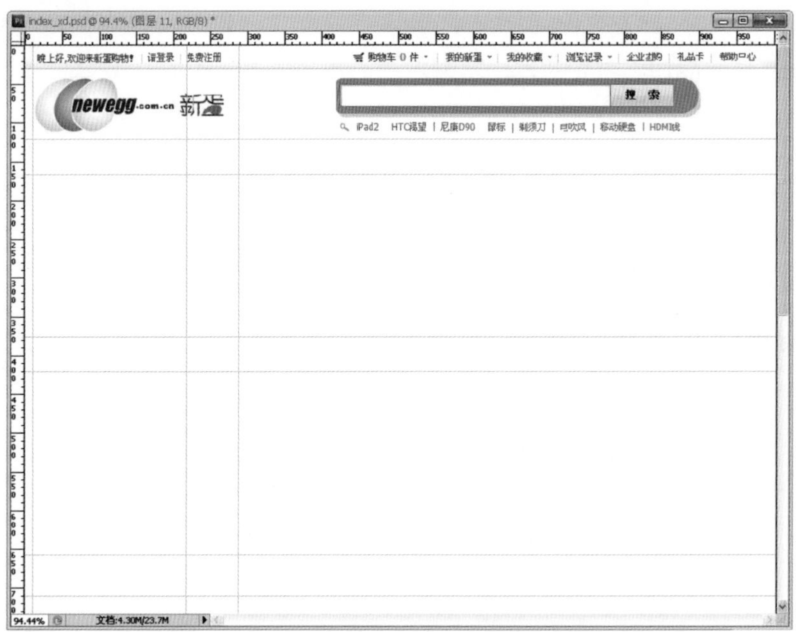

图 7.27　绘制搜索栏

步骤 6　制作商品分类区

这一部分是上一部分搜索区的延续，也就是方便用户可以自由地从本区域选择所需要的商品。或者没有购买目标时，可以从这里进行自由选择。所以在色调上，应和搜索区进行很好的呼应。最终效果如图 7.28 和图 7.29 所示。

注意，绘制过程中，要绘制图标类时，可以灵活使用“钢笔工具”绘制。

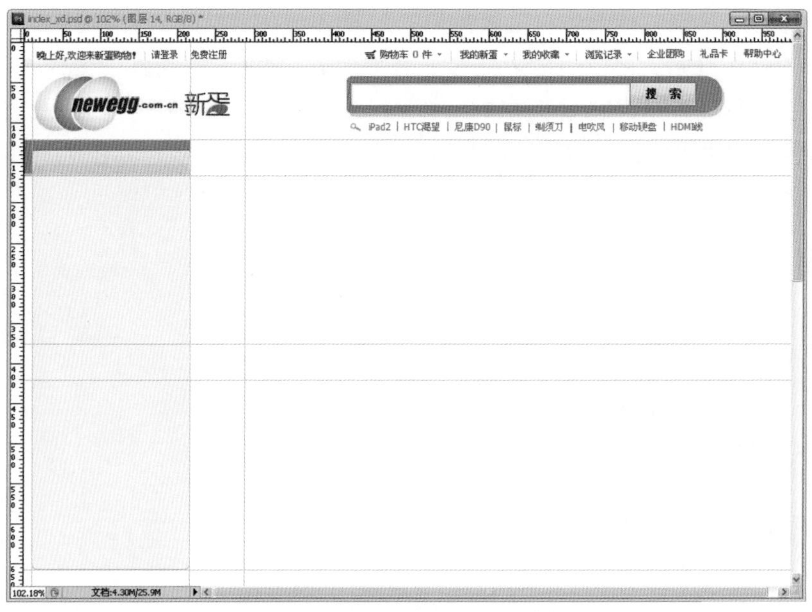

图 7.28　绘制产品分类区（1）

图 7.29　绘制产品分类区（2）

步骤 7　制作Banner

（1）制作最上端的导航栏。

承接左边的商品分类区，在购物网站 Banner 区域最上端也是一个小导航栏。其样式和色彩与商品分类区的顶端保持一致。最终效果如图 7.30 所示。

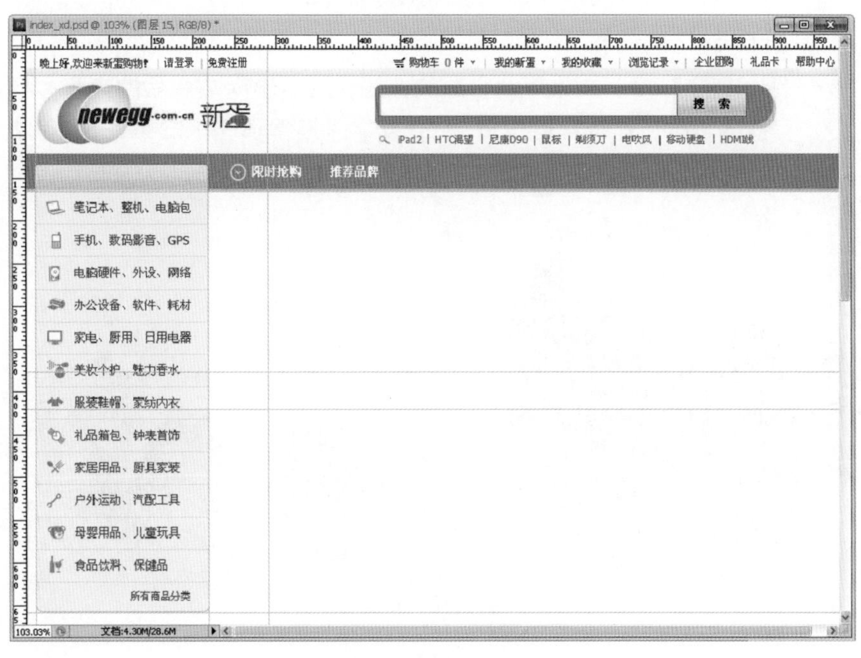

图 7.30　绘制小导航栏（1）

（2）绘制 Banner 底图。

Banner 一般放置最重要或者最吸引人的广告，所以需要 Banner 做得很炫。使用“钢笔工具”、“填充工具”、“渐变工具”制作出图 7.31 所示的 Banner 底图。

图 7.31　绘制小导航栏（2）

（3）丰富 Banner 区的绘制。

导入素材图片（图 7.32）并放置到合适的位置，展示出网站产品的丰富多样，最后加上具有激发购买欲的宣传语。使用图层样式，让文字表现得更加丰富多彩，如图 7.33 所示。

图 7.32　素材

图 7.33　绘制 Banner

（4）制作 Banner 底端切换标签。

对于 Banner，很多时候会有多张图片切换。可以自动切换也可以手动切换，所以往往在下面会有一个标签栏。这一步就是制作 Banner 标签栏。颜色可以选择相对低调一些的黑色和灰色。为了增加质感，给标签添加底纹。最终效果如图 7.34 所示。

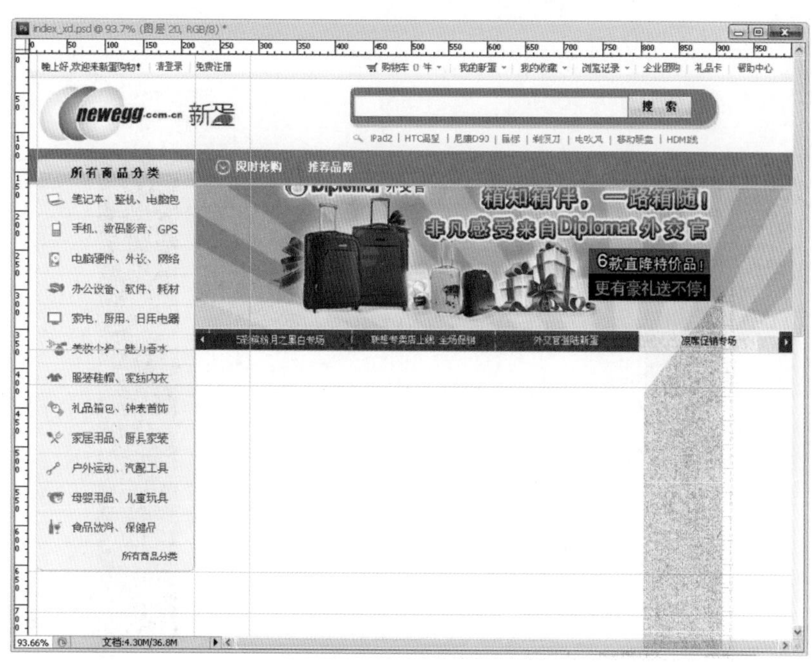

图 7.34　绘制 Banner 标签

步骤 8 制作商品展示区

（1）接下来要做的就是网站最核心的内容——商品展示区。此区域划分成两部分：限时抢购区和团购区。根据内容的多少，合理地把这两部分划分成不对等的两块区域。注意，做两块区域划分时，一般不使用对等划分，否则会显得呆板。

（2）划分完后，绘制相应的标题和翻页按钮。同样使用公司的企业色——橙红色。因为要添加的内容较多，为了能够更明显地区分区域，使用户能够清晰看到这两个板块，这里使用了虚线对区域进行进一步划分。最终效果如图 7.35 所示。

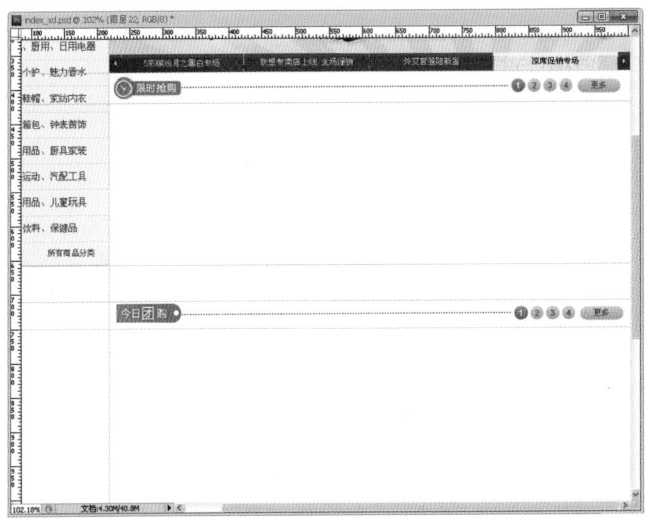

图 7.35 产品展示区区域划分

（3）为了排布商品时不至于显得过于凌乱，使用之前学过的九宫格的方法，对空白的区域进行进一步划分，如图 7.36 所示。

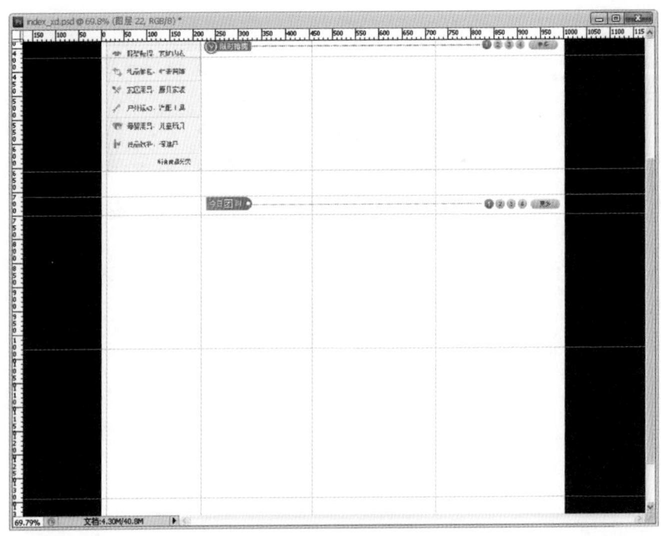

图 7.36 九宫格划分

（4）排放商品和文字简介。

接下来对导入素材图 7.37 和图 7.38 进行排布，如图 7.39 所示。

图 7.37 素材图（1）

图 7.38 素材图（2）

图 7.39 放置商品图

（5）添加特殊图像符号和强调元素。

因为商品比较多，所以有需要强调或者特别说明的商品，就要用特殊的图形元素进行突出。此时运用的是“形状工具”和“填充工具”。最终效果如图 7.40 所示。

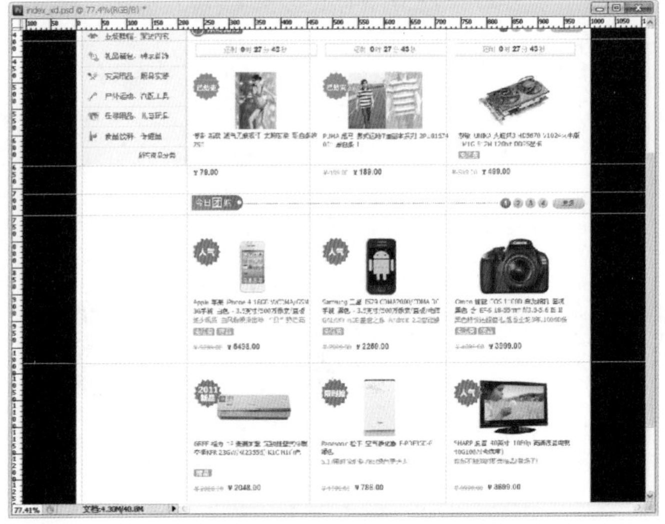

图 7.40　制作强调元素

步骤 9　制作新品上架区

制作完产品展示区会发现，在页面左下角有个空白区域，这是留给一些特殊商品展示的区域，如打折商品区或者赠品区域等。本案例中此区域为新品上架区域。此处制作方法和上一步商品展示区一致。注意版面的排布，结合网格和辅助线，排列整齐。最终结果如图 7.41 所示。

图 7.41　新品上架区

步骤 10 制作页脚

（1）页脚的制作。此处页脚包含三部分：订阅区、友情链接区和版权区。这些都是相对来说不是很重要但却需要添加的要素。依然是利用辅助线，划分好区域，如图 7.42 所示。

图 7.42　页脚区域划分

（2）在页脚区域先输入文字“@2001-2011 中国新蛋网 版权所有”，如图 7.43 所示。

图 7.43　完成页脚

（3）添加友情链接。此处结合辅助线，并使用图层对齐和分布工具，最终结果如图 7.44 所示。

图 7.44　添加友情链接

（4）添加订阅栏部分。最终效果如图 7.45 所示。

图 7.45　制作订阅栏

到此临摹新蛋购物网站完成，如图 7.46 所示。

图 7.46　最终效果图

由于个人习惯和一些操作顺序等问题，可能完成的效果会和最终结果有一定的偏差，这就需要最后再进行一个整体调整。

7.1.5 案例总结

通过对新蛋购物网网站首页的临摹，更加熟练地使用之前学过的技巧。深入了解使用参考线来准确划分页面结构；合理使用图层及图层组，使图层结构清晰；页面的合理用色和颜色之间的搭配使网页更有效果；网页字与效果字的设置在页面中的作用；图片在画面中的合理摆放。对前面所学的知识融会贯通，学以致用。在设计网站的时候，要分析网站的主题内容，选择符合主题表现形式的布局，采用搭配合理的色彩表现主体的风格，再加上细心的构思和新颖的创意，必然可以设计出优秀的网站。

7.2 绘制 17173 精灵乐章专区网页

素材准备

素材如图 7.47 和图 7.48 所示。

图 7.47 Banner 底图

图 7.48 素材图

完成效果

完成效果如图 7.49 所示。

图 7.49　网站效果

7.2.1　理论概要

1. 网站的配色

17173 取名来自谐音“一起一起上”，是一家服务于游戏玩家和游戏企业的领先在线媒体及增值资讯服务提供商，是玩家获得游戏资讯、交流沟通的首选网站，也是游戏供应商最信任的宣传平台。而精灵乐章是在其网站上推广的一款结合角色扮演和养成的新型线上游戏。其可爱的造型和惊险刺激的任务、战场、副本等深受玩家喜爱，所以本网页主要用比较跳跃的颜色和青春的色调，塑造出可爱灵动的感觉。同时还要兼顾游戏本身的主色调。最终用色选择如图 7.50 所示。

图 7.50　用色选择

2. 网站的布局

因为此网页在有限的空间内要展示的内容很多，所以也只能用比较传统的网页布局方式。本网页采用了同字形的网页形式，如图 7.51 所示。

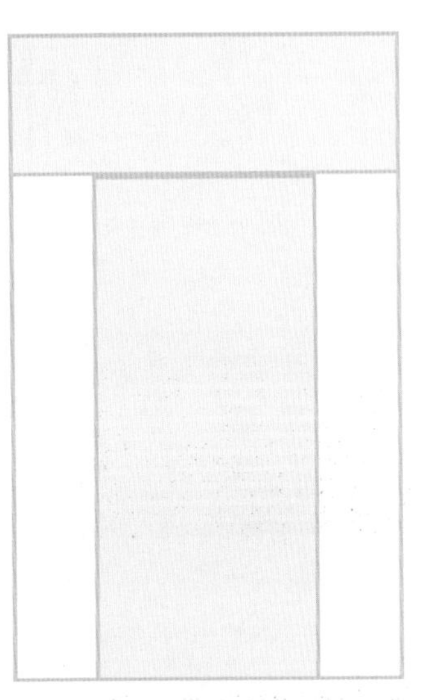

图 7.51　网页布局

7.2.2　技术要点

- 本案例主要采用 Photoshop 制作，要合理利用给出的素材。
- 在制作过程中注意色彩的搭配协调。
- 本案例也按照上个案例所讲述的方法完成。

7.2.3　案例分析

此网页的内容很多，需要结合辅助线和网格工具进行分割，如图 7.52 所示。

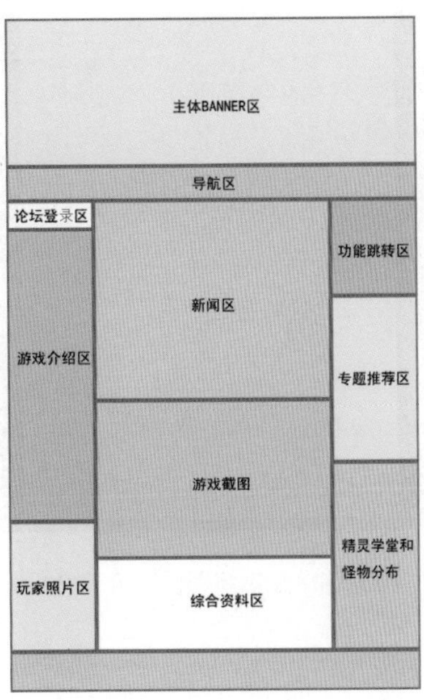

图 7.52　分割网页

7.2.4　案例制作

步骤 1　建立好必要的参考线

首先，新建文档，按图 7.53 所示进行设置。然后打开最终效果图，拉出必要的参考线，划分好区域。最后隐藏最终效果图的图层显示，如图 7.54 所示。

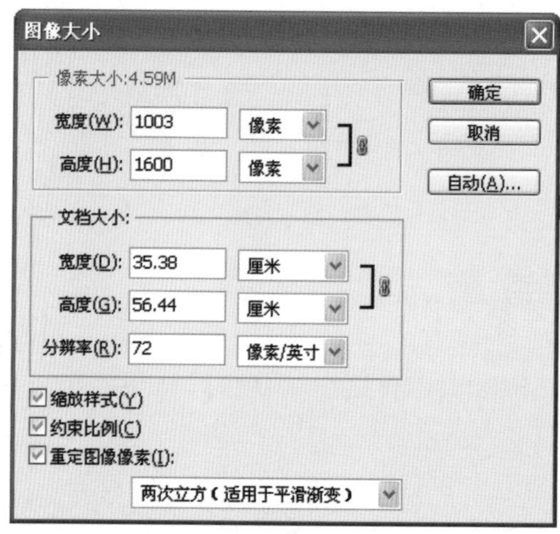

图 7.53　“图像大小”对话框

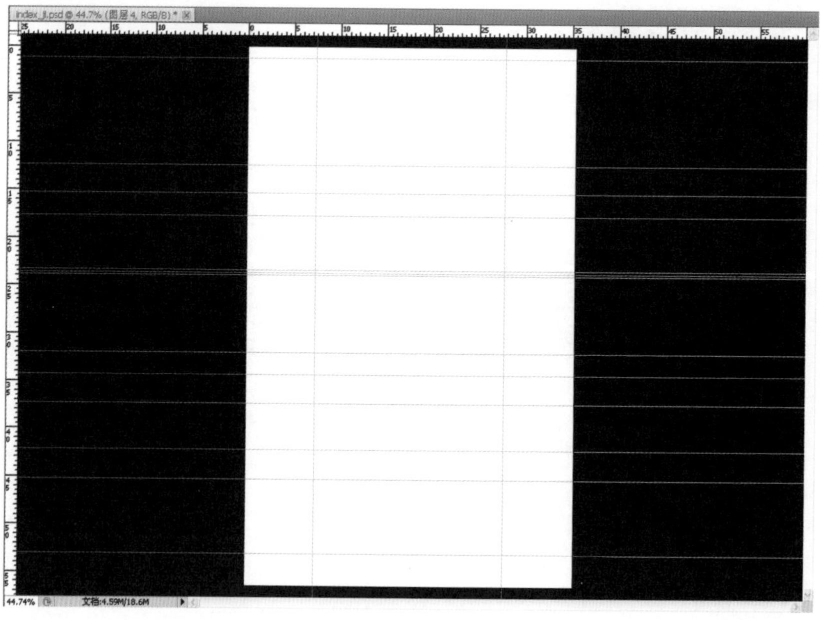

图 7.54　依据原图设计好参考线

步骤 2　布局划分

绘制大致的区域划分，效果如图 7.55 所示。

图 7.55　绘制布局

步骤 3 绘制页头

绘制主导航栏和 Banner 区，给整个页面定基调，如图 7.56 和图 7.57 所示。

图 7.56　绘制主导航栏

图 7.57　添加 Banner 区

步骤 4 绘制主体框架

绘制主体部分的框架，使用“吸管工具”吸取颜色，填充大致色块，标出相关栏目名称，如图 7.58 所示。

图 7.58　绘制主体框架

步骤 5 添加主体内容

（1）绘制辅助导航栏。先绘制辅助导航栏，注意对齐工具的使用，如图 7.59 所示。

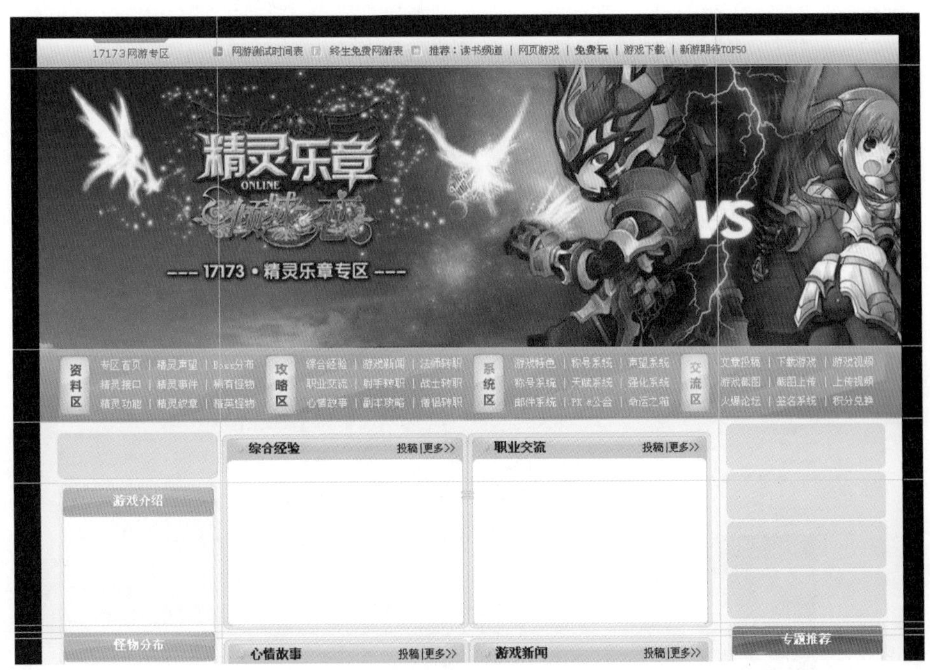

图 7.59　绘制辅助导航栏

（2）添加按钮。添加几个大的链接按钮，最终效果如图 7.60 所示。

图 7.60　添加大按钮

（3）添加其他内容，效果如图 7.61 所示。

图 7.61　主体内容

（4）注意细节。注意细节排版处要多用参考线对齐，如图 7.62 所示。

图 7.62　细节修饰

步骤 6 绘制页尾

添加图片和文字，如图 7.63 所示。

图 7.63　绘制页尾

步骤 7 最终效果

最终效果如图 7.64 所示。

图 7.64　最终效果

7.2.5 案例总结

通过对“17173 精灵乐章专区”网站首页的临摹，再一次复习并实践了网页布局与配色的整个流程。通过练习不难发现，网页的设计千姿百态，但是总有一定的规律和规范。掌握了几个典型页面的设计特点、配色技巧、布局形式后，就可以抛开原图进行自由创作了。

作业讨论区

访问课工场UI/UE学院：kgc.cn/uiue（教材版块），欢迎在这里提交作业或提出问题，你将有机会跟课工场的专家以及共同学习本书的小伙伴一起探讨切磋！